消防安全管理技术

第二版

郭海涛　主编

化学工业出版社

·北京·

内容简介

《消防安全管理技术》（第二版）依据现行《建筑防火通用规范》（GB 55037—2022）、《建筑设计防火规范》（2018年版）（GB 50016—2014）、《消防设施通用规范》（GB 55036—2022）、《建设工程施工现场消防安全技术规范》（GB 50720—2011）、《火灾自动报警系统施工及验收标准》（GB 50166—2019）等最新规范对本书第一版进行了全面修订。本书共3章，主要内容包括建筑防火基础知识、消防安全技术、消防安全管理。

本书实用性强，重点突出、详略得当，可供建筑消防工程施工现场管理人员、设计人员、施工人员等学习参考，也可作为高等学校建筑消防工程专业的教材。

图书在版编目（CIP）数据

消防安全管理技术/郭海涛主编．—2版．—北京：化学工业出版社，2024.3 （2025.1重印）

ISBN 978-7-122-44826-2

Ⅰ.①消… Ⅱ.①郭… Ⅲ.①消防-安全管理 Ⅳ.①TU998.1

中国国家版本馆CIP数据核字（2024）第044769号

责任编辑：袁海燕　　装帧设计：王晓宇

责任校对：边　涛

出版发行：化学工业出版社（北京市东城区青年湖南街13号　邮政编码100011）

印　　装：河北延风印务有限公司

787mm×1092mm　1/16　印张14¼　字数359千字　2025年1月北京第2版第2次印刷

购书咨询：010-64518888　　售后服务：010-64518899

网　　址：http：//www.cip.com.cn

凡购买本书，如有缺损质量问题，本社销售中心负责调换。

定　　价：58.00元

《消防安全管理技术》第二版

编写人员

主　　编： 郭海涛

参编人员： 张　亮　王　强　邢丽娟　齐丽丽

第二版前言

火灾是严重危害人类生命财产、直接影响到社会发展及稳定的一种最为常见的灾害，近年来，随着经济建设的快速发展，物质财富的急剧增多，建筑行业的高速发展，火灾发生的频率也越来越高，造成的损失也越来越大。建筑火灾的严重性，时刻提醒人们要加大消防工作的力度，做到防患于未然。这就对从事消防工程的设计、施工、监测、运行维护人员的要求大大增加，对从业人员的知识积累、技能要求、学习能力提出了更高的要求。因此，为满足消防设计、施工人员全面系统学习的需求，并结合我国近几年来各种消防安全设计、施工、管理等方面的经验，且遵循“预防为主，防消结合”的消防工作方针，培养更多掌握建筑消防法律法规、设备消防安全技术、防火灭火工程技术等方面的技术人才，我们编写了此书。

鉴于《建筑防火通用规范》(GB 55037—2022)、《建筑设计防火规范》(2018 年版)(GB 50016—2014)、《消防设施通用规范》(GB 55036—2022)、《人员密集场所消防安全管理》(GB/T 40248—2021)、《火灾自动报警系统施工及验收标准》(GB 50166—2019)、《建筑内部装修设计防火规范》(GB 50222—2017)、《建筑防排烟系统技术标准》(GB 51251—2017)、《危险化学品重大危险源辨识》(GB 18218—2018) 等规范进行了修改和更新，本书第一版的相关内容已经不能适应发展的需要，故对本书第一版进行了修订。本书共分为 3 章，主要介绍了建筑防火基础知识、消防安全技术、消防安全管理。

《消防安全管理技术》(第二版) 实用性强，重点突出、详略得当，可供建筑消防工程施工现场管理人员、设计人员、施工人员等学习参考，也可作为高等学校建筑消防工程专业的教材。

由于编者的经验和学识有限，尽管尽心尽力，但书中内容难免有疏漏之处，敬请广大读者批评指正和提出宝贵意见。

编者

2023 年 10 月

目录

1 建筑防火基础知识

1.1 火灾与燃烧

1.1.1 火灾及其危害

1.1.1.1 火灾的概念

火灾是火在时间和空间上失去控制而导致蔓延的一种灾害性燃烧现象。火灾发生的三个必要条件是可燃物、热源和氧化剂（通常情况下为空气）。各种灾害中火灾是发生最频繁且极具毁灭性的灾害之一，其直接损失大约是地震的5倍，仅次于干旱和洪涝。

1.1.1.2 火灾的特性

火是一种快速的氧化反应过程，具有一般燃烧现象的特点，常常伴随着发热、发光、火焰以及发光的气团及燃烧爆炸造成的噪声等。火的正确使用所能提供的能量，不仅使人类基本的饮食和居住条件改善了，而且极大地促进了社会生产力的发展，对人类文明的进步做出了重大的贡献。

火灾会对自然和社会造成一定程度的损害。火灾科学的研究表明，火灾的发生与发展具有双重性，也就是火灾既具有确定性，又具有随机性。火灾的确定性指的是在某特定的场合下发生了火灾，火灾基本上按着确定的过程发展，火源的燃烧蔓延、火势的发展以及火焰烟气的流动传播将遵循确定的流体流动、传热传质以及物质守恒等规律。火灾的随机性主要指的是火灾在何时、何地发生是不确定的，是受多种因素影响随机发生的。

火灾从发生、发展到最终造成重大灾害性事故大致可以分为四个阶段：初起期、成长期、最盛期和衰减期。火灾一旦发展到最盛期，火灾所产生的烟和热，以及有毒有害物质（CO、CO_2、烃类化合物、氮氧化物等）不仅会严重威胁人的生命安全，导致巨大的财产损失，而且对环境和生态系统也会造成不同程度的破坏。火灾导致的直接损失约为地震的5倍，仅次于干旱和洪涝，而其发生的频率则高居各种灾害之首。

1.1.1.3 火灾的类别

火灾的类型不同，其特点也有所不同。《火灾分类》（GB/T 4968—2008）根据物质燃烧特性，将火灾划分为下列六种类型。

A类火灾：固体物质火灾。这种物质通常具有有机物性质，一般在燃烧时能产生灼热的余烬，如木材、棉、毛、麻以及纸张火灾等。

B类火灾：液体或可熔化的固体物质火灾。如汽油、煤油、原油、柴油、甲醇、乙醇、沥青以及石蜡火灾等。

C类火灾：气体火灾。如天然气、煤气、甲烷、乙烷、丙烷以及氢气火灾等。

D类火灾：金属火灾。如钾、钠、镁、钛、锆、锂以及铝镁合金火灾等。

E类火灾：带电火灾。物体带电燃烧的火灾。

F类火灾：烹饪器具内的烹饪物（如动植物油脂）火灾。

根据火灾发生的场所，一般包括建筑火灾、森林火灾以及交通工具火灾等。其中，根据建筑物功能的不同特点，建筑火灾包括民用建筑火灾、公共建筑火灾以及工厂仓库火灾等。根据建筑物结构的不同特点，建筑火灾可分为高层建筑火灾与地下建筑火灾等。

1.1.1.4 火灾与社会经济的关系

火灾随机性特征表明，火灾是一种同人类活动密切相关，但是不完全以人的意志为转移的灾害现象，火灾具有与社会环境条件和人类行为密切关联的特性。随着社会生产规模的扩大、财富积累的迅速增加以及生活水平的提高，造成火灾的因素增多，即使采取了一些常规性的或者应急性的防灾措施，也难以杜绝火灾发生，火灾发生频率和造成的损失呈显著增长的趋势。据火灾统计资料表明，自 2011 年以来，随着经济的快速发展，我国火灾起数持续增长，2016～2021 年五年间我国火灾起数达到了 206.3 万起，死亡约 8884 人，伤 6581 人，直接经济损失达 253.66 亿元。近年来，国家对消防安全越来越重视。我国 1991～2022 年间火灾数据的统计分析见表 1-1，2006～2022 年间火灾数据的统计分析如图 1-1、图 1-2 所示。

表 1-1 我国 1991～2022 年火灾数据统计分析

时间	火灾起数/万起	死亡/人	受伤/人	直接经济损失/亿元
1991～2021 年	847.7	60877	75643	750.84
1996～2021 年	649.2	49355	54508	647.18
2001～2021 年	547.4	36263	32280	577.56
2006～2021 年	425.6	23991	16521	501.86
2011～2021 年	346.2	16692	11969	427.96
2016～2021 年	206.3	8884	6581	253.66
2022 年	82.5	2053	2122	71.6

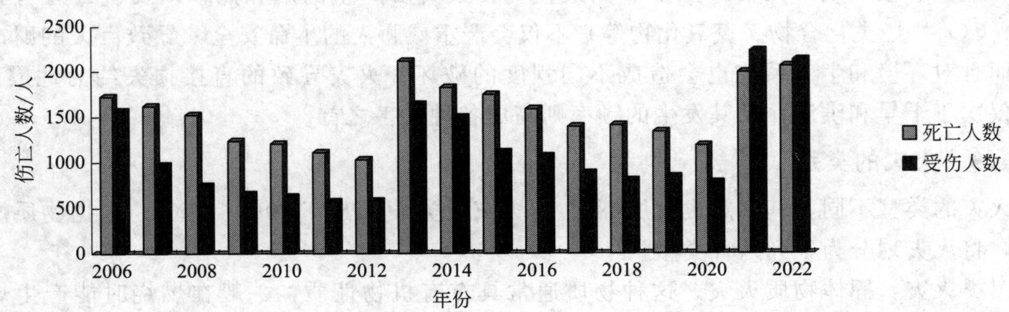

图 1-1 2006～2022 年火灾伤亡情况

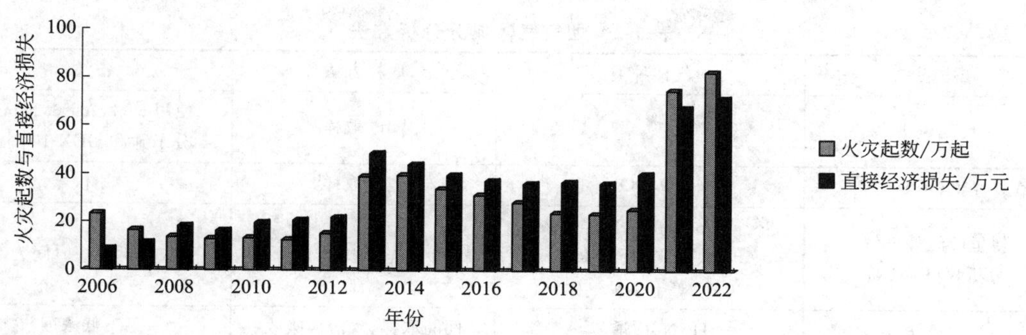

图 1-2　2006～2022 年火灾损失情况

从 20 世纪 90 年代开始，重特大火灾尤其是公共建筑物内重特大恶性火灾事故显著增多，并且由于建筑物内人员密集，火灾造成的人员伤亡惨重。建筑火灾所导致的经济损失上升到全部火灾经济损失的 80%以上，城市建筑火灾已成为威胁社会公共安全水平的一个重要因素。

所以，研究建筑火灾发生和防治的规律，开发切实有效的建筑消防技术，是当前加强城市公共安全的一项重要任务，具有十分重要的现实意义及社会价值。

1.1.1.5　火灾烟气危害

火灾烟气会造成严重危害，其危害性主要有毒害性、减光性和恐怖性。火灾烟气的危害性可概括为对人们生理上的危害和心理上的危害两方面，烟气的毒害性和减光性是生理上的危害，而恐怖性则是心理上的危害。

（1）火灾烟气的毒害性

① 烟气的毒害性。

a. 烟气中含氧量往往低于人们正常生理所需要的数值，当空气中含氧量降低到 15%时，人的肌肉活动能力下降；降到 10%～14%时，人就会四肢无力，思维混乱，辨不清方向；降到 6%～10%时，人就会晕倒。所以对处在着火房间内的人们来说，氧的短时致死浓度为 6%。而实际的着火房间中氧的最低浓度可达到 3%左右，可见在发生火灾时人们如果不及时逃离火场是很危险的。

b. 烟气中含有各种有毒气体，而且这些气体的含量已超过人们正常生理所允许的最高浓度，造成人们中毒死亡。

c. 烟气中的悬浮微粒也是有害的。危害最大的颗粒是直径小于 10μm 的飘尘，肉眼看不见它们，能长期飘浮在大气中，少则数小时，长则数年。直径小于 5μm 的飘尘，由于气体扩散作用，能进入人体肺部黏附并聚集在肺泡壁上，引起呼吸道病并增大心脏病死亡率，对人造成直接危害。

d. 火灾烟气具有较高的温度，这对人们也是一个很大的危害，在着火的房间内，烟气温度可高达数百摄氏度，在地下建筑中，火灾烟气温度可高达 1000℃以上。人们对高温烟气的承受力是有限的。在 65℃时，可短时忍受；在 120℃时 15min 内将产生不可恢复的损伤。

总而言之，火灾生成烟气的毒害性可归纳为八个字，即缺氧、毒害、尘害、高温。

② 评价材料烟气毒性的大小。评价材料烟气毒性大小的方法有：化学分析法、动物试验法以及生理试验法。

a. 化学分析法：利用化学分析法可了解燃烧产物中的气体成分及浓度，研究温度对燃烧产物的生成及含量的影响。比较常用的分析方法见表 1-2。

表 1-2　烟气气体成分分析方法

方法	气体种类	取样方法	备注
气相色谱	CO、CO_2、O_2、N_2、烃类	间断取样	使用 5Å(1Å＝0.1nm)分子筛和 GDX-104 柱
红外光谱(不分光型)	CO、CO_2	连续取样	专用仪器
傅里叶红外气体分析仪(FT-IR)	CO、CO_2、HCN、NO_x、SO_2、H_2S、HCl、HF、NH_3、CH_4 等十多种气体	连续取样	一次分析最短时间为 1s
比色法	HCN、丙烯醛	间断取样，水溶液吸收	限于低浓度
电化学法	CO	连续	响应较慢
气体分析管	CO、CO_2、HCN、NO_x、H_2S、HCl	间断取样	半定量

化学分析法虽然可分析气态燃烧产物的种类及含量，但不能解释毒性的生理作用，因此还需进行动物试验及生理研究。

b. 动物试验法：就是利用观察生物对燃烧产物的综合反应来评价烟气的毒性。在暴露室中放入实验小鼠，暴露 30min，测定小鼠停止活动时间与小鼠死亡时间。由这些实验数据可判断不同材料燃烧烟气的相对毒性，见表 1-3。

表 1-3　材料燃烧烟气的相对毒性（水平管式加热炉试验法）

材料	死亡时间/min	停止活动时间/min	材料	死亡时间/min	停止活动时间/min
变性聚丙烯腈纤维	4.54±1.00	3.74±0.23	棉	15.10±3.03	9.18±3.61
羊毛	7.64±2.90	5.45±1.77	PMMA	15.58±0.23	12.61±0.06
丝	8.94±0.01	5.84±0.12	尼龙-66	16.34±0.85	14.01±0.13
皮革	10.22±1.72	8.16±0.69	PVC	16.84±0.93	12.69±2.84
红橡木	11.50±0.71	9.09±10.0	酚醛树脂	18.81±4.84	12.92±3.22
聚丙烯	12.98±0.52	10.75±0.18	聚乙烯	19.84±0.29	8.86±0.80
聚氨酯(硬泡沫)	15.05±0.60	11.23±0.50	聚苯乙烯	26.13±0.12	19.04±0.39
ABS	14.48±1.59	10.58±1.32			

注：ABS—丙烯腈、丁二烯、苯乙烯共聚物；PMMA—聚甲基丙烯酸甲酯；PVC—聚氯乙烯。

c. 生理试验法：即对在火灾中中毒死亡者进行尸体解剖，了解死亡的直接原因，如血液中毒性气体的浓度、气管中的烟尘，以及烧伤情况等。研究证实，在死者血液中，CO 和 HCN 是主要的毒性气体。在气管及肺组织中也检出了重金属成分，如铅、锑等，以及吸入肺部的刺激物，如醛、HCl 等。

(2) 火灾烟气的减光性　可见光波的波长为 0.4～0.7μm，一般火灾烟气中烟粒子粒径为几微米到几十微米，即烟粒子的粒径大于可见光的波长，这些烟粒子对可见光是不透明的，即对可见光有完全的遮蔽作用，当烟气弥漫时，可见光因受到烟粒子的遮蔽而大大减弱，能见度大大降低，这就是烟气的减光性。

(3) 火灾烟气的恐怖性　发生火灾时，特别是发生爆燃时，火焰和烟气冲出门窗空洞，浓烟滚滚，烈火熊熊，使人产生了恐怖感，常常给疏散造成混乱局面，使有的人失去活动能力，有的甚至失去理智，惊慌失措。所以，恐怖性的危害也是很大的。

1.1.2 燃烧的基本原理

1.1.2.1 燃烧

（1）燃烧的条件　燃烧，是指可燃物与氧化剂作用发生的放热反应，一般伴有火焰、发光和（或）发烟现象。燃烧过程中，燃烧区的温度较高，使其中白炽的固体粒子与某些不稳定（或者受激发）的中间物质分子内电子发生能级跃迁，从而发出各种波长的光。发光的气相燃烧区即为火焰，它是燃烧过程中最明显的标志。由于燃烧不完全等原因，会导致产物中存在一些小颗粒，这样就形成了烟。

燃烧可分为有焰燃烧与无焰燃烧。通常看到的明火均为有焰燃烧；有些固体发生表面燃烧时，有发光发热的现象，但是无火焰产生，这种燃烧方式则是无焰燃烧。燃烧的发生及发展，必须具备 3 个必要条件，即可燃物、助燃物（氧化剂）以及引火源（温度）。当燃烧发生时，以上 3 个条件必须同时具备，如果有一个条件不具备，那么燃烧就不会发生。燃烧条件可以用着火三角形来表示，如图 1-3 所示。

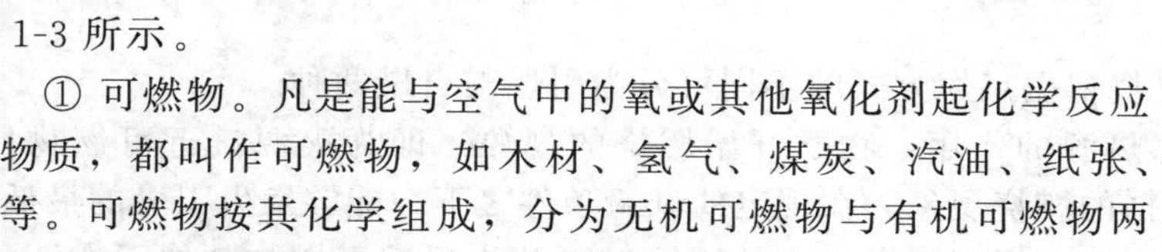

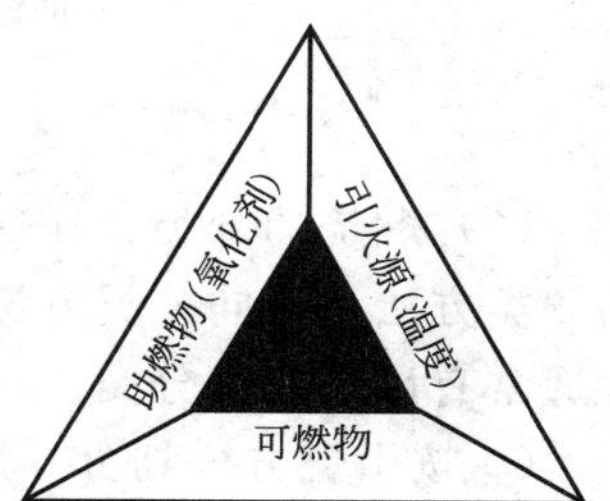

图 1-3　着火三角形

① 可燃物。凡是能与空气中的氧或其他氧化剂起化学反应的物质，都叫作可燃物，如木材、氢气、煤炭、汽油、纸张、硫等。可燃物按其化学组成，分为无机可燃物与有机可燃物两大类；按其所处的状态，又可分为可燃固体、可燃液体以及可燃气体三大类。

② 助燃物（氧化剂）。凡是与可燃物结合能导致和支持燃烧的物质，叫作助燃物，如广泛存在于空气中的氧气。普遍意义上，可燃物的燃烧均指的是在空气中进行的燃烧。在一定条件下，各种不同的可燃物发生燃烧，都有本身固定的最低氧含量要求，氧含量过低，即使其他必要条件均已具备，燃烧仍不会发生。

③ 引火源（温度）。凡是能够引起物质燃烧的点燃能源，统称为引火源。在一定情况下，各种不同可燃物发生燃烧，都有本身固定的最小点火能量要求，只有达到一定能量才能引起燃烧。常见的引火源有以下几种：

a. 明火。明火是指生产、生活中的炉火、焊接火、烛火、吸烟火，撞击、摩擦打火，机动车辆排气管火星及飞火等。

b. 电弧、电火花。电弧、电火花指的是电气设备、电气线路、电气开关及漏电打火，电话、手机等通信工具火花，静电火花（物体静电放电、人体衣物静电打火以及人体积聚静电对物体放电打火）等。

c. 雷击。雷击瞬间高压放电能够引燃任何可燃物。

d. 高温。高温指的是高温加热、烘烤、积热不散、机械设备故障发热、摩擦发热、聚焦发热等。

e. 自燃引火源。自燃引火源指的是在既无明火又无外来热源的情况下，物质本身自行发热、燃烧起火，如钾、钠等金属遇水着火；白磷、烷基铝在空气中会自行起火；易燃、可燃物质与氧化剂及过氧化物接触起火等。

④ 链式反应自由基。自由基是一种高度活泼的化学基团，能与其他自由基和分子起反应，从而导致燃烧按链式反应的形式扩展，也叫做游离基。

研究表明，大部分燃烧的发生与发展除了具备上述 3 个必要条件以外，其燃烧过程中还存在未受抑制的自由基作中间体。多数燃烧反应不是直接进行的，而是借助自由基团和原子这些中间产物瞬间进行的循环链式反应。自由基的链式反应就是这些燃烧反应的实质，光和热是燃烧过程中的物理现象。所以，完整地论述为，大部分燃烧发生和发展需要 4 个必要条件，即可燃物、助燃物（氧化剂）、引火源（温度）以及链式反应自由基，燃烧条件可以进一步通过着火四面体来表示，如图 1-4 所示。

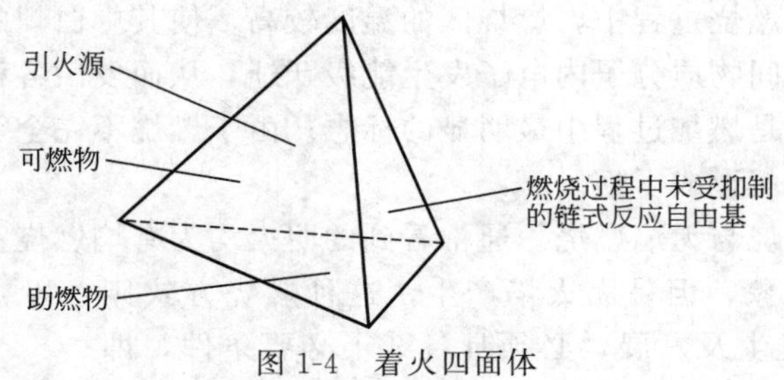

图 1-4　着火四面体

（2）燃烧的分类　任何事物的分类都必须有一定的前提条件。而不同的前提条件有不同的分类方法，不同分类方法会有不同的分类结果。燃烧的分类也是如此，根据不同的前提条件通常有以下几种分类。

① 按引燃方式划分。燃烧根据点燃方式的不同可分为引燃与自燃两种。

a. 引燃。引燃指受外部热源的作用，物质开始燃烧的现象。即为火源接近可燃物质，局部开始燃烧，然后开始传播的燃烧现象。在规定的试验条件之下，能够发生引燃的最低温度称为引燃温度，用“℃”表示。根据引燃方式的不同又可分为局部引燃与整体引燃两种。如人们用打火机点燃烟头，用电打火点燃灶具燃气等均属于局部引燃；而熬炼沥青、松香、石蜡等易熔固体时温度超过了引燃温度的燃烧就属于整体引燃。这里还需要说明一点，有人将由于加热、烘烤、熬炼以及热处理或者由于摩擦热、辐射热、压缩热以及化学反应热的作用而引发的燃烧划分为受热自燃，实际上这是不对的，由于它们虽然不是靠明火的直接作用而引发的燃烧，但它们仍然是靠外界的热源而引发的，而外界的热源本身就是一个引燃源，因此仍应属于引燃。

b. 自燃。自燃指的是在没有外界引燃源作用的条件下，物质靠本身内部的一系列物理、化学变化而发生的自动燃烧现象。其特点为借助物质本身内部的变化提供能量。在规定的试验条件下，物质发生自燃的最低温度叫作自燃温度，用“℃”表示。

② 根据燃烧时可燃物的状态划分。根据燃烧时可燃物所呈现的状态可分为气相燃烧与固相燃烧两种。可燃物的燃烧状态是指燃烧时的状态，而不是指可燃物燃烧前的状态。如乙醇在燃烧之前为液体状态，在燃烧时乙醇转化为蒸气，其状态为气相。

a. 气相燃烧。气相燃烧指燃烧时可燃物和氧化剂都是气相的燃烧。气相燃烧是一种常见的燃烧形式。如汽油、酒精、丙烷以及蜡烛等的燃烧都属于气相燃烧。实质上，凡是有火焰的燃烧均为气相燃烧。

b. 固相燃烧。固相燃烧指燃烧进行时可燃物为固相的燃烧。固相燃烧又叫作表面燃烧。如木炭、镁条以及焦炭的燃烧就属于此类。只有固体可燃物才能发生此类燃烧，但并不是所有固体的燃烧均属于固相燃烧，对在燃烧时分解、熔化以及蒸发的固体，都不属于固相燃烧，仍为气相燃烧。

③ 根据燃烧速度及现象划分。燃烧根据燃烧速度及现象的不同可分为爆炸、着火、阴燃、闪燃、微燃以及轰燃 6 种。

a. 爆炸。爆炸指的是由于物质急剧氧化或分解反应，产生温度、压力升高或者两者同时升高的现象。是一种可燃物与氧化剂事先混合好了的混合物遇火源发生的一种十分快速的燃烧。爆炸按其燃烧速度传播的快慢分为爆燃与爆轰两种。

ⅰ. 爆燃。指燃烧以亚音速传播的爆炸。亚音速指的是反应中穿过燃烧介质的反应前端速度小于或等于声速（空气中约340m/s）的速度。

ⅱ. 爆轰。指的是燃烧以冲击波为特征，以超声速（空气中约大于340m/s）传播的爆炸。

b. 着火。着火亦称起火，简称为火，指以释放热量并伴有烟或火焰或两者兼有为特征的燃烧现象。着火是经常见到的一种燃烧现象，如木材燃烧、油类燃烧以及煤气的燃烧等都属于这一类型的燃烧。其特点是：通常可燃物燃烧需要引燃源引燃；另外，可燃物一经点燃，在外界因素不影响的情况下，可持续燃烧下去，直至把可燃物烧完为止。任何可燃物的燃烧都需要一个最低的温度，这个温度叫作引燃温度，用“℃”表示。可燃物不同，引燃温度也不同。

c. 阴燃。阴燃指的是物质无可见光的缓慢燃烧，通常产生烟与温度升高的迹象。阴燃是可燃固体由于供氧不足而形成的一种缓慢的氧化反应，其特点为有烟而无火焰。阴燃是很危险的火灾前兆，因为阴燃通常都是因供氧不足而形成的，所以大多为不完全燃烧，因此，当阴燃在密闭空间内进行时，随着阴燃的进行，分解出的可燃气体与可燃的不完全燃烧产物在这个空间的浓度即会增大，就有可能达到爆炸浓度而发生烟雾爆炸。若是棉花、麦秸、麻、稻草等可燃物的堆垛中潜入了燃着的烟头等火种时，就会发生潜伏期很长的阴燃；若棉花、麦秸以及稻草类可燃物发生火灾，如果未经水彻底浇灭还会发生死灰复燃。

d. 闪燃。闪燃指的是在液体表面上产生的足够的可燃蒸气，遇火能产生一闪即灭的燃烧现象。闪燃是液体燃烧特有的一种燃烧现象，但少数低熔点可燃固体在燃烧时也有这种现象。闪燃就是着火的前兆，当液体达到闪燃温度时，就说明火灾已到了一触即发的状态，必须立即采取相应的降温措施，否则就有着火的危险。在规定的试验条件下，液体表面产生闪燃的最低温度叫作闪燃温度，用“℃”表示。

e. 微燃。微燃指的是燃烧物在空气中受到火焰或高温作用时能够发生燃烧，但将火源移走后燃烧即行停止的燃烧。只能发生微燃的物质叫作难燃物。

f. 轰燃。轰燃指的是在一限定空间内可燃物的表面全部卷入燃烧的瞬变状态。

轰燃是燃烧释放的热量在室内逐渐积累和对外散热共同作用、燃烧速率急剧增大的结果。在火灾中，供给可燃物的能量增多是导致燃烧速率增大的基本原因。当烟气量较大且较浓时，烟气层的热辐射将会很强。随着燃烧的持续，热烟气层的厚度与温度在不断增加。如果着火房间对外界的传热速率不太大，则室内的温度将会逐渐升高，此时因为火焰、热烟气层和壁面将大量热量反馈给可燃物，加剧可燃物的热分解与燃烧，使火势进一步增强，结果使火灾很快发展到轰燃阶段。

轰燃的出现，标志着火灾已经到了充分发展的阶段。通常来说，发生轰燃后，室内所有可燃物的表面都开始燃烧，但是不一定每一个火场都会出现轰燃，比如大空间建筑、可燃物较少的建筑以及可燃物比较潮湿的场所等就不易发生轰燃。

轰燃不需要突然增大的空气量。发生轰燃的临界条件，目前主要有两种观点：一种是以顶棚下的烟气温度接近600℃为临界条件；另一种是以地面的热通量达到一定值为条件，认为要使室内发生轰燃，地面可燃物接受到的热通量应不小于20kW/m^2。试验表明，在普通房间内，若燃烧速率达不到40g/s是不会发生轰燃的。

④ 根据有无人为控制划分。

a. 有控制的燃烧指为了通过燃烧所产生的热能而有控制进行的燃烧。如烧饭、取暖、照明、内燃机的燃烧、火箭的发射等，均属于有控制的燃烧。有控制的燃烧是人类需要的正常燃烧，而不属于火灾燃烧的范畴。

b. 失去控制的燃烧简称为失火，指人们不需要的失去控制所形成的燃烧。如各种火灾条件下的燃烧均属于失去控制的燃烧。

（3）燃烧的方式及其特点　可燃物质受热后，由于其聚集状态的不同，而发生不同的变化。绝大多数可燃物质的燃烧都是在蒸气或者气体的状态下进行的，并出现火焰。而有的物质则不能变为气态，其燃烧发生在固相中，比如焦炭燃烧时，呈灼热状态。因为可燃物质的性质、状态不同，燃烧的特点也不一样。

① 气体燃烧。可燃气体的燃烧不需像固体、液体那样经熔化以及蒸发过程，其所需热量仅用于氧化或分解，或将气体加热到燃点，所以容易燃烧且燃烧速度快。根据燃烧前可燃气体与氧混合状况不同，其燃烧方式分为扩散燃烧与预混燃烧。

a. 扩散燃烧。扩散燃烧就是可燃性气体和蒸气分子与气体氧化剂互相扩散，边混合边燃烧。在扩散燃烧中，化学反应速率要比气体混合扩散速度快得多。整个燃烧速度的快慢通过物理混合速度决定。气体（蒸气）扩散多少，就会烧掉多少。人们在生产、生活中的用火（如燃气做饭、点气照明、烧气焊等）都属于这种形式的燃烧。

扩散燃烧的特点：燃烧较为稳定，扩散火焰不运动，可燃气体与气体氧化剂的混合在可燃气体喷口进行。对稳定的扩散燃烧，只要控制得好，就不至于导致火灾，一旦发生火灾也较易扑救。

b. 预混燃烧。预混燃烧又称为爆炸式燃烧。它指的是可燃气体、蒸气或粉尘预先同空气（或氧）混合，遇引火源产生带有冲击力的燃烧。预混燃烧通常发生在封闭体系中或在混合气体向周围扩散的速度远小于燃烧速度的敞开体系中，燃烧放热导致产物体积迅速膨胀，压力升高，压力可达 709.1～810.4kPa。一般的爆炸反应即属此种。

预混燃烧的特点：燃烧温度高，反应快，火焰传播速度快，反应的混合气体不扩散，在可燃混合气中引入一火源就会产生一个火焰中心，成为热量与化学活性粒子集中源。若预混气体从管口喷出发生动力燃烧，如果流速大于燃烧速度，则在管中形成稳定的燃烧火焰，由于燃烧充分，燃烧速度快，燃烧区呈高温白炽状；如果可燃混合气在管口流速小于燃烧速度，则会发生“回火”，如制气系统检修前不进行置换就烧焊，燃气系统在开车前不进行吹扫就点火，用气系统产生负压“回火”或漏气未被发现而用火时，往往形成动力燃烧，有可能导致设备损坏和人员伤亡。

② 液体燃烧。易燃、可燃液体在燃烧过程中，燃烧的并不是液体本身，而是液体受热时蒸发出来的液体蒸气被分解、氧化达到燃点而燃烧，即蒸发燃烧。所以，液体是否能发生燃烧、燃烧速率高低，与液体的蒸气压、闪点、沸点以及蒸发速率等性质密切相关。可燃液体会产生闪燃的现象。

可燃液态烃类燃烧时，一般产生橘色火焰并散发浓密的黑色烟云。醇类燃烧时，一般产生透明的蓝色火焰，几乎不产生烟雾。某些醚类燃烧时，液体表面常会伴有明显的沸腾状，这类物质的火灾较难扑灭。在含有水分、黏度较大的重质石油产品，如原油、重油以及沥青油等发生燃烧时，有可能产生沸溢现象及喷溅现象。

a. 闪燃。发生闪燃的原因是易燃或者可燃液体在闪燃温度下蒸发的速度比较慢，蒸发出来的蒸气仅能维持一刹那的燃烧，来不及补充新的蒸气维持稳定的燃烧，所以一闪就灭了。但闪燃却是引起火灾事故的先兆之一。闪点则指的是易燃或可燃液体表面产生闪燃的最低温度。

b. 沸溢。以原油为例，其黏度比较大，并且都含有一定的水分，以乳化水与水垫两种形式存在。所谓乳化水是原油在开采运输过程中，原油中的水因为强力搅拌成细小的水珠悬浮于油中而成的。放置久之后，油水分离，水由于密度大而沉降在底部形成水垫。

燃烧过程中，这些沸程较宽的重质油品产生热波，在热波向液体深层运动时，因为温度远高于水的沸点，所以热波会使油品中的乳化水汽化，大量的蒸汽就要穿过油层向液面上浮，在向上移动过程中形成油包气的气泡，也就是油的一部分形成了含有大量蒸汽气泡的泡沫。这样，必然导致液体体积膨胀，向外溢出，同时部分未形成泡沫的油品也被下面的蒸汽膨胀力抛出，使液面猛烈沸腾起来，就像“跑锅”一样，这种现象叫作沸溢。

沸溢过程说明，沸溢形成必须具备下列3个条件：

ⅰ. 原油具有形成热波的特性，即沸程宽，密度相差比较大。

ⅱ. 原油中含有乳化水，水遇热波则变成蒸汽。

ⅲ. 原油黏度较大，使水蒸气不容易由下向上穿过油层。

c. 喷溅。在重质油品燃烧进行过程中，随着热波温度的逐渐升高，热波向下传播的距离也加大，当热波达到水垫时，水垫的水大量蒸发，蒸汽体积迅速膨胀，以致将水垫上面的液体层抛向空中，向外喷射，这种现象叫做喷溅。

通常情况下，发生沸溢要比发生喷溅的时间早得多。发生沸溢的时间与原油的种类、水分含量有关。根据实验，含有1%水分的石油，经45～60min燃烧即会发生沸溢。喷溅发生的时间同油层厚度、热波移动速度及油的线燃烧速度有关。

③ 固体燃烧。按照各类可燃固体的燃烧方式与燃烧特性，固体燃烧的形式大致可分为5种，其燃烧也各有特点。

a. 蒸发燃烧。硫、磷、钾、钠、松香、蜡烛、沥青等可燃固体，在受到火源加热时，先熔融蒸发，随后蒸气与氧气发生燃烧反应，这种形式的燃烧一般叫做蒸发燃烧。樟脑、萘等易升华物质，在燃烧时不经过熔融过程，但其燃烧现象也可以看作是一种蒸发燃烧。

b. 表面燃烧。可燃固体（如焦炭、木炭、铁、铜等）的燃烧反应是在其表面由氧和物质直接作用而发生的，称为表面燃烧。这是一种无火焰的燃烧，有时又叫做异相燃烧。

c. 分解燃烧。可燃固体，如木材、煤、合成塑料以及钙塑材料等，在受到火源加热时，先发生热分解，随后分解出的可燃挥发分与氧发生燃烧反应，这种形式的燃烧通常称为分解燃烧。

d. 熏烟燃烧（阴燃）。可燃固体在空气不流通、加热温度比较低、分解出的可燃挥发分较少或者逸散较快、含水分较多等条件下，往往发生只冒烟而没有火焰的燃烧现象，这就是熏烟燃烧，也称阴燃。

e. 动力燃烧（爆炸）。动力燃烧指的是可燃固体或其分解析出的可燃挥发分遇火源所发生的爆炸式燃烧，主要包括可燃粉尘爆炸、炸药爆炸以及轰燃等几种情形。例如，能析出一氧化碳的赛璐珞、能析出氰化氢的聚氨酯等，在大量堆积燃烧时，常会产生轰燃现象。

这里需要指出的是，以上各种燃烧形式的划分不是绝对的，有些可燃固体的燃烧往往包含两种或两种以上的形式。例如，在适当的外界条件下，木材、棉、麻以及纸张等的燃烧会明显地存在分解燃烧、熏烟燃烧以及表面燃烧等形式。

1.1.2.2 可燃物的燃烧形式与历程

（1）可燃气体的燃烧形式与历程　可燃气体的燃烧不像低熔点固体、液体那样，需要经过熔化与蒸发的过程，而在常温下就具备了直接与氧结合的条件，燃烧时所需要的热量仅用于氧化或者分解气体和将气体加热到引燃温度，因此燃烧历程较短，一旦着火，其燃烧速度会很快达到最大值，直至燃尽为止。

可燃气体按照其分子结构分为简单气体和复杂气体两种。分子结构较为简单的气体视为简单气体，如 H_2、CO 等；分子结构比较复杂的气体视为复杂气体，比如 C_4H_{10} 等。简单气体燃烧时，只需受热、氧化过程，而复杂的气体需经过受热、分解以及氧化等而进行燃烧。因为复杂气体增加了分解的过程，所以比简单气体难于燃烧。

由此可见，可燃气体的燃烧历程是：

分解→氧化→燃烧

（2）可燃液体的燃烧形式与历程　液体燃烧速度的快慢程度，决定于液体挥发的难易程度。挥发性好的液体燃烧速度快，反之则慢。对烃类液体而言，相对密度大的液体，因为其分子间的引力大、不易挥发，所以相对密度大的液体比相对密度较小的液体难于燃烧。

液体在开始燃烧时，因为液体表面温度低，蒸发速度慢，所以燃烧速度较慢，生成的火焰不高。随着燃烧的进行，液体表面温度增高，蒸发速度加快，燃烧速度与火焰也随之增高，直至液体沸腾，燃尽为止。

液体的化学组成不同，燃烧历程也不同。纯的液体燃烧时，蒸发出来的蒸气和液体的组成相同；多种成分混合的液体燃烧时，先蒸发出来的是低沸点的成分，而沸点较高的成分蒸发出来的很少。因此，混合液体的燃烧，在剩下的液体中，高沸点成分的含量相对增加，其相对密度、黏度以及闪点也相应增高。如原油、重油及其他石油产品的燃烧，都有此种情况。所以，液体着火时，可对盛装液体的容器壁用水加强冷却，以减缓液体蒸发速度，减弱燃烧强度，利于迅速扑灭火灾。

由此可见，可燃液体的燃烧历程为：

蒸发→分解→氧化→燃烧

（3）可燃固体的燃烧形式与历程　可燃固体指的是在标准状态下的空气中遇引燃源的作用可发生燃烧的固体。如赤磷、硫黄、樟脑、火柴、萘、棉花、纸张、石蜡、木材、麦秸、稻草、布匹等都属于可燃固体。固体可燃物在自然界中广泛存在，它们种类繁多，结构与性质也各不相同，燃烧形式多种多样，是火灾中最为常见、最重要的燃烧对象。

① 木材、纸张、棉花以及煤等复杂成分固体物质的燃烧历程。木材、纸张、棉花和煤等复杂成分的固体物质，其主要成分为碳、氢和氧，当对它们加热时，固体内部会发生一系列复杂的热分解反应，放出一氧化碳、氢气以及甲烷等各种各样的可燃气体和二氧化碳、水蒸气等不燃气体。挥发或者释放出的可燃性气体与空气混合形成可燃混合气体进行燃烧。当固体中的挥发物释放完结时，固体碳质残渣受到氧的作用产生表面燃烧或者无焰燃烧。其燃烧历程是热分解式的燃烧，即：

可燃固体→蒸发→分解→触氧→燃烧

② 木炭、焦炭的燃烧历程。因为木炭、焦炭为多孔性结构的简单固体，即使在高温下也不会熔融、升华或者分解产生可燃气体，所以氧扩散到这些固体物质的表面之后，被高温表面吸附，发生气-固非均相燃烧，反应的产物由固体表面解吸扩散，带着热量离开固体表面。整个燃烧过程中，固体表面呈高温炽热发光而无火焰状，燃烧速度小于蒸发速度。其燃烧历程为：

可燃固体→触氧→燃烧

③ 萘球、樟脑等易升华固体物质的燃烧历程。当对萘球和樟脑等易升华的固体物质加热时，先是直接升华为蒸气，蒸气再与空气中的氧发生有焰燃烧变成燃烧产物。此种燃烧为

升华式燃烧。其燃烧历程为：

可燃固体→升华→触氧→燃烧

④ 蜡烛、松香、沥青等易熔固体物质的燃烧历程。当对蜡烛、松香、沥青等易熔固体物质加热时，首先熔融为液体，然后再蒸发为蒸气，蒸气再与空气中的氧发生有焰燃烧，故称为熔融、蒸发式燃烧。这些易熔固体表面上的火焰，在气相中与蒸发着的固体表面处保持着很短的距离，火焰一旦稳定下来，火焰通过辐射和气体导热将热量供给蒸发表面，促使固体逐层蒸发（或升华），从而使燃烧更快地进行，直至燃尽为止。其燃烧历程是：

可燃固体→熔融→蒸发→触氧→燃烧

⑤ 镁条、铝、铁等金属固体的燃烧历程。铝和铁等不挥发金属的燃烧也为表面燃烧。不挥发金属的氧化物熔点低于该金属的沸点。在燃烧的高温尚未达到金属沸点和尚没有大量高热金属蒸气产生时，其表面的氧化层已熔化退去，从而造成金属直接与氧气接触，发生无火焰的表面燃烧。因为金属氧化物的熔化消耗了一部分热量，减缓了金属被氧化的速度，致使燃烧速度不快，所以固体表面呈炽热发光的现象。但这类金属在粉末状、气溶胶状、刨花状时，燃烧进行得很激烈，且没有烟生成。如平时看到的氧炔焊、电焊、铝热剂的燃烧及火场上金属构件在高温下的燃烧等，都属于表面燃烧。因为镁条、铝、铁等金属的燃烧是在固体表面直接与氧发生无焰燃烧，所以其燃烧历程是：

可燃固体→触氧→燃烧

⑥ 高分子化合物的燃烧过程。高分子化合物又称为高聚物，是由许多重复的较小单元所组成的较大分子。高分子化合物的分子量至少在一千以上，通常为几万至几十万，甚至达数百万。三大合成材料——橡胶、塑料及合成纤维均由高分子化合物制成。这些材料不但被广泛应用于日常生活方面，而且在工农业生产上也是不可缺少的。高分子化合物品种繁杂，数量众多，几乎一切火灾均涉及它们，所以，很有必要研究这些物质的燃烧。

a. 高分子化合物燃烧的危险性和危害性。高分子化合物遇高温不仅能发生燃烧，而且燃烧时能熔化，并且在表面上炭化，放出大量的烟、一氧化碳及其他气体。高分子化合物燃烧时生成的一氧化碳可达到致死浓度。含氮高分子化合物燃烧时可生成氰化氢与氮的氧化物；含氯高分子化合物燃烧时生成氯化氢。除此之外，高分子化合物燃烧时还生成各种低分子量的有机化合物。例如塑料燃烧时，可产生丙烯醛、甲醛、乙醛以及丁醛等。

高分子化合物在火灾的高温下发生熔化并形成熔滴。熔滴能够起冷却作用，但燃着的熔滴能把火焰从一个区域扩展到另一个区域，从而造成火势蔓延发展。

b. 高分子化合物的燃烧过程。高分子化合物的燃烧过程包括加热熔融、解聚分解以及起火燃烧三步。

ⅰ. 加热熔融。在加热阶段，高分子化合物因为受热而温度升高，机械强度降低，继而软化，变为黏稠的橡胶状物质。

ⅱ. 解聚分解。温度继续升高，黏稠状的物质分子间的键断裂，开始解聚，分解成为分子量较小的物质。分解产物随分解时的温度、氧浓度以及高分子化合物本身的结构、组成的不同而不同。所有高分子化合物在分解过程中均会产生可燃气体和微炭粒烟尘而冒浓烟。

ⅲ. 起火燃烧。当高分子化合物因为受热分解而产生的可燃气体与空气混合后，遇明火即燃烧。高分子化合物本身也是可燃的。在高分子化合物燃烧过程之中，热分解是一个重要步骤，它会产生大量的各种碳氢产物；在缺氧条件下（例如在封闭的房间内），这些碳氢产物越聚越多，房间的门窗一旦打开，与新鲜空气混合，就有可能发生爆燃，促使火灾的蔓延扩大。

c. 高分子化合物的燃烧特点。

ⅰ. 发热量大，火焰温度高。高分子化合物燃烧，其中大多数发热量高。例如软质聚乙烯的燃烧热可达46.61kJ/g，硬质聚氯乙烯的燃烧热也达58.80kJ/g，很多高分子化合物的燃烧热比木材、煤炭都大，因此燃烧时放出的热量大，火焰温度高，多在2000℃左右。

ⅱ. 燃烧发烟量大。高分子化合物燃烧的另一个特点为发烟量大。其发烟性同高分子化合物材料的分子结构有关。脂肪族高分子化合物的发烟性小于含有芳香环的高分子化合物。例如，聚乙烯燃烧几乎不生黑烟，聚苯乙烯则冒黑烟。高分子化合物在完全燃烧条件之下发烟少，在不完全燃烧条件之下发烟大，燃烧产物大多具有不同程度的毒性。

ⅲ. 产物呈不同颜色且有毒，甚至有爆燃危险。

d. 高分子化合物的燃烧规律。

ⅰ. 聚乙烯、聚丙烯等只含碳与氢的高聚物，易燃但不猛烈，离开火焰仍能持续燃烧，火焰呈蓝色或者黄色，燃烧时有熔滴，并产生有毒的一氧化碳。

ⅱ. 有机玻璃、赛璐珞等含有氧的高聚物，易燃且猛烈，火焰呈黄色，燃烧时变软、没有熔滴，并产生有毒的一氧化碳气体。

ⅲ. 脲甲醛树脂、三聚氰胺甲醛树脂、聚酰胺（尼龙）以及聚氨酯等含有氮的高聚物，都比较难燃或缓燃缓熄，燃烧时有熔滴，并且产生一氧化碳、氧化氮以及氰化氢等有毒和剧毒气体。

ⅳ. 聚氯乙烯等含有氯的高聚物，硬的为难燃自熄，而软的为缓燃缓熄，火焰呈黄色，燃烧时没有熔滴，有炭瘤，并产生氯化氢气体。此气体溶于水成盐酸而具有腐蚀性。

ⅴ. 含氟的高分子化合物，通常不燃，但是加强热时，能放出有腐蚀毒害性的氟化氢气体。

ⅵ. 酚醛树脂，没有填料的为难燃自熄，有木粉填料的为缓燃缓熄，呈黄色火焰，冒黑烟，并放出有毒的酚蒸气。

此外，燃烧时能产生一氧化碳、氰化氢（HCN）以及氨气（NH_3）等可燃气体。化学纤维和高分子化合物，在封闭场合下燃烧时，因为产生的可燃气体浓度达到了爆炸极限范围，所以会出现爆燃现象，有导致伤人毁物的危险，应引起注意。

1.1.2.3 影响燃烧的因素

（1）可燃物与氧化剂的配比浓度　可燃物与氧化剂的配比浓度越接近于化学当量比，燃速就越快，燃烧所释放的能量也越大；反之，可燃物和氧化剂的配比浓度越接近于爆炸浓度上限或下限，燃速越慢，燃烧所释放的能量也就越小，当爆炸性混合物的浓度比爆炸上限高，或比下限低时燃烧就会停止。因此，只要爆炸性混合物的浓度高于爆炸上限或低于下限，着火或爆炸就一定不会发生。

（2）温度的高低　温度升高会增大可燃物与氧化剂分子之间的碰撞概率，反应速率变快、燃烧范围变宽。比如丙酮的爆炸浓度范围，当温度在0℃时为4.2%～8.0%，50℃时为4.0%～9.8%，当温度达100℃时为3.2%～10.0%。

（3）压力的大小　由化学动力学可知，反应物的压力增加，反应速率则加快。这是由于压力增加相反地会使反应物的浓度增加，单位体积中的分子就更为密集，所以单位时间内分子碰撞总数就会增大，这就造成了反应速率的加快。如是可燃物与氧化剂的燃烧反应，则可使可燃物的爆炸上限升高、燃烧范围变宽，自燃温度与闪燃温度降低。比如煤油的自燃温度，在0.1MPa下为460℃，0.5MPa下为330℃，1MPa下为250℃，1.5MPa下为220℃，

2.0MPa 下为 210℃，2.5MPa 下为 200℃。但如果降低压力，气态可燃物的爆炸浓度范围会随之变窄，当压力降至一定值时，因为分子之间间距增大，碰撞概率减小，最终导致燃烧的火焰不能传播。这时爆炸上限与下限合为一点，压力再下降可燃气体、蒸气便不会再燃烧。我们称这一压力为临界压力。比如一氧化碳的燃烧浓度范围：在 760mmHg（1mmHg＝133.322Pa)时为 15.5%～68%，在 600mmHg 时为 16%～65%，在 400mmHg 时为 19.5%～57.7%，在 230mmHg 时爆炸上下限合为 37.4%。所以可以认为，压力 230mmHg 便是一氧化碳的爆炸临界压力；同时可以认为，压力在 230mmHg 以下时，一氧化碳就不会有着火或者爆炸的危险了。

（4）惰性介质的含量　气体混合物中惰性介质的增加可以使燃烧范围变小，当增加至一定值时燃烧便不会发生。其特点是，对爆炸上限的影响比对爆炸下限的影响更为显著。这是由于气体混合物中惰性介质的增加，表示氧的浓度相对减小，而爆炸上限时的氧浓度本来就很小，因此惰性介质的浓度稍微增加一点，就会使爆炸上限显著下降。如乙烷的爆炸浓度范围，在纯氧中为 3.0%～66%，而在空气中（由于空气中只含有 21%左右的氧气，因此与纯氧比实际上增加了 79%的惰性介质）为 3.0%～12.5%。一些比较常见的可燃物在惰性气体参与下燃烧所需的最低氧含量见表 1-4。

表 1-4　常见可燃物在惰性气体参与下维持燃烧所需的最低氧含量

物质名称	氧含量(体积分数)/%			
	CO_2-空气	N_2-空气	Ar-空气	He-空气
氢气	5.9	5.0		—
天然气	14.4	12.0	—	—
一氧化碳	5.9	5.6	—	—
甲烷	14.6	12.1	10.1	12.7
乙烷	13.4	11.0	—	—
乙烯	11.7	11.0	—	—
乙炔	9.0	6.5	—	—
丙烷	14.3	11.4	—	—
丁烷	14.5	12.1	—	—
庚烷	14.4	12.1	—	—
己烷	14.5	11.9	—	—
汽油	14.4	11.6	—	—
苯	13.9	11.2	—	—
二硫化碳	8.0	—	—	—
乙醚	12.0	—	—	10.0
丙酮	15.6	13.5	—	—
甲醇	13.5	10.0	—	—
乙醇	13.0	10.5	—	—
煤油	15.0	—	—	—
橡胶	13.0	—	—	—
多量棉花	8.0	—	—	—

（5）氧含量　混合物中的氧含量增加会导致可燃物的爆炸下限降低，爆炸上限升高，燃烧范围变宽，使平时不燃或难燃的物质变得可燃或易燃起来。当空气中氧含量增加至 23%（体积分数）时，在空气中着火可自熄的许多材料也变得能迅速传播火势。一些比较常见的可燃物在空气中和在纯氧中的爆炸极限和燃烧范围见表 1-5。

表 1-5　一些常见可燃物在空气中和在纯氧中的爆炸极限和燃烧范围

可燃物名称	在空气中		在纯氧中	
	爆炸极限/%	燃烧范围/%	爆炸极限/%	燃烧范围/%
甲烷	5～15	10.0	5.4～60	54.6
乙烷	3～12.45	9.45	3～66	63.0
丙烷	2.1～9.5	7.4	2.3～55	52.7
丁烷	1.5～8.5	7.0	1.8～49	47.2
乙烯	2.75～34	31.25	3～80	77.0
乙炔	2.5～82	77.5	2.8～93	90.2
氢	4～75	71	4.7～94	89.3
氨	15～28	13	13.5～79	65.5
一氧化碳	12.5～74	61.5	15.5～94	78.5
丙烯	2～11	9.0	2.1～53	50.9
环丙烷	2.4～10.4	8.0	2.5～63	60.5
乙醚	1.9～48	46.1	2.1～82	79.9
二乙烯醚	1.7～27	25.3	1.85～85.5	83.65

（6）容器的尺寸和材质　容器或管子的口径对燃烧的影响为：直径变小，则燃烧范围变窄，至一定程度时火焰即熄灭而不能通过，此间距称为临界直径。如二硫化碳的自燃点，在2.5cm的直径内是202℃，在1.0cm的直径内为238℃，在0.5cm的直径内为271℃。这是因为管道尺寸越小，则单位体积火焰所对应的管壁冷表面面积的热损失也就越多的缘故。比如各种阻火器就是通过此原理制造的。甲烷和空气的混合物在不同管径中燃烧火焰的传播速度，随管径的增大而加快，随管径减小而减慢。见表1-6。

表 1-6　甲烷与空气的混合物在不同管径中燃烧火焰的传播速度　　单位：cm/s

甲烷与空气混合物的浓度/%	管子的直径/cm					
	2.5	10	20	40	60	80
6	23.5	43.5	63	95	118	137
7	35	60	73.5	120	145	165
8	50	80	100	154	183	203
9	63.5	100	130	182	210	228
10	65	110	136	188	215	236
11	54	94	110	170	202	213
12	35	74	80	123	163	185
13	22	45	62	104	130	138
13.5	—	40	—	90	115	132

另外，容器的材质不同对燃烧的影响也不同。比如乙醚的自燃点，在铁管中是533℃，在石英管中为549℃，在玻璃烧瓶中为188℃，在钢杯中是193℃。这是因为，容器的材质不同，其器壁对可燃物的催化作用不同，导热性与透光性也不同。导热性好的容器容易散热，透光性差的容器不易接受光能，因此，容器的催化作用越强、导热性越差以及透光性越好，其引燃温度越低，燃烧范围也越宽。如氢气与氟气在玻璃容器中混合，甚至在液态空气的温度下于黑暗中也会发生爆炸，但如果在银质容器中，在常温下才能发生反应。

（7）引燃源的温度、能量和热表面面积　引燃源的温度、能量以及热表面面积的大小，与可燃物接触时间的长短等，都对燃烧条件有很大影响。通常来说，引燃源的温度、能量越高，与可燃物接触的面积越大、时间越长，那么，引燃源释放给可燃物的能量也就越多，则可燃物的燃烧范围就越宽，也就越容易被引燃；反之亦然。不同引燃强度的电火花对几种烷烃燃烧浓度范围的影响见表 1-7。

表 1-7 不同引燃强度的电火花对几种烷烃燃烧浓度范围的影响

烷烃名称	电压/V	燃烧浓度范围/%		
		I=1A	I=2A	I=3A
甲烷	100	不爆	5.9～13.6	5.85～14.4
乙烷	100	不爆	3.5～10.1	3.4～10.6
丙烷	100	3.6～4.5	2.8～7.6	2.8～7.7
丁烷	100	不爆	2.0～5.7	2.0～5.85
戊烷	100	不爆	1.3～4.4	1.3～4.6

1.1.2.4 物质的自燃点、闪点、爆炸极限和氧指数

（1）自燃点　部分常见可燃物的自燃点如表 1-8 所示。

表 1-8 部分常见可燃物的自燃点

名称		自燃点/℃	名称		自燃点/℃
固体	黄(白)磷	34～60	固体	纸张	130
	赤磷	200		棉花	150
	赛璐珞	140		棉絮	470
	樟脑	70		布匹	200
	硫	260		松香	240
	沥青	280		木材	250～350
	蜡烛	190		木炭	350
	煤	400		漆布	165
	大麻	440		玉米	470
	椰子皮	470		小麦	380～470
	巧克力	340		黄豆	560
气体和液体蒸气	氢气	572	气体和液体蒸气	辛烷	218
	一氧化碳	609		壬烷	285
	二硫化碳	120		正癸烷	250
	硫化氢	292		丁烯	443
	氢氰酸	538		戊烯	273
	己烷	248		乙炔	305
	庚烷	230		苯	580

（2）闪点　我国《建筑设计防火规范》（2018 年版）（GB 50016—2014）按液体闪点的高低把可燃液体分为甲、乙、丙三类。其中，闪点＜28℃的液体为甲类；28℃≤闪点＜60℃的液体为乙类；闪点≥60℃的液体为丙类。

（3）爆炸极限　爆炸极限指的是可燃的气体、蒸气或粉尘与空气混合后，遇引燃源产生爆炸的最高或最低的浓度，分为上限与下限。可燃气体、蒸气的爆炸极限通常用可燃气体、蒸气与空气的体积分数来表示。能发生爆炸的最高浓度称为爆炸上限；能发生爆炸的最低浓度称为爆炸下限。爆炸上限与爆炸下限的浓度区间叫作燃烧范围，当这种爆炸性混合物的浓度高于爆炸上限，或低于下限时，均不会发生着火或爆炸。

例如，乙炔（C_2H_2）气体的爆炸极限是2.1%～80%，氢气（H_2）的爆炸极限为4%～74%，这就是说与空气混合后的比例，乙炔只有在2.1%～80%，而氢气只有在4%～74%这个浓度范围内时遇火源才能发生爆炸，乙炔低于2.1%和高于80%，氢气低于4%或者高于74%的任何浓度都不会发生爆炸或着火。其他可燃气体也是一样，都必须在各自的浓度极限范围之内遇火源才会发生爆炸。但如果高于上限时重新遇到空气，或者低于下限时重新遇到可燃气体、蒸气时就会使可燃气体再次达到爆炸极限，因此也仍有着火爆炸的危险。部分可燃气体、液体蒸气的爆炸极限如表1-9所示。

表1-9　部分可燃气体、液体蒸气的爆炸极限

物质名称	分子式	在空气中的爆炸极限/%		物质名称	分子式	在空气中的爆炸极限/%	
		下限	上限			下限	上限
甲烷	CH_4	5.3	15	环氧乙烷(氧化乙烯)	C_2H_4O	3.0	100.0
乙烷	C_2H_6	3.0	16.0	甲基氯(氯甲烷)	CH_3Cl	7.0	19.0
丙烷	C_3H_8	2.1	9.5	氯乙烷(乙基氯)	C_2H_5Cl	3.6	14.8
丁烷	C_4H_{10}	1.5	8.5	氢	H_2	4.1	74
戊烷	C_5H_{12}	1.7	9.8	氨(氨气)	NH_3	15.7	27.4
己烷	C_6H_{14}	1.2	6.9	二硫化碳	CS_2	1.00	60.0
乙烯	C_2H_4	2.7	36.0	苯	C_6H_6	1.2	8.0
丙烯	C_3H_6	1.0	15.0	甲醇	CH_3OH	5.5	44.0
乙炔	C_2H_2	2.1	80.0	硫化氢	H_2S	4.0	46.0
丙炔(甲基乙炔)	C_3H_4	1.7	无资料	氯乙烯	C_2H_3Cl	3.6	31.0
1,3-丁二烯(联乙烯)	C_4H_6	1.4	16.3	氰化氢	HCN	5.6	40.0
一氧化碳	CO	12.5	74.2	二甲胺(无水)	C_2H_7N	2.8	14.4
甲醚(二甲醚)	C_2H_6O	3.4	27.0	三甲胺(无水)	C_3H_9N	2.0	11.6
乙烯基甲基醚	C_3H_6O	2.6	39.0				

(4) 氧指数（OI）　氧指数又叫作临界氧浓度或极限氧浓度。即指在规定条件下，试样在氧氮混合气流中维持平稳燃烧所需要的最低氧气浓度，通过氧所占的体积分数的值表示。它是用来对塑料、树脂、织物、涂料、木材及其他固体材料的可燃性或阻燃性进行评价及分类的一个特性指标。由于固体可燃物的燃烧，通常都是在大气环境下与空气中的氧进行的，因此，固体物质氧指数的大小是决定物质可燃性的重要因素。通常说来，氧指数越小，其越易燃，故火灾危险性也越大。一般认为，氧指数（OI）>50%的为不燃材料；OI在27%～50%的为难燃材料；OI在20%～27%的为准燃材料；OI<20%的为易燃材料。OI可以按下式计算：

$$OI=\frac{[O_2]}{[O_2]+[N_2]}\times 100\%$$

式中　OI——氧指数，%

$[O_2]$——氧气流量，L/min；

$[N_2]$——氮气流量，L/min。

一些常见聚合物的氧指数见表1-10。

表 1-10 一些常见聚合物的氧指数

序号	名称	氧指数/%	序号	名称	氧指数/%
1	聚乙烯	17.4～17.5	14	软质聚氟乙烯	23～40
2	聚丙烯	17.4	15	聚乙烯醇	22.5
3	氯化聚乙烯	21.1	16	聚苯乙烯	18.1
4	聚氯乙烯	45～49	17	聚甲基丙烯酸甲酯	17.3
5	聚氟乙烯	22.6	18	聚碳酸酯	26～28
6	聚偏二氯乙烯	60	19	聚苯醚	28～29
7	聚偏二氟乙烯	43.7	20	氯化聚醚	23.2
8	聚四氟乙烯	＞95	21	环氧树脂(普通)	19.8
9	氟化乙烯-丙烯共聚物	＞95	22	环氧树脂(脂环)	19.8
10	缩醛共聚物	14.8～14.9	23	乙丙橡胶	21.9
11	聚酰胺(线状)	22～23	24	氯磺化聚乙烯	25.1
12	聚酰胺(芳香族)	26.7	25	氯丁橡胶	26.3
13	聚酰亚胺	36.5	26	硅橡胶	26～39

1.2 建筑火灾的发生和控制

1.2.1 火灾的产生

在建筑物内，特别是高层建筑物内，虽然都采用了不燃的混合结构，即砖与钢筋混凝土结构，但其中的家具、生活用品等大多是可燃的。同时由于建筑物构造复杂，设备繁多，人员过于集中等原因，使不燃结构的建筑形成火灾的因素很多，可能性很大。

1.2.1.1 人为造成的火灾（包括蓄意纵火）

人为造成的火灾在建筑物内特别是高层建筑物内是最常见的。人们在工作中的疏忽，常常是造成火灾的直接原因。例如，焊接工人无视操作规范，不遵守安全工作制度，动用气焊或电焊工具进行野蛮操作，导致火灾；电气工人带电维修电气设备，工作中不慎便可能产生电火花，也可造成火灾。

人为纵火是火灾形成的最直接、最不能忽视的主要原因。

1.2.1.2 电气事故造成火灾

现代高层建筑中，用电设备繁多，用电量大，电气管线纵横交错，不但维修工作量大，而且也相应增多了火灾隐患。例如，电气设备的安装不良、长期“带病”或过载工作，破坏了电气设备的电气绝缘，导致电气线路的短路会引发火灾；电气设备防雷接地措施不符合规定要求，接地装置年久失修等也能引发火灾。

电气事故造成的火灾，其原因比较隐蔽，一般非专业人员不易察觉，因此在安装布置电气设备时，必须做到不留隐患，严格按照安装规范执行，并做到定期检查与维修。

1.2.1.3 可燃气体发生爆炸造成火灾

在建筑物内使用的煤气、液化石油气和其他可燃气体，因某种原因或人为的事故而导致可燃气体泄漏，与空气混合后造成混合气体，当其浓度达到一定值时，遇到明火就会发生爆炸，造成火灾。

可燃气体，例如，甲烷（CH_4）、乙烷（C_2H_6）、丙烷（C_3H_8）、丙烯（C_3H_6）、乙烯（C_2H_4）、硫化氢（H_2S）、苯（C_6H_6）及甲苯等都是火灾事故的载体。

1.2.1.4 可燃固体燃烧造成火灾

众所周知，当可燃固体如纸张、棉花、黏胶纤维及涤纶纤维等被火源加热，温度达到其燃点时，遇到明火就会燃烧，形成火灾。

一些物质具有自燃现象，如煤炭、木材、粮食等，当其受热温度达到或超过一定值时，就会分解出可燃气体，同时释放少量热能。当温度再升高到某一极限值并产生急剧增加的热能，此时即使隔绝外界热源，可燃物质也能凭借自身放出的能量来继续提高其本身温度，并使其达到自燃点，从而形成自燃现象，若不被及时发现，必定造成火灾。

此外，对一些类似硝化棉、黄磷等的易燃易爆化学物品，若存放保管不当，即使在常温下也可以分解、氧化而引发自燃或爆炸，形成火灾。金属钾、钠、氢化钠、碳化钙及五硫化磷等固体也很容易自燃引起火灾。

1.2.1.5 可燃液体燃烧造成火灾

在建筑物内如存在可燃液体时，低温下当其蒸汽与空气混合达到一定浓度时，遇到明火就会出现“一闪即灭”的蓝光，称为闪燃。出现闪燃的最低温度叫作闪点。所以闪点是燃烧或爆炸的前兆。由此可见，若可燃液体保管不当，导致液体蒸汽大量泄漏，使得与空气的混合浓度达到极限浓度时，便可能引发火灾。因此，可燃液体的储存和保管十分重要，一旦出现差错，火灾的发生将是不可避免的。

1.2.2 火灾的控制和管理

1.2.2.1 火灾初期的处理方法

（1）灭火的基本原则　火灾现场人员在扑救初期火灾时，应当运用“先控制，后消灭”“救人重于救火”“先重点，后一般”的基本战术原则。

① 先控制，后消灭的原则。先控制，后消灭，是指对于不可能立即扑灭的火灾，要首先控制火势的继续蔓延扩大，在具备了扑灭火灾的条件时，再展开全面进攻，一举消灭。义务消防队灭火时，应根据火灾情况和本身力量灵活运用这一原则。对于能扑灭的火灾，要抓住战机，迅速消灭。如火势较大，灭火力量相对薄弱，或因其他原因不能立即扑灭时，就要把主要力量放在控制火势发展或防止爆炸、泄漏等危险情况发生上，为防止火势扩大、彻底扑灭火灾创造有利条件。先控制，后消灭，在灭火过程中是紧密相连、不能截然分开的，只有首先控制住火势，才能迅速将其扑灭。控制火势要根据火场的具体情况，采取相应措施。根据不同的火灾现场，常见的做法有以下几种。

a. 建筑物失火：当建筑物一端起火向另一端蔓延时，可从中间适当部位控制；建筑物的中间着火时，应从两侧控制，以下风方向为主，发生楼层火灾时，应从上下控制，以上层为主。

b. 油罐失火：油罐起火后，要冷却燃烧油罐，以降低其燃烧强度，保护罐壁；同时要注意冷却邻近油罐，防止因温度升高而爆炸起火。

c. 管道失火：当管道起火时，要迅速关闭阀门，以断绝可燃物；堵塞漏洞，防止气体或液体扩散；同时要保护受火势威胁的生产装置、设备等。

d. 易燃易爆单位（或部位）失火：要设法消灭火灾，以排除火势扩大和爆炸的危险；同时要疏散保护有爆炸危险的物品，对不能迅速灭火和不易疏散的物品要采取冷却措施，防止受热膨胀爆裂或起火爆炸而扩大火灾范围。

e. 货场堆垛失火：一垛起火，应控制火势向邻垛蔓延。货区的边缘堆垛起火，应控制火势向货区内部蔓延；中间垛起火，应保护周围堆垛，以下风方向为主。

② 救人重于救火的原则。救人重于救火，是指火场上如果有人受到火势威胁，义务消防队员的首要任务就是把被火围困的人员抢救出来。运用这一原则，要根据火势情况和人员受火势威胁的程度而定。在灭火力量较强时，灭火和救人可以同时进行，但决不能因灭火而贻误救人时机。人未救出之前，灭火是为了打开救人通道或减弱火势对人员威胁程度，从而更好地为救人脱险、及时扑灭火灾创造条件。

③ 先重点，后一般的原则。先重点、后一般，是就整个火场情况而言的。运用这一原则，要全面了解并认真分析火场的情况，主要是：

a. 人和物相比，救人是重点。

b. 贵重物资和一般物资相比，保护和抢救贵重物资是重点。

c. 火势蔓延猛烈的方面和其他方面相比，控制火势蔓延猛烈的方面是重点。

d. 有爆炸、毒害、倒塌危险的方面和没有这些危险的方面相比，处置这些危险的方面是重点。

e. 火场上的下风方向与上风、侧风方向相比，下风方向是重点。

f. 可燃物资集中区域和这类物品较少的区域相比，可燃物资集中区域是保护重点。

g. 要害部位和其他部位相比，要害部位是火场上的重点。

(2) 灭火的方法　初期火灾容易扑救，但必须运用正确的灭火方法，合理使用灭火器材和灭火剂，才能有效地扑灭初起火灾，减少火灾危害。

灭火的基本方法，就是根据起火物质燃烧的状态和方式，为破坏燃烧必须具备的基本条件而采取的一些措施。具体有以下 4 种。

① 冷却灭火法。冷却灭火法，就是将灭火剂直接喷洒在可燃物上，使可燃物的温度降低到自燃点以下，从而使燃烧停止。用水扑救火灾，其主要作用就是冷却灭火。一般物质起火，都可以用水来冷却灭火。

火场上，除用冷却法直接灭火外，还经常使用水冷却尚未燃烧的可燃物质，防止其达到自燃点而着火；还可用水冷却建筑构件、生产装置或容器等，以防止其受热变形或爆炸。

② 隔离灭火法。隔离灭火法，是将燃烧物与附近可燃物隔离或者疏散开，从而使燃烧停止。这种方法适用于扑救各种固体、液体、气体火灾。

采取隔离灭火的具体措施很多。例如，将火源附近的易燃易爆物质转移到安全地点；关闭设备或管道上的阀门，阻止可燃气体、液体流入燃烧区；排除生产装置、容器内的可燃气体、液体；阻拦、疏散可燃液体或扩散的可燃气体；拆除与火源相毗连的易燃建筑结构，造成阻止火势蔓延的空间地带等。

③ 窒息灭火法。窒息灭火法，即采取适当的措施，阻止空气进入燃烧区，或用惰性气体稀释空气中的氧含量，使燃烧物质缺乏或断绝氧气而熄灭。这种方法，适用于扑救封闭式的空间、生产设备装置及容器内的火灾。

火场上运用窒息法扑救火灾时，可采用石棉被、湿麻袋、湿棉被、砂土、泡沫等不燃或难燃材料覆盖燃烧物或封闭孔洞；用水蒸气、惰性气体（如二氧化碳、氮气等）充入燃烧区域；利用建筑物上原有的门窗以及生产储运设备上的部件来封闭燃烧区，阻止空气进入。此外，在无法采取其他扑救方法而条件又允许的情况下，可采用水淹没（灌注）的方法进行扑救。但在采取窒息法灭火时，必须注意以下几点。

a. 燃烧部位较小，容易堵塞封闭，在燃烧区域内没有氧化剂时，适于采取这种方法。

b. 在采取用水淹没或灌注方法灭火时，必须考虑到火场物质被水浸没后能否产生不良后果。

c. 采取窒息方法灭火以后，必须确认火已熄灭时，方可打开孔洞进行检查。严防过早地打开封闭的空间或生产装置，而使空气进入，造成复燃或爆炸。

d. 采用惰性气体灭火时，一定要将大量的惰性气体充入燃烧区，迅速降低空气中氧的含量，以达窒息灭火的目的。

④ 抑制灭火法。抑制灭火法，是将化学灭火剂喷入燃烧区参与燃烧反应，中止链反应而使燃烧反应停止。采用这种方法可使用的灭火剂有干粉和卤代烷灭火剂。灭火时，将足够数量的灭火剂准确地喷射到燃烧区内，使灭火剂阻断燃烧反应，同时还要采取必要的冷却降温措施，以防复燃。

在火场上采取哪种灭火方法，应根据燃烧物质的性质、燃烧特点和火场的具体情况，以及灭火器材装备的性能进行选择。

1.2.2.2 特殊火灾的扑救和紧急处置

（1）化工企业火灾扑救　扑救化工企业火灾，一定要弄清起火单位的设备与工艺流程、是否发生泄漏现象、着火物品的性质、有无发生爆炸、中毒的危险、有无安全设备或消防设备等。由于化工单位情况比较复杂，扑救难度大，起火单位的职工及工程技术人员要主动指导和帮助消防队员一起灭火。

① 灭火基本措施。

a. 采取各种方法，消除爆炸危险。火场上遇有爆炸危险，应依据具体情况，及时采取各种防爆措施。例如，疏散或者冷却爆炸物品或有关设备、容器，打开反应器上的放空阀或驱散可燃蒸气或气体，关闭输送管道的阀门等，以避免发生爆炸。

b. 消灭外围火焰，控制火势发展。首先消灭设备外围或者附近建筑的燃烧，保护受火势威胁的设备、车间，对重要设备要加强保护，阻止火势蔓延扩大，然后向火源直接进攻，逐步缩小燃烧面积，最后消灭火灾。

c. 当反应器和管道上呈火炬形燃烧时，可以组织突击小组，配备必要数量的水枪，采用冷却的方式掩护战斗员接近火源，采取将阀门关闭或用覆盖窒息等方法扑灭火焰。必要时，也可以用水枪的密集射流来扑灭火焰。

d. 加强冷却，筑堤堵截。扑救反应器或者管道上的火焰时，往往需要大量的冷却用水。为了防止燃烧着的液体流散，有时可以用砂土筑堤加以堵截。

e. 正确使用灭火剂。由于化工企业的原料、半成品（中间体）以及成品性质不同，生产设备所处状态也不同，必须选用合适灭火剂，在准备足够数量灭火剂及灭火器材后，选择适当时机灭火以取得应有的效果。避免由于灭火剂选用不当而延误战机，甚至发生爆炸等事故。

② 扑救化工企业火灾的要求。

a. 做好防爆炸、防烧伤、防中毒以及防腐蚀等安全保护工作。深入第一线的灭火人员应佩戴防护装具（主要是防毒面具、空气呼吸器以及防火隔热服和手套等），在灭火战斗行动中注意利用掩体，尽可能避开下风方向。在必要时，应划出危险区，禁止非指定人员随意进入。

b. 搞好关阀堵漏工作。可燃气体或者液体泄漏后发生火灾，不要急于灭火，等关阀堵漏工作就绪，再一举灭火。在此之前，除采取冷却措施防止火势蔓延外，可以让其稳定燃烧，避免在灭火后继续漏料，造成爆炸或复燃。

(2) 油池、油桶垛火灾扑救

① 油池火灾扑救技术。油池多是工厂及车间用来给物件淬火和燃料储备用的，有些油池还是油田用于产品周转的。淬火油池和燃料储备油池大多同建筑物毗连，着火后威胁性很大，易引起建筑物火灾，周转油池火灾面积比较大，着火后火势猛烈。

对油池火灾，多采用空气泡沫或者干粉进行灭火。对原油、残渣油或者沥青等油池火灾，也可以用喷雾水或直流水进行扑救。扑救时，要将阵地部署在油池上风方向，按照油池面积和宽度确定泡沫枪（炮）和水枪数量。灭火所需水枪数量，应以顺风横推火焰，使得火势不回窜为最低标准。用水扑救原油及残渣油火灾，开始射水时水会被高温迅速分解，火势不但不会减弱，反而增强，但坚持一段时间射水，使燃烧区温度下降以后，火势就会减弱而被扑灭。油池通常位置较低，火灾辐射热比地上油罐大。在灭火中，必须将防护工作搞好，一般应穿着防火隔热服，必要时对接近火源的管枪手及水枪手用喷雾水进行掩护。

② 油桶垛火灾扑救技术。油桶垛火灾燃烧猛，发展快，容易发生爆炸。油桶在火焰直接烘烤下，经过 3～5min 就有可能发生爆炸。爆炸前，桶顶鼓起，并发出声响。油桶爆炸之后，火焰飞腾而起，可高达二三十米；然后呈焰火状四散落下，导致火势扩大。有时油桶也会被爆炸的气浪抛向空中。油桶爆炸的突破点与油桶形状有关，卧式油桶的突破位置多位于桶两端的上侧；立式油桶的突破位置多在桶的上端咬合处等比较薄弱的部位。

在扑救油桶堆垛火灾时，要注意防止油桶爆炸。扑救人员应迅速冷却桶垛，并依据桶垛及火势情况，采取边灭火边疏散油桶的办法。使用泡沫可以扑灭桶垛周围地面的燃烧，但要注意避免在桶垛空隙出现死角。必要时，要搬开油桶喷射泡沫或用砂土埋压。利用干粉扑灭桶垛火灾效果非常明显，但要注意消灭残火，及时冷却降温，避免复燃。涂料桶垛起火时，可以直接用水扑救。对大量流散的油品，要采取筑堤堵截等办法，避免火势蔓延扩大。

在冷却、疏散或者灭火时，在场人员要尽量避开油桶可能发生爆炸时的突破方向，使用水枪（管）的人员要尽可能借助地形地物进行掩护。

(3) 液化石油气瓶火灾扑救　单个气瓶大多在瓶体与角阀、角阀与调压器之间的连接处起火，呈横向或者纵向喷射性燃烧。瓶内液化气愈多，喷射压力愈大，同时会发出“呼呼”的喷射声。若瓶体没有受到火焰燃烧烘烤，气瓶逐渐泄压，通常不会发生爆炸。扑救这类火灾时，如果角阀没坏，要首先关闭阀门，切断气源，可以戴上隔热手套或持湿抹布等，按顺时针方向关闭角阀，火就熄灭了。瓶体温度很高时，要向瓶体浇水冷却，降低温度，可以向气瓶喷火部位喷射或者抛撒干粉将火扑灭，也可用水枪对射的方法灭火。压力不大的气瓶火灾，还可以用湿被褥覆盖瓶体将火熄灭。火焰熄灭之后，要及时将阀门关闭。当液化石油气瓶的角阀损坏，无法关闭时，不要轻易把火扑灭，可以把燃烧气瓶拖到安全的地点，对气瓶进行冷却让其自然烧尽。若必须灭火，一定要熄灭周围火种，并冷却被火焰烤热的物品和气瓶。将火熄灭后，要迅速用雾状水流将气瓶喷出的气体驱散。

当液化石油气瓶及室内物品同时燃烧时，气瓶受热泄压的速度会加快，气瓶喷出的火焰会加剧建筑和物品的燃烧。扑救时，应一面迅速扑灭建筑及室内物品的燃烧，一面设法将燃烧的气瓶疏散至安全地点。在室内燃烧未扑灭前，不能扑灭气瓶的燃烧，当房屋或者室内物品起火，并直接烘烤液化石油气瓶时，气瓶可能在几分钟内发生爆炸。在扑救时，一定要设法将气瓶疏散出去；如果气瓶一时疏散不了，要先用水流冷却保护，并迅速将周围火焰对气瓶的威胁消除。

当居民用液化石油气瓶大量漏气，尚未发生火灾时，不要轻易将门窗打开排气，首先要迅速通知周围邻居熄灭一切火种，然后才能通风排气，并用湿棉被等把气瓶堵漏后搬到室外。

（4）仓库火灾扑救　仓库是物资集中的场所，一旦发生火灾，极易造成严重损失。所以，物资仓库历来是消防保卫重点单位，单位保卫部门应加强调查研究，掌握责任区内仓库的物资、建筑、道路以及水源等情况，制订灭火作战计划和物资疏散方案，以利于及时有效地扑灭仓库火灾。

① 仓库火灾特点。

a. 燃烧猛烈，蔓延迅速。由于仓库可燃物质多，跨度大，空气供给充足，发生火灾之后，燃烧发展较快。尤其是当仓库房盖烧穿或打开库房门窗时，燃烧强度会急剧增大，火势蔓延更加迅速，有些库房在较短的时间里发生倒塌。露天物资堆垛起火之后，火势会沿堆垛表面迅速蔓延，在刮风时往往出现大量飞火，导致多处起火。

b. 火焰易向纵深发展。可燃物资堆垛、货架或者空心墙发生火灾时，火焰能沿堆垛与货架表面向堆垛和货架的缝隙发展。在扑救过程中，有时表面燃烧虽然停止，但是内部阴燃还会持续较长时间，而且不易发现，如不仔细检查及彻底扑灭，还会复燃成灾。

c. 库房内发生火灾，能产生大量烟雾，尤其是储存有化工、农药、医药和易燃易爆危险物品的仓库发生火灾，会产生大量有毒气体。爆炸物品仓库及一些化工仓库起火后，可能发生爆炸，威胁人员安全。

② 库房火灾扑救技术。

a. 侦查火情，弄清火场情况。扑救仓库火灾，要以保护物资为重点。依据仓库的建筑特点、储存物资的性质以及火势等情况，灵活地运用灭火战术技术。为此，必须将火情侦查搞好，在只见烟不见火的情况下，不能盲目行动，必须迅速查明下列情况：

ⅰ. 储存物资的性质、火源和火势蔓延的途径。

ⅱ. 为了灭火及疏散物资，是否需要破拆。

ⅲ. 临近火源的物资是否已受到火势威胁，是否需要采取紧急疏散措施。

ⅳ. 是否为烟雾弥漫而必须采取排烟措施。

ⅴ. 库房内有无爆炸、剧毒物品，火势对其威胁程度如何，是否需要采取保护及疏散措施等。

b. 重点突破，迅速消灭火灾。当爆炸、有毒物品或者贵重物资受到火势威胁时，应采取重点突破的方法扑救，选择火势较弱或者能进能退的有利地形，集中数支水枪，强行打开通路、掩护抢救人员，深入燃烧区将这类物品抢救出来，转移至安全地点。对无法疏散的爆炸物品，应用水枪进行冷却保护。在烟雾弥漫或者有毒气体妨碍灭火时，要进行排烟通风。消防人员进入库房时，必须佩戴空气呼吸器。排烟通风时，要做好射水灭火准备，避免在通风情况下火势扩大。扑救有爆炸危险物品时，要密切注视火场变化情况，组织精干的灭火力量，争取速战速决。若发现有爆炸征兆，则应迅速地将灭火人员撤出来。

c. 露天堆垛火灾扑救技术。扑救露天堆垛火灾，应集中主要扑救力量，采取下风堵截、两侧夹击的战术，避免火势向下风方向蔓延，并派出力量或组织职工群众监视与扑打飞火。当火势被控制住以后，应组织对燃烧堆垛的进攻，如把几个物资堆垛的燃烧分割开，逐垛将火扑灭。扑救棉花、化学纤维、纸张及杂草等堆垛火灾，要采取边拆边射水的灭火方法，对于疏散出来的棉花及化学纤维等物资，还要拆包检查，消除阴燃。

（5）化学危险物品火灾扑救　扑救化学危险物品火灾，若灭火方法不恰当，就有可能使火灾扩大，甚至造成爆炸、中毒事故。因此，必须注意运用正确的灭火方法和选择正确的灭火剂。

① 易燃和可燃液体火灾扑救技术。液体火灾尤其是易燃液体火灾发展迅速而猛烈，有时甚至会发生爆炸。这类物品发生火灾主要根据它们的密度大小，是否能溶于水和哪一种方法对灭火有利来确定。

一般来说，对比水轻又不溶于水的有机化合物，如乙醚、苯、汽油以及轻柴油等的火灾，可用泡沫或干粉扑救。当初起火灾，燃烧面积不大或燃烧物不多时，也可以用二氧化碳。但不能用水扑救，因为当用水扑救时，由于液体比水轻，会浮在水面随水流淌而扩大火灾。

能溶于水或部分溶于水的液体，如甲醇、乙醇等醇类，乙酸乙酯以及乙酸丁酯等酯类，丙酮、丁酮等酮类发生火灾时，应用雾状水或抗溶性泡沫、干粉等灭火器扑救。当初起火或者燃烧不多时，也可用二氧化碳扑救。若使用化学泡沫灭火时，泡沫强度必须比扑救不溶于水的易燃液体大3～5倍。

不溶于水、密度大于水的液体，比如二硫化碳等着火时，可以用水扑救，但覆盖在液体表面的水层必须有一定厚度，方能压住火焰。

敞口容器内易燃可燃液体着火，不能用砂土扑救。由于砂土非但不能覆盖液体表面，反而会沉积于容器底部，造成液面上升以致溢出，导致火灾蔓延扩展。

② 易燃固体火灾扑救技术。易燃固体发生火灾时，通常都能用水、砂土、石棉毯、泡沫、二氧化碳以及干粉等灭火器材扑救。但粉状固体，如铝粉、镁粉、闪光粉等，不能直接用水、二氧化碳扑救，以防止粉尘被冲散在空气中形成爆炸性混合物而可能发生爆炸，若用水扑救，则必须先用砂土、石棉毯覆盖后才能进行。

磷的化合物、硝基化合物以及硫黄等易燃固体着火，燃烧时产生有毒和刺激性气体，扑救时人要站在上风向，防止中毒。

③ 遇水燃烧物品和自燃物品火灾扑救技术。遇水燃烧物品，比如金属钠等的共同特点是遇水后能发生剧烈的化学反应，放出可燃性气体而引起燃烧及爆炸。这种场所消防器材的种类及灭火方法由建筑设计部门和当地公安机关消防机构协商解决配置。其他人员应注意在扑救该类物品火灾时应用干砂土、干粉等扑救，灭火时禁止用水、泡沫灭火器扑救。遇水燃烧物中，如锂、钠、钾、铷、铯、锶等，因为化学性质十分活泼，与水会发生反应和加大火势。在扑救磷化物、保险粉等火灾时，因其燃烧时能放出大量有毒气体，人应站在上风向。

自燃物品起火时，除三乙基铝和铝铁溶剂不能用水扑救外，通常可用大量的水进行灭火，也可以用砂土、二氧化碳以及干粉灭火器灭火。由于三乙基铝遇水产生乙烷，铝铁溶剂燃烧时温度极高，能使水分解产生氢气发生爆炸。所以，灭火不能用水。

④ 氧化剂火灾扑救技术。大部分氧化剂火灾都能用水扑救，但是对过氧化物和不溶于水的液体有机氧化剂，应用干砂土或二氧化碳、干粉灭火剂扑救，不能用水及泡沫扑救。这是因为过氧化物遇水反应能放出氧，加速燃烧，不溶于水的液体有机氧化剂通常相对密度都小于1，如用水扑救时，会浮在水上面流淌而扩大火势。粉状氧化剂火灾应用雾状水进行扑救。

⑤ 毒害物品和腐蚀物品火灾扑救技术。通常毒害物品着火时，可用水及其他灭火剂灭火，但毒害物品中的氰化物、硒化物以及磷化物着火时，如遇酸能产生剧毒和易燃气体，如氰化氢、磷化氢、硒化氢等着火，只能用雾状水或者二氧化碳等灭火。

腐蚀性物品着火时，可用雾状水、干砂土、泡沫以及干粉等扑救。硫酸、硝酸等酸类腐蚀物品不能用加压密集水流扑救，由于密集水流使酸液发热甚至沸腾，四处飞溅而伤害扑救人员。

当用水扑救化学危险物品，尤其是扑救毒害物品和腐蚀性物品火灾时，还应注意节约水量和水的流向，同时注意尽可能使灭火后的污水流入污水管道。由于有毒或有腐蚀性的灭火污水四处溢流会污染环境，甚至会污染水源。同时，减少水量还可起到减少物品的水渍损失。

(6) 人身着火扑救方法　发生火灾时，如果身上着了火，千万不能奔跑。由于奔跑时，会形成一股小风，大量新鲜空气冲到着火人的身上，就像是给炉子扇风一样，火就会越烧越旺。着火的人乱跑，还会将火种带到其他场所，引起新的燃烧点。

身上着火，通常总是先烧着衣服、帽子。这时，最重要的是先设法把衣、帽脱掉；如果一时来不及，可将衣服撕碎扔掉。脱去身上衣、帽，身上的火也就灭了。衣服在身上烧，不仅会烧伤，而且还会给以后的抢救治疗增加困难，烧伤者在治疗时，首先要将烧剩的布片除去，给受伤者带来很大痛苦。尤其是化纤服装，受高温熔融后会与皮肉粘连，且还有一定的毒性，更会使伤势恶化。

身上着火，如果来不及脱衣，也可以卧倒在地上打滚。把身上的火苗压灭。倘若有其他人在场，可用湿麻袋、毯子等把身上着火的人包裹起来，就能使火扑灭，或向着火人身上浇水，或帮助将烧着的衣服撕下。但是，切不可用灭火器直接向着火人身上喷射。这是因为，多数灭火器内所装的药剂会造成烧伤者的创口产生感染。

若身上火势较大，来不及脱衣服，旁边又没有其他人协助灭火，则可以跳入附近池塘及小河等水中熄灭身上的火。虽然这样做可能对后来的烧伤治疗不利，但是，至少可以减轻烧伤程度及面积。

1.2.2.3　火灾应急预案的制定与演练

(1) 制定应急疏散预案的前提准备　灭火疏散预案的制定是一项复杂而细致的工作。除了对场所及内容等需要做大量的调查研究外还要科学预测、综合分析一旦发生火灾之后可能出现的各种情况，研究制定相应的战术对策，正确部署灭火疏散人员和相关力量。实地调研的主要内容包括：

① 了解单位的基本情况。

a. 单位的地理位置、毗邻单位，与火灾相关的环境、道路以及水源等。

b. 单位的建筑设施情况、主要设备特点、生产工艺流程以及火灾特点，一旦发生火灾火势的蔓延条件、蔓延方向、可能导致的后果，以及气候、气象情况对灭火行动可能造成的影响。

c. 草绘单位总平面图、建筑平面图、重点部位详图以及有关图纸资料，并且对照实地情况予以确认或修改。

② 火灾情况假设。假设火灾情况就是指对单位的要害部位可能发生的火灾做出有根据、符合客观规律的设想，是反映单位火灾情况，部署灭火疏散力量，实施灭火疏散指挥的重要依据。其主要内容包括：

a. 单位的要害部位。为使预想的火灾情况更复杂一些，有时可多确定几个起火点。

b. 重点部位可能发生火灾的物品、发展蔓延的条件、燃烧面积以及主要蔓延的方向。

c. 一旦发生火灾后造成的危害和影响（如爆炸、倒塌、人员伤亡以及人员被困等情况），以及火势发展变化可能导致的严重后果等。

(2) 单位火灾应急预案的制定

① 火灾应急预案应包括的内容。

a. 明确火灾现场通信联络、灭火、疏散、救护、保卫等任务的负责人。规模较大的人员密集场所应由专门机构负责，组建各职能小组。并明确负责人、组成人员及其职责。

b. 火警处置程序。火警处置程序包括应急疏散的组织程序、措施和扑救初起火灾的程序、措施两方面。

c. 通信联络、安全防护和人员救护的组织与调度程序和保障措施。

② 单位火灾应急预案的组织机构。消防安全责任人或消防安全管理人担负公安消防队到达火灾现场之前的指挥职责，组织开展灭火和应急疏散等工作。规模较大的单位可以成立火灾事故应急指挥机构。

火灾应急疏散各项职责应由当班的消防安全管理人、部门主管人员、消防控制室值班人员、保安人员、志愿消防队承担。规模较大的单位可以成立各职能小组，由消防安全管理人、部门主管人员、消防控制室值班人员、保安人员、志愿消防队及其他在岗的从业人员组成。

火灾事故应急组织机构的主要职责如下。

a. 通信联络机构：负责与消防安全责任人和当地公安消防机构之间的通信和联络。

b. 灭火机构：发生火灾立即利用消防器材、设施就地进行火灾扑救。

c. 疏散机构：负责引导人员正确疏散、逃生。

d. 救护机构：协助抢救、护送受伤人员。

e. 保卫机构：阻止与场所无关人员进入现场，保护火灾现场，并协助公安消防机构开展火灾调查。

f. 后勤机构：负责抢险物资、器材器具的供应及后勤保障。

③ 火灾应急预案的实施程序。当确认发生火灾后，应立即启动灭火和应急疏散预案，并同时开展下列工作。

a. 向公安机关消防机构报火警。

b. 当班人员执行预案中的相应职责。

c. 组织和引导人员疏散，营救被困人员。

d. 使用消火栓等消防器材、设施扑救初起火灾。

e. 派专人接应消防车辆到达火灾现场。

f. 保护火灾现场，维护现场秩序。

④ 火灾应急预案的宣贯和完善。火灾应急预案制定完毕后，应定期组织员工熟悉火灾应急疏散预案的具体内容，并通过预案演练，逐步修改完善。对于地铁、高度超过 100m 的多功能建筑等，应根据需要邀请有关专家对火灾应急疏散预案进行评估、论证，使其进一步完善和提高。

(3) 火灾应急预案的演练

① 演习目的。纵观国内外一些重大和特别重大火灾事故，其发生的重要原因之一，就是单位缺乏应急方案，员工防火意识薄弱，不懂初期火灾的扑救方法，临警惊慌失措，处置不力。因此要通过演习，使员工掌握初期火灾扑救的基本方法及步骤，提高临警应变和自防自救的能力，随时准备应付火灾事故。

② 火情假设。三层以上楼房建筑，设有室内消防给水系统，并配备灭火器。楼房二层、三层分别有 10 人以上，处于正常情况。起火部位确定在二层（KTV 包间或者仓库等人员集

中场所），火灾处于初起阶段，其中起火部位有 2 名被困人员（女性），室内充满烟雾，并正向窗外及内走道蔓延（有条件的可以在外墙开窗放烟雾）。

③ 力量组织。由单位领导、保卫部门和有关部门负责人等组成自救指挥组；被困人员应由不同年龄人员组成，其中女性不应少于 1/3；灭火人员数名，引导疏散人员数名，总人数不少于 35 名。

④ 演习步骤。

a. 发现火灾。火灾的发现可分为以下几种：

ⅰ. 安全巡逻人员发现。

ⅱ. 现场人员发现。

ⅲ. 过路人员发现。

ⅳ. 火灾自动报警系统报警，消防值班人员发现。

b. 火灾报警。

ⅰ. 发现起火人应大声呼喊："着火了，快来救火啊!" 并迅速通过电话、消防报警装置或奔跑向值班领导及消防控制中心报警，同时向 "119" 消防中心报警。

ⅱ. 单位值班人员接到报警后，迅速召集有关人员在起火点附近观察及指挥，并在安全的地方设立自救指挥组。

c. 灭火操作。

ⅰ. 用灭火器灭火。灭火人员接到灭火指令之后，立即提起附近灭火器具奔向起火地点，进行灭火。

ⅱ. 利用室内消火栓灭火。未见火势减弱，继续燃烧，灭火人员分别由起火房间的两侧使用消火栓，铺设水带，拿出水枪，进行灭火（不出水演习）。同时按水泵启动按钮或者派人到水泵房或者消防监控中心启动消防泵。

d. 组织疏散。

Ⅰ. 人员疏散。

ⅰ. 遵循救人第一的原则：在灭火战斗展开的同时，应当立即组织数名引导疏散人员，带上毛巾，分成若干组（2 人一组）分别奔向二、三层楼面，将内走道两侧的外窗开启，进行自然排烟，为灭火、救人创造条件。

ⅱ. 组织及引导被困人员沿楼梯向下疏散到户外安全处。如有两部以上楼梯，应分散疏散，疏散人员应用毛巾捂住口鼻。也可选择用绳索（床单等）系在牢固构件上的应急方法，使被困人员从二楼起火房间的隔壁窗户下滑到地面，但必须采用安全保护措施，避免伤人事故。

Ⅱ. 物资疏散。

ⅰ. 将室内危险化学品搬移现场，贵重物品转移至安全处，并落实专人看管。

ⅱ. 假设若干只纸箱，标出危险品及贵重物品标志，从窗户吊下，下面布置人员接应。

e. 减少水渍损失，做好现场保护。灭火扑救过程中，遵循不见明火不出水的原则，力争使水渍损失减少。如出水火灭后，消防泵应及时停止供水，组织员工将起火房间周围流淌的水排出，防止加重水渍损失，并注意保护火灾现场，以便于火灾原因的调查。

⑤ 演习要求。

a. 各单位要依据本单位的实际情况，假设火情，制定具体的演习方案，严密组织，精心安排，保证演习的顺利进行。

b. 演习人员要一切行动听指挥，要将演习当作一次实战的机会，各项步骤的实施要迅速、紧张而且有序，操作动作要到位。

c. 要做好演习的安全工作。演习场所、路线以及器材的选择要合理、可靠，演习前要对参演人员进行安全教育，保卫部门要对环境进行检查，尤其对疏散用的梯子、绳索等用具进行检查，确保安全可靠。

d. 要通过演习及时总结和完善各单位的火灾应急方案，使演习真正起到检验应急方案及提高扑救初期火灾能力的作用。

1.2.2.4 火灾事故原因的调查及认定

（1）火灾事故原因的调查

① 现场调查。火灾事故调查人员应当根据调查需要，对发现、扑救火灾人员，熟悉起火场所、部位和生产工艺人员，火灾肇事嫌疑人和被侵害人等知情人员进行询问。对火灾肇事嫌疑人可以依法传唤。必要时，可以要求被询问人到火灾现场进行指认。

询问应当制作笔录，由火灾事故调查人员和被询问人签名或者捺指印。被询问人拒绝签名和捺指印的，应当在笔录中注明。

现场提取痕迹、物品，应当按照下列程序实施：

a. 量取痕迹、物品的位置、尺寸，并进行照相或者录像；

b. 填写火灾痕迹、物品提取清单，由提取人、证人或者当事人签名；证人、当事人拒绝签名或者无法签名的，应当在清单上注明；

c. 封装痕迹、物品，粘贴标签，标明火灾名称和封装痕迹、物品的名称、编号及其提取时间，由封装人、证人或者当事人签名；证人、当事人拒绝签名或者无法签名的，应当在标签上注明。

提取的痕迹、物品，应当妥善保管。

② 检验、鉴定。现场提取的痕迹、物品需要进行技术鉴定的，公安机关消防机构应当委托依法设立的鉴定机构进行，并与鉴定机构约定鉴定期限和鉴定检材的保管期限。

有人员死亡的火灾，为了确定死因，公安机关消防机构应当立即通知本级公安机关刑事科学技术部门进行尸体检验。公安机关刑事科学技术部门应当出具尸体检验鉴定文书，确定死亡原因。

卫生行政主管部门许可的医疗机构具有执业资格的医生出具的诊断证明，可以作为公安机关消防机构认定人身伤害程度的依据。但是，具有下列情形之一的应当由法医进行伤情鉴定：

a. 受伤程度较重，可能构成重伤的；

b. 火灾受伤人员要求做鉴定的；

c. 当事人对伤害程度有争议的；

d. 其他应当进行鉴定的情形。

③ 火灾损失统计。受损单位和个人应当于火灾扑灭之日起七日内向火灾发生地的县级公安机关消防机构如实申报火灾直接财产损失，并附有效证明材料。

公安机关消防机构应当根据受损单位和个人的申报、依法设立的价格鉴证机构出具的火灾直接财产损失鉴定意见以及调查核实情况，按照有关规定，对火灾直接经济损失和人员伤亡进行如实统计。

（2）火灾事故原因的认定与复核

① 火灾事故原因的认定。

火灾事故原因的认定内容：公安机关消防机构应当根据现场勘验、调查询问和有关检验、鉴定意见等调查情况，进行综合分析，做出火灾事故认定。火灾事故认定应当包括火灾事故基本情况、起火原因和灾害成因等内容。

公安机关消防机构在作出火灾事故认定前，应当召集当事人到场，说明拟做出的起火原因认定情况，听取当事人意见；当事人不到场的，应当记录在案。

Ⅰ. 起火原因的认定内容。对已经查清起火原因的，应当认定起火时间、起火部位、起火点和起火原因；对无法查清起火原因的，应当认定起火时间、起火点或者起火部位以及有证据能够排除的起火原因。

Ⅱ. 灾害成因的认定内容。灾害成因认定主要包括以下两项内容：

ⅰ. 火灾报警、初期火灾扑救和人员疏散情况，以及火灾蔓延、损失情况；

ⅱ. 与火灾蔓延、损失扩大存在直接因果关系的违反消防法律法规、消防技术标准的事实。

Ⅲ. 制作火灾事故认定书：公安机关消防机构认定火灾事故，应当制作《火灾事故认定书》，自制作出之日起七日内送达当事人。当事人数量在十人以上的，公安机关消防机构可以在做出火灾事故认定之日起七日内向社会公告，公告期为二十日。

Ⅳ. 当事人查阅证据：公安机关消防机构做出火灾事故认定后，除涉及国家秘密、商业秘密、个人隐私或者移交公安机关其他部门处理的外，当事人可以申请查阅、复制、摘录火灾事故认定书、现场勘验笔录和检验、鉴定意见，公安机关消防机构应当自接到申请之日起七日内提供。

② 火灾原因复核。

a. 复核的申请。当事人对火灾事故认定有异议的，可以自火灾事故认定书送达之日起十五日内，向上一级公安机关消防机构提出书面复核申请，复核申请应当载明复核申请理由和主要证据。复核申请以一次为限。

b. 复核的受理。复核机构应当自收到复核申请之日起七日内做出是否受理的决定并书面通知申请人；决定受理的，应当同时通知原认定机构。但有下列情形之一的，复核申请不予受理。

ⅰ. 申请人非火灾事故当事人的（不包括委托代理的）。

ⅱ. 超过复核申请期限的（但应当告诉通过信访处理）。

ⅲ. 已经复核并做出复核结论的（但又有新理由的除外）。

ⅳ. 当事人向人民法院提起行政诉讼，人民法院已经受理的。

ⅴ. 符合适用简易程序规定做出的火灾事故认定的。

c. 复核案卷的提交与审查　原认定机构应当自接到通知之日起十日内，向复核机构做出书面说明，提交火灾事故调查卷。

复核原则上采取书面审查方式。必要时，可以向有关人员进行调查；火灾现场尚存的，可以进行复核勘验。

d. 做出复核结论。复核机构应当自受理之日起三十日内，对原火灾事故认定进行审查，并按照下列要求做出复核结论。

ⅰ. 原火灾事故认定主要事实不清，或者证据不确实充分，或者程序违法影响结果公正，或者起火原因、灾害成因认定错误的，责令原认定机构重新调查、认定。

ⅱ. 原火灾事故认定主要事实清楚、证据确凿充分、程序合法，起火原因和灾害成因认定正确的，维持原认定。

自做出复核结论之日起七日内送达申请人和原认定机构。

e. 重新认定。原认定机构接到重新调查认定的复核结论后，应当撤销原认定，在十五日内重新做出火灾事故认定。重新调查需要检验、鉴定的，原认定机构应当在检验、鉴定结论确定之日起五日内，重新做出火灾事故认定。原认定机构在重新做出火灾事故认定前，应当向有关当事人说明重新认定情况；重新作出火灾事故认定后，应当将火灾事故认定书送达当事人，并报复核机构备案。

1.3 建筑防火对策

1.3.1 建筑防火与减灾系统

1.3.1.1 消防应急广播与消防专用电话

（1）消防应急广播

① 消防应急广播扬声器的设置，应符合下列规定。

a. 民用建筑内扬声器应设置在走道和大厅等公共场所。每个扬声器的额定功率不应小于3W，其数量应能保证从一个防火分区内的任何部位到最近一个扬声器的直线距离不大于25m，走道末端距最近的扬声器距离不应大于12.5m。

b. 在环境噪声大于60dB的场所设置的扬声器，在其播放范围内最远点的播放声压级应高于背景噪声15dB。

c. 客房设置专用扬声器时，其功率不宜小于1.0W。

② 壁挂扬声器的底边距地面高度应大于2.2m。

（2）消防专用电话　电话分机或电话插孔的设置，应符合下列规定：

① 消防水泵房、发电机房、配变电室、计算机网络机房、主要通风和空调机房、防排烟机房、灭火控制系统操作装置处或控制室、企业消防站、消防值班室、总调度室、消防电梯机房及其他与消防联动控制有关的且经常有人值班的机房应设置消防专用电话分机。消防专用电话分机，应固定安装在明显且便于使用的部位，并应有区别于普通电话的标识。

② 设有手动火灾报警按钮或消火栓按钮等处，宜设置电话插孔，并宜选择带有电话插孔的手动火灾报警按钮。

③ 各避难层应每隔20m设置一个消防专用电话分机或电话插孔。

④ 电话插孔在墙上安装时，其底边距地面高度宜为1.3～1.5m。

1.3.1.2 消防应急照明与疏散标志

（1）消防应急照明

① 应急照明的设置方式。

a. 独立使用方式。独立使用方式即设置独立照明回路作为应急照明，该回路照明灯平时处于关闭状态，只有发生火灾时，通过应急照明事故切换控制使该回路通电投入运行，点燃火灾事故照明灯。

b. 混合使用方式。混合使用方式即利用正常照明的一部分灯具作为事故照明，正常时作为普通照明灯使用，并连接于事故照明回路。火灾事故时，正常工作电源（非消防电源）被切断，其事故照明灯具通过事故照明切换装置，将正常电源转换为事故照明线路供电，以保证供电的连续性，提供事故状态下所需的应急照明。

c. 自带电源应急灯方式。自带电源应急灯方式即正常情况下，由交流电源对应急照明灯具内的蓄电池进行充电；当发生火灾事故，交流电断电时，由灯具内蓄电池进行放电，以提供应急照明灯电源。

② 应急照明的设置部位。除筒仓、散装粮食仓库和火灾发展缓慢的场所外，厂房、丙类仓库、民用建筑、平时使用的人民防空工程等建筑中的下列部位应设置疏散照明。

a. 安全出口、疏散楼梯（间）、疏散楼梯间的前室或合用前室、避难走道及其前室、避难层、避难间、消防专用通道、兼作人员疏散的天桥和连廊。

b. 观众厅、展览厅、多功能厅及其疏散口。

c. 建筑面积大于 200m^2 的营业厅、餐厅、演播室、售票厅、候车（机、船）厅等人员密集的场所及其疏散口。

d. 建筑面积大于 100m^2 的地下或半地下公共活动场所。

e. 地铁工程中的车站公共区，自动扶梯、自动人行道，楼梯，连接通道或换乘通道，车辆基地，地下区间内的纵向疏散平台。

f. 城市交通隧道两侧，人行横道或人行疏散通道。

g. 城市综合管廊的人行道及人员出入口。

h. 城市地下人行通道。

③ 应急照明的供电要求。建筑内消防应急照明和灯光疏散指示标志的备用电源的连续供电时间应满足人员安全疏散的要求，且不应小于表 1-11 的规定值。

表 1-11　建筑内消防应急照明和灯光疏散指示标志的备用电源的连续供电时间

建筑类别		连续供电时间/h
建筑高度大于 100m 的民用建筑		1.5
建筑高度不大于 100m 的医疗建筑，老年人照料设施，总建筑面积大于 100000m^2 的其他公共建筑		1.0
水利工程，水电工程，总建筑面积大于 20000m^2 的地下或半地下建筑		1.0
城市轨道交通工程	区间和地下车站	1.0
	地上车站、车辆基地	0.5
城市交通隧道	一、二类	1.5
	三类	1.0
城市综合管廊工程，平时使用的人民防空工程，除上述规定外的其他建筑		0.5

建筑内疏散照明的地面最低水平照度应符合下列规定。

a. 疏散楼梯间、疏散楼梯间的前室或合用前室、避难走道及其前室、避难层、避难间、消防专用通道，不应低于 10.0lx。

b. 疏散走道、人员密集的场所，不应低于 3.0lx。

c. 本条上述规定场所外的其他场所，不应低于 1.0lx。

④ 应急照明的安装。事故照明灯的安装方式和形式应根据设计施工图进行。其一般安装形式与普通照明灯相同，常用的有吊链式、吊杆式、吸顶式、嵌入式和壁式等形式。而公共建筑的应急照明可采用自带电源（蓄电池）的应急照明灯，多采用在墙壁上明装。灯具安装如图 1-5 所示。

⑤ 应急照明的联动控制。应急照明（灯）的工作方式分为专用和混用两种：专用者平时不点亮，事故时强行启点，混用者与正常工作照明一样。混用者往往装有照明开关，必要时则需要在火灾事故发生后强迫启点。高层建筑中的楼梯间照明兼作事故疏散照明，通常楼梯灯采用自熄开关，因此需在火灾事故时强行启点。其接线如图 1-6 所示。

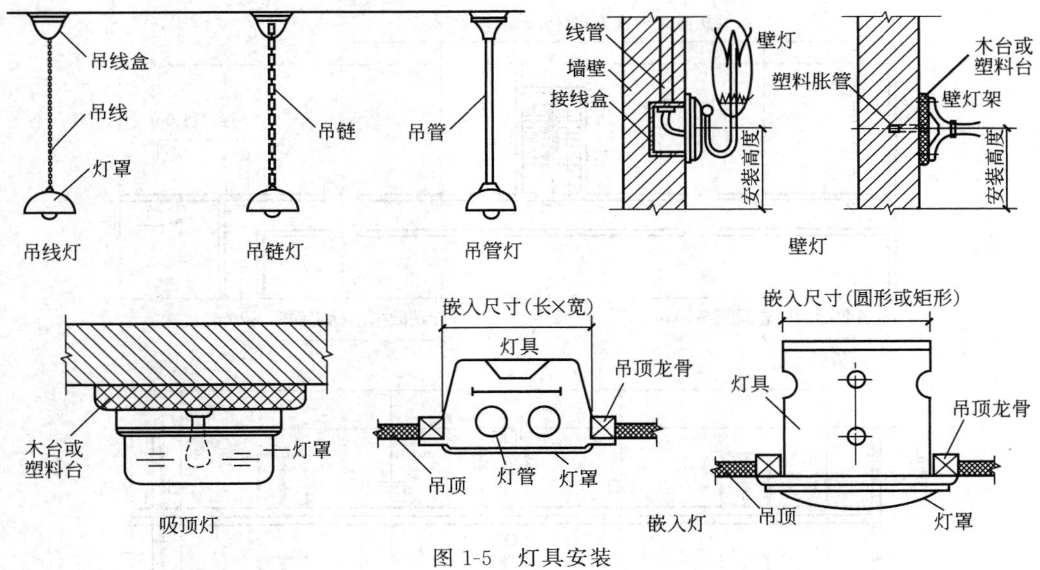

图 1-5　灯具安装

（2）疏散指示标志

① 灯光疏散指示标志的设置

公共建筑、建筑高度大于 54m 的住宅建筑、高层厂房（库房）和甲、乙、丙类单、多层厂房，应设置灯光疏散指示标志，并应符合下列规定。

a. 应设置在安全出口和人员密集场所的疏散门的正上方。

b. 应设置在疏散走道及其转角处距地面高度 1.0m 以下的墙面或地面上。灯光疏散指示标志的间距不应大于 20m；对于袋形走道，不应大于 10m；在走道转角区，不应大于 1.0m，如图 1-7 所示。

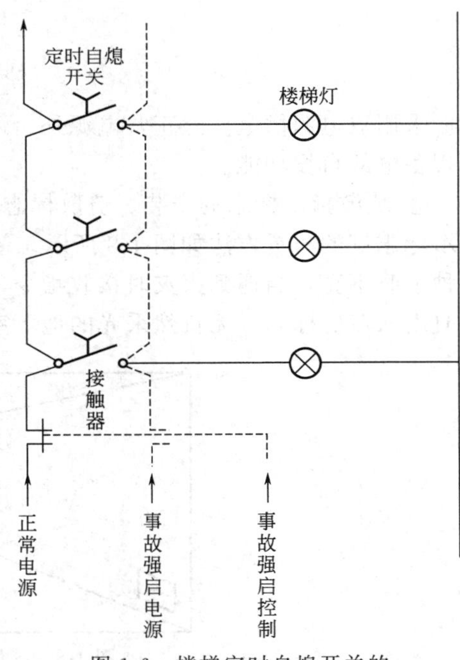

图 1-6　楼梯定时自熄开关的事故强行点亮的接线

下列建筑或场所应在疏散走道和主要疏散路径的地面上增设能保持视觉连续的灯光疏散指示标志或蓄光疏散指示标志。

a. 总建筑面积大于 $8000m^2$ 的展览建筑。

b. 总建筑面积大于 $5000m^2$ 的地上商店。

c. 总建筑面积大于 $500m^2$ 的地下或半地下商店。

d. 歌舞娱乐放映游艺场所。

e. 座位数超过 1500 个的电影院、剧场，座位数超过 3000 个的体育馆、会堂或礼堂。

f. 车站、码头建筑和民用机场航站楼中建筑面积大于 $3000m^2$ 的候车、候船厅和航站楼的公共区。

② 疏散标志照明的供电。疏散标志照明的供电及要求与应急照明相同。疏散标志照明

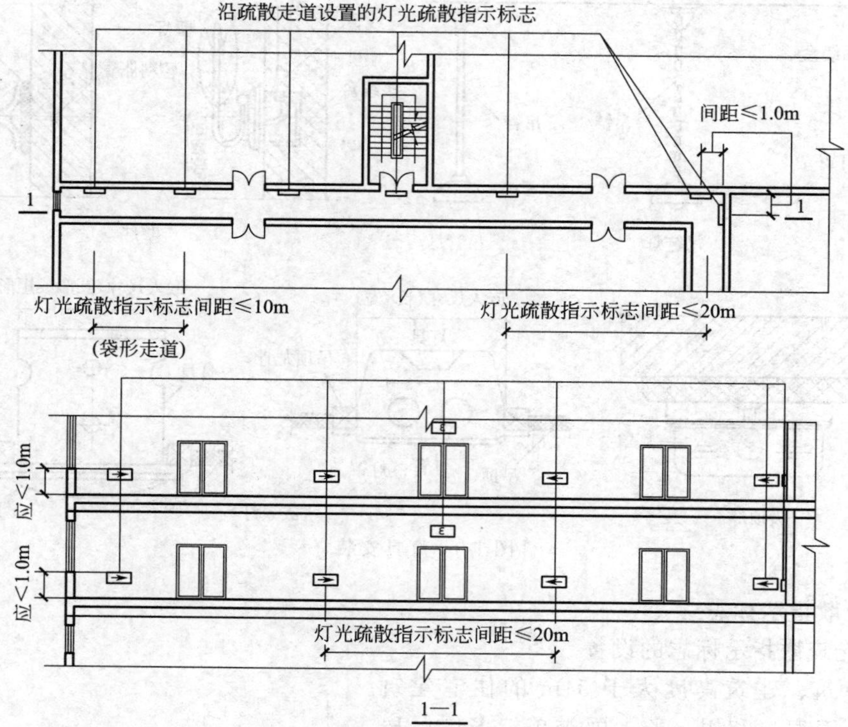

图 1-7　灯光疏散指示标志间距设置

也应采用双电源供电。除正常电源外，还应设置备用电源，一般可取自消防备用电源，并能实现备电的自投功能。

③ 疏散指示标志的安装。疏散标志灯应设玻璃或其他不燃烧材料制作的保护罩。疏散指示标志灯的布置方法如图 1-8 所示。箭头表示疏散方向。疏散指示灯的点亮方式有两种：一种平时不亮，当遇到火灾时接收指令，按要求分区或全部点亮；另一种平时即点亮，兼作平时出入口的标志。无自然采光的地下室等处，通常采用平时点亮方式。

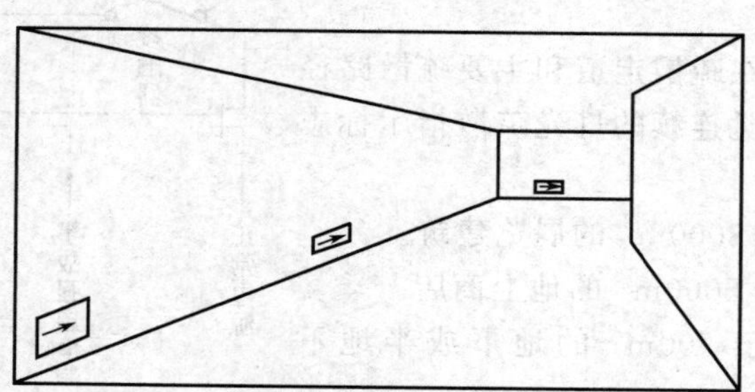

图 1-8　疏散指示标志灯的布置方法

疏散指示标志灯可分为大、中、小三种，可以按应用场所的不同进行选择。安装方式主要有明装直附式、明装悬吊式和暗装式三种。室内走廊、门厅等处的壁面或棚面可安装标志灯，可明装直附、悬吊或暗装。一般新建筑（与土建一起施工）多采用暗装（壁面），旧建筑改造可使用明装方式，靠墙上方可用直附式，正面通道上方可采用悬吊式。疏散指示标志灯的安装方法如图 1-9 所示。

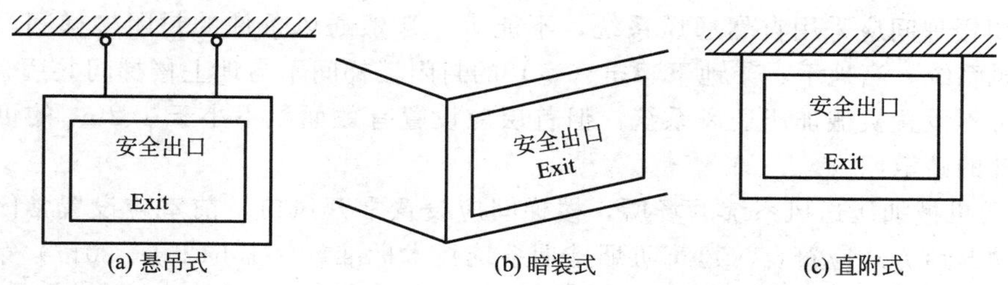

(a) 悬吊式 (b) 暗装式 (c) 直附式

图 1-9 疏散指示标志灯的安装方法

1.3.1.3 建筑防排烟控制系统

（1）建筑防烟系统

① 一般规定

a. 建筑防烟系统的设计应根据建筑高度、使用性质等因素，采用自然通风系统或机械加压送风系统。

b. 建筑高度大于 50m 的公共建筑、工业建筑和建筑高度大于 100m 的住宅建筑，其防烟楼梯间、独立前室、共用前室、合用前室及消防电梯前室应采用机械加压送风系统。

c. 建筑高度小于或等于 50m 的公共建筑、工业建筑和建筑高度小于或等于 100m 的住宅建筑，其防烟楼梯间、独立前室、共用前室、合用前室（除共用前室与消防电梯前室合用外）及消防电梯前室应采用自然通风系统；当不能设置自然通风系统时，应采用机械加压送风系统。防烟系统的选择，尚应符合下列规定。

ⅰ. 当独立前室或合用前室满足下列条件之一时，楼梯间可不设置防烟系统。

（ⅰ）采用全敞开的阳台或凹廊。

（ⅱ）设有两个及以上不同朝向的可开启外窗，且独立前室两个外窗面积分别不小于 $2.0m^2$，合用前室两个外窗面积分别不小于 $3.0m^2$。

ⅱ. 当独立前室、共用前室及合用前室的机械加压送风口设置在前室的顶部或正对前室入口的墙面时，楼梯间可采用自然通风系统；当机械加压送风口未设置在前室的顶部或正对前室入口的墙面时，楼梯间应采用机械加压送风系统。

ⅲ. 当防烟楼梯间在裙房高度以上部分采用自然通风时，不具备自然通风条件的裙房的独立前室、共用前室及合用前室应采用机械加压送风系统，且独立前室、共用前室及合用前室送风口的设置方式应符合本条ⅱ. 的规定。

d. 建筑地下部分的防烟楼梯间前室及消防电梯前室，当无自然通风条件或自然通风条件不符合要求时，应采用机械加压送风系统。

e. 防烟楼梯间及其前室的机械加压送风系统的设置应符合下列规定。

ⅰ. 建筑高度小于或等于 50m 的公共建筑、工业建筑和建筑高度小于或等于 100m 的住宅建筑，当采用独立前室且其仅有一个门与走道或房间相通时，可仅在楼梯间设置机械加压送风系统；当独立前室有多个门时，楼梯间、独立前室应分别独立设置机械加压送风系统。

ⅱ. 对于采用合用前室的防烟楼梯间，当楼梯间和前室均设置机械加压送风系统时，楼梯间、合用前室的机械加压送风系统应分别独立设置。

ⅲ. 对于在梯段之间采用防火隔墙隔开的剪刀楼梯间，当楼梯间和前室（包括共用前室和合用前室）均设置机械加压送风系统时，每个楼梯间、共用前室或合用前室的机械加压送风系统均应分别独立设置。

f. 封闭楼梯间应采用自然通风系统，不能满足自然通风条件的封闭楼梯间，应设置机械加压送风系统。当地下、半地下建筑（室）的封闭楼梯间不与地上楼梯间共用且地下仅为一层时，可不设置机械加压送风系统，但首层应设置有效面积不小于 1.2m^2 的可开启外窗或直通室外的疏散门。

g. 设置机械加压送风系统的场所，楼梯间应设置常开风口，前室应设置常闭风口；火灾时其联动开启方式应符合《建筑防烟排烟系统技术标准》（GB 51251—2017）第 5.1.3 条的规定。

h. 避难层的防烟系统可根据建筑构造、设备布置等因素选择自然通风系统或机械加压送风系统。

i. 避难走道应在其前室及避难走道分别设置机械加压送风系统，但下列情况可仅在前室设置机械加压送风系统。

ⅰ. 避难走道一端设置安全出口，且总长度小于 30m。

ⅱ. 避难走道两端设置安全出口，且总长度小于 60m。

② 自然通风设施

a. 采用自然通风方式防烟的地上封闭楼梯间、防烟楼梯间，其自然通风口设置应符合下列规定。

ⅰ. 当楼梯间高度大于 10m 时，应在楼梯间的外墙上每 5 层内设置总面积不小于 2.0m^2 的可开启外窗或开口，可开启外窗或开口的布置间隔应小于 3 层。楼梯间最高部位应另设置面积不小于 1.0m^2 的可开启外窗或开口。

ⅱ. 当楼梯间高度小于或等于 10m 时，可仅在楼梯间最高部位设置面积不小于 1.0m^2 的可开启外窗或开口。

注：楼梯间“最高部位”指该楼梯间顶层顶板或四周靠近顶板以及最高处结构梁梁底的侧墙最高部位，满足该要求直通屋面的外门可视作符合要求的开口。

b. 采用自然通风方式防烟的防烟楼梯间前室、消防电梯前室应具有面积大于或等于 2.0m^2 的可开启外窗或开口，共用前室和合用前室应具有面积大于或等于 3.0m^2 的可开启外窗或开口。

c. 采用自然通风方式防烟的避难层中的避难区，应具有不同朝向的可开启外窗或开口，其可开启有效面积应大于或等于避难区地面面积的 2%，且每个朝向的面积均应大于或等于 2.0m^2。避难间应至少有一侧外墙具有可开启外窗，其可开启有效面积应大于或等于该避难间地面面积的 2%，并应大于或等于 2.0m^2。

d. 可开启外窗应方便直接开启，设置在高处不便于直接开启的可开启外窗应在距地面高度为 1.3～1.5m 的位置设置手动开启装置。

③ 机械加压送风设施

a. 建筑高度大于 100m 的建筑，其机械加压送风系统应竖向分段独立设置，且每段的系统服务高度不应超过 100m。

b. 除《建筑防烟排烟系统技术标准》（GB 51251—2017）另有规定外，采用机械加压送风系统的防烟楼梯间及其前室应分别设置送风井（管）道，送风口（阀）和送风机。

c. 建筑高度小于或等于 50m 的建筑，当楼梯间设置加压送风井（管）道确有困难时，楼梯间可采用直灌式加压送风系统，并应符合下列规定。

ⅰ. 建筑高度大于 32m 的高层建筑，应采用楼梯间两点部位送风的方式，送风口之间距离不宜小于建筑高度的1/2。

ⅱ. 送风量应按计算值或④中b. 规定的送风量增加20%。

ⅲ. 加压送风口不宜设在影响人员疏散的部位。

d. 设置机械加压送风系统的楼梯间的地上部分与地下部分，其机械加压送风系统应分别独立设置。当受建筑条件限制，且地下部分为汽车库或设备用房时，可共用机械加压送风系统，并应符合下列规定。

ⅰ. 应按④中e. 的规定分别计算地上、地下部分的加压送风量，相加后作为共用加压送风系统的风量。

ⅱ. 应采取有效措施分别满足地上、地下部分送风量的要求。

e. 机械加压送风风机宜采用轴流风机或中压、低压离心风机，其设置应符合下列规定。

ⅰ. 送风机的进风口应直通室外，且应采取防止烟气被吸入的措施。

ⅱ. 送风机的进风口宜设在机械加压送风系统的下部。

ⅲ. 送风机的进风口不应与排烟风机的出风口设在同一面上。当确有困难时，送风机的进风口与排烟风机的出风口应分开布置，且竖向布置时，送风机的进风口应设置在排烟出口的下方，其两者边缘最小垂直距离不应小于6.0m；水平布置时，两者边缘最小水平距离不应小于20.0m。

ⅳ. 送风机宜设置在系统的下部，且应采取保证各层送风量均匀性的措施。

ⅴ. 送风机应设置在专用机房内，送风机房并应符合现行国家标准《建筑设计防火规范》(2018年版)(GB 50016—2014)的规定。

ⅵ. 当送风机出风管或进风管上安装单向风阀或电动风阀时，应采取火灾时自动开启阀门的措施。

f. 加压送风口的设置应符合下列规定。

ⅰ. 除直灌式加压送风方式外，楼梯间宜每隔2～3层设一个常开式百叶送风口。

ⅱ. 前室应每层设一个常闭式加压送风口，并应设手动开启装置。

ⅲ. 送风口的风速不宜大于7m/s。

ⅳ. 送风口不宜设置在被门挡住的部位。

g. 机械加压送风系统应采用管道送风，送风管道应采用不燃性材料，且管道的内表面应光滑，管道的密闭性能应满足火灾时加压送风的要求。

h. 机械加压送风管道的设置和耐火极限应符合下列规定。

ⅰ. 竖向设置的送风管道应独立设置在管道井内，当确有困难时，未设置在管道井内或与其他管道合用管道井的送风管道，其耐火极限不应低于1.00h。

ⅱ. 水平设置的送风管道，当设置在吊顶内时，其耐火极限不应低于0.50h；当未设置在吊顶内时，其耐火极限不应低于1.00h。

i. 机械加压送风系统的管道井应采用耐火极限不低于1.00h的隔墙与相邻部位分隔，当墙上必须设置检修门时应采用乙级防火门。

j. 采用机械加压送风的场所不应设置百叶窗，且不宜设置可开启外窗。

k. 设置机械加压送风系统并靠外墙或可直通屋面的封闭楼梯间、防烟楼梯间，在楼梯间的顶部或最上一层外墙上应设置常闭式应急排烟窗，且该应急排烟窗应具有手动和联动开启功能。

l. 设置机械加压送风系统的避难层(间)，尚应在外墙设置可开启外窗，其有效面积不应小于该避难层(间)地面面积的1%。有效面积的计算应符合《建筑防烟排烟系统技术标准》（GB 51251—2017）第 4.3.5 条的规定。

④ 机械加压送风系统风量计算

a. 机械加压送风系统的公称风量，在计算风压条件下不应小于计算所需风量的 1.2 倍。

b. 防烟楼梯间、独立前室、共用前室、合用前室和消防电梯前室的机械加压送风的计算风量应按本条 e.～h. 的规定计算确定。当系统负担建筑高度大于 24m 时，防烟楼梯间、独立前室、合用前室和消防电梯前室应按计算值与表 1-12～表 1-15 的值中的较大值确定。

表 1-12　消防电梯前室加压送风的计算风量

系统负担高度 h/m	加压送风量/(m^3/h)
24＜h≤50	35400～36900
50＜h≤100	37100～40200

表 1-13　楼梯间自然通风，独立前室、合用前室加压送风的计算风量

系统负担高度 h/m	加压送风量/(m^3/h)
24＜h≤50	42400～44700
50＜h≤100	45000～48600

表 1-14　前室不送风，封闭楼梯间、防烟楼梯间加压送风的计算风量

系统负担高度 h/m	加压送风量/(m^3/h)
24＜h≤50	36100～39200
50＜h≤100	39600～45800

表 1-15　防烟楼梯间及独立前室、合用前室分别加压送风的计算风量

系统负担高度 h/m	送风部位	加压送风量/(m^3/h)
24＜h≤50	楼梯间	25300～27500
	独立前室、合用前室	24800～25800
50＜h≤100	楼梯间	27800～32200
	独立前室、合用前室	26000～28100

注：1. 表 1-12～表 1-15 的风量按开启 1 个 2.0m×1.6m 的双扇门确定。当采用单扇门时，其风量可乘以系数 0.75 计算。

2. 表中风量按开启着火层及其上下层，共开启三层的风量计算。

3. 表中风量的选取应按建筑高度或层数、风道材料、防火门漏风量等因素综合确定。

c. 封闭避难层（间）、避难走道的机械加压送风量应按避难层（间）、避难走道的净面积每平方米不少于 30m^3/h 计算。避难走道前室的送风量应按直接开向前室的疏散门的总断面积乘以 1.0m/s 门洞断面风速计算。

d. 机械加压送风量应满足走廊至前室至楼梯间的压力呈递增分布，余压值应符合下列规定。

ⅰ. 前室、封闭避难层（间）与走道之间的压差应为 25～30Pa。

ⅱ. 楼梯间与走道之间的压差应为 40～50Pa。

ⅲ. 当系统余压值超过最大允许压力差时应采取泄压措施。

e. 楼梯间或前室的机械加压送风量应按下列公式计算。

$$L_j = L_1 + L_2$$

$$L_s = L_1 + L_3$$

式中 L_j——楼梯间的机械加压送风量，m^3/s；

L_s——前室的机械加压送风量，m^3/s；

L_1——门开启时，达到规定风速值所需的送风量，m^3/s；

L_2——门开启时，规定风速值下，其他门缝漏风总量，m^3/s；

L_3——未开启的常闭送风阀的漏风总量，m^3/s。

f. 门开启时，达到规定风速值所需的送风量应按下式计算。

$$L_1 = A_k v N_1$$

式中 A_k——一层内开启门的截面面积，m^2，对于住宅楼梯前室，可按一个门的面积取值；

v——门洞断面风速，m/s；当楼梯间和独立前室、共用前室、合用前室均机械加压送风时，通向楼梯间和独立前室、共用前室、合用前室疏散门的门洞断面风速均不应小于0.7m/s；当楼梯间机械加压送风、只有一个开启门的独立前室不送风时，通向楼梯间疏散门的门洞断面风速不应小于1.0m/s；当消防电梯前室机械加压送风时，通向消防电梯前室门的门洞断面风速不应小于1.0m/s；当独立前室、共用前室或合用前室机械加压送风而楼梯间采用可开启外窗的自然通风系统时，通向独立前室、共用前室或合用前室疏散门的门洞风速不应小于0.6（A_l/A_g+1）(m/s)；A_l为楼梯间疏散门的总面积，m^2；A_g为前室疏散门的总面积，m^2；

N_1——设计疏散门开启的楼层数量；楼梯间：采用常开风口，当地上楼梯间为24m时，设计2层内的疏散门开启，取$N_1=2$；当地上楼梯间为24m及以上时，设计3层内的疏散门开启，取$N_1=3$；当为地下楼梯间时，设计1层内的疏散门开启，取$N_1=1$。前室：采用常闭风口，计算风量时取$N_1=3$。

g. 门开启时，规定风速值下的其他门漏风总量应按下式计算。

$$L_2 = 0.827 \times A \times \Delta P^{\frac{1}{n}} \times 1.25 \times N_2$$

式中 A——每个疏散门的有效漏风面积，m^2；疏散门的门缝宽度取0.002～0.004m。

ΔP——计算漏风量的平均压力差，Pa；当开启门洞处风速为0.7m/s时，取$\Delta P=6.0$Pa；当开启门洞处风速为1.0m/s时，取$\Delta P=12.0$Pa；当开启门洞处风速为1.2m/s时，取$\Delta P=17.0$Pa。

n——指数（一般取$n=2$）；

1.25——不严密处附加系数；

N_2——漏风疏散门的数量，楼梯间采用常开风口，取N_2=加压楼梯间的总门数$-N_1$楼层数上的总门数。

h. 未开启的常闭送风阀的漏风总量应按下式计算。

$$L_3 = 0.083 \times A_f N_3$$

式中 0.083——阀门单位面积的漏风量，$m^3/(s \cdot m^2)$；

A_f——单个送风阀门的面积，m^2；

N_3——漏风阀门的数量：前室采用常闭风口取N_3=楼层数-3。

i. 疏散门的最大允许压力差应按下列公式计算。

$$P = 2(F' - F_{dc})(W_m - d_m)/(W_m \times A_m)$$

$$F_{dc}=M/(W_m-d_m)$$

式中　P——疏散门的最大允许压力差，Pa；

F'——门的总推力，N，一般取110N；

F_{dc}——门把手处克服闭门器所需的力，N；

W_m——单扇门的宽度，m；

A_m——门的面积，m^2；

d_m——门的把手到门闩的距离，m；

M——闭门器的开启力矩，N·m。

(2) 建筑排烟系统

① 一般规定

a. 建筑排烟系统的设计应根据建筑的使用性质、平面布局等因素，优先采用自然排烟系统。

b. 同一个防烟分区应采用同一种排烟方式。

c. 建筑的中庭、与中庭相连通的回廊及周围场所的排烟系统的设计应符合下列规定。

ⅰ. 中庭应设置排烟设施。

ⅱ. 周围场所应按现行国家标准《建筑设计防火规范》(GB 50016—2014)(2018年版)中的规定设置排烟设施。

ⅲ. 回廊排烟设施的设置应符合下列规定。

(ⅰ) 当周围场所各房间均设置排烟设施时，回廊可不设，但商店建筑的回廊应设置排烟设施。

(ⅱ) 当周围场所任一房间未设置排烟设施时，回廊应设置排烟设施。

ⅳ. 当中庭与周围场所未采用防火隔墙、防火玻璃隔墙、防火卷帘时，中庭与周围场所之间应设置挡烟垂壁。

ⅴ. 中庭及其周围场所和回廊应根据建筑构造及⑥规定，选择设置自然排烟系统或机械排烟系统。

d. 除有特殊功能、性能要求或火灾发展缓慢的场所可不在外墙或屋顶设置应急排烟排热设施外，下列无可开启外窗的地上建筑或部位均应在其每层外墙和（或）屋顶上设置应急排烟排热设施，且该应急排烟排热设施应具有手动、联动或依靠烟气温度等方式自动开启的功能。

ⅰ. 任一层建筑面积大于2500m^2的丙类厂房。

ⅱ. 任一层建筑面积大于2500m^2的丙类仓库。

ⅲ. 任一层建筑面积大于2500m^2的商店营业厅、展览厅、会议厅、多功能厅、宴会厅，以及这些建筑中长度大于60m的走道。

ⅳ. 总建筑面积大于1000m^2的歌舞娱乐放映游艺场所中的房间和走道。

ⅴ. 靠外墙或贯通至建筑屋顶的中庭。

② 防烟分区

a. 设置排烟系统的场所或部位应采用挡烟垂壁、结构梁及隔墙等划分防烟分区。防烟分区不应跨越防火分区。

b. 挡烟垂壁等挡烟分隔设施的深度不应小于⑥中b. 规定的储烟仓厚度。对于有吊顶的空间，当吊顶开孔不均匀或开孔率小于或等于25%时，吊顶内空间高度不得计入储烟仓厚度。

c. 设置排烟设施的建筑内，敞开楼梯和自动扶梯穿越楼板的开口部应设置挡烟垂壁等设施。

d. 公共建筑、工业建筑防烟分区的最大允许面积及其长边最大允许长度应符合表 1-16 的规定，当工业建筑采用自然排烟系统时，其防烟分区的长边长度尚不应大于建筑内空间净高的 8 倍。

表 1-16 公共建筑、工业建筑防烟分区的最大允许面积及其长边最大允许长度

空间净高 H/m	最大允许面积/m^2	长边最大允许长度/m
$H \leqslant 3.0$	500	24
$3.0 < H \leqslant 6.0$	1000	36
$H > 6.0$	2000	60m；具有自然对流条件时不应大于 75m

注：1. 公共建筑、工业建筑中的走道宽度不大于 2.5m 时，其防烟分区的长边长度不应大于 60m。

2. 当空间净高大于 9m 时，防烟分区之间可不设置挡烟设施。

3. 汽车库防烟分区的划分及其排烟量应符合现行国家标准《汽车库、修车库、停车场设计防火规范》(GB 50067—2014) 的相关规定。

③ 自然排烟设施

a. 采用自然排烟系统的场所应设置自然排烟窗（口）。

b. 防烟分区内自然排烟窗（口）的面积、数量、位置应按⑥中 c. 规定经计算确定，且防烟分区内任一点与最近的自然排烟窗（口）之间的水平距离不应大于 30m。当工业建筑采用自然排烟方式时，其水平距离尚不应大于建筑内空间净高的 2.8 倍；当公共建筑空间净高大于或等于 6m，且具有自然对流条件时，其水平距离不应大于 37.5m。

c. 自然排烟窗（口）应设置在排烟区域的顶部或外墙，并应符合下列规定。

ⅰ. 当设置在外墙上时，自然排烟窗（口）应在储烟仓以内，但走道、室内空间净高不大于 3m 的区域的自然排烟窗（口）可设置在室内净高度的 1/2 以上。

ⅱ. 自然排烟窗（口）的开启形式应有利于火灾烟气的排出。

ⅲ. 当房间面积不大于 $200m^2$ 时，自然排烟窗（口）的开启方式可不限。

ⅳ. 自然排烟窗（口）宜分散均匀布置，且每组的长度不宜大于 3.0m。

ⅴ. 设置在防火墙两侧的自然排烟窗（口）之间最近边缘的水平距离不应小于 2.0m。

d. 厂房、仓库的自然排烟窗（口）设置尚应符合下列规定。

ⅰ. 当设置在外墙时，自然排烟窗（口）应沿建筑物的两条对边均匀设置。

ⅱ. 当设置在屋顶时，自然排烟窗（口）应在屋面均匀设置且宜采用自动控制方式开启；当屋面斜度小于或等于 12°时，每 $200m^2$ 的建筑面积应设置相应的自然排烟窗（口）；当屋面斜度大于 12°时，每 $400m^2$ 的建筑面积应设置相应的自然排烟窗（口）。

e. 除《建筑防烟排烟系统技术标准》(GB 51251—2017) 另有规定外，自然排烟窗（口）开启的有效面积尚应符合下列规定。

ⅰ. 当采用开窗角大于 70°的悬窗时，其面积应按窗的面积计算；当开窗角小于或等于 70°时，其面积应按窗最大开启时的水平投影面积计算。

ⅱ. 当采用开窗角大于 70°的平开窗时，其面积应按窗的面积计算；当开窗角小于或等于 70°时，其面积应按窗最大开启时的竖向投影面积计算。

ⅲ. 当采用推拉窗时，其面积应按开启的最大窗口面积计算。

ⅳ. 当采用百叶窗时，其面积应按窗的有效开口面积计算。

ⅴ. 当平推窗设置在顶部时，其面积可按窗的 1/2 周长与平推距离乘积计算，且不应大于窗面积。

ⅵ. 当平推窗设置在外墙时，其面积可按窗的 1/4 周长与平推距离乘积计算，且不应大于窗面积。

f. 自然排烟窗（口）应设置手动开启装置，设置在高位不便于直接开启的自然排烟窗（口），应设置距地面高度 1.3～1.5m 的手动开启装置。净空高度大于 9m 的中庭、建筑面积大于 2000m^2 的营业厅、展览厅、多功能厅等场所，尚应设置集中手动开启装置和自动开启设施。

g. 除洁净厂房外，设置自然排烟系统的任一层建筑面积大于 2500m^2 的制鞋、制衣、玩具、塑料、木器加工储存等丙类工业建筑，除自然排烟所需排烟窗（口）外，尚宜在屋面上增设可熔性采光带（窗），其面积应符合下列规定。

ⅰ. 未设置自动喷水灭火系统的，或采用钢结构屋顶，或采用预应力钢筋混凝土屋面板的建筑，不应小于楼地面面积的 10%。

ⅱ. 其他建筑不应小于楼地面面积的 5%。

注：可熔性采光带（窗）的有效面积应按其实际面积计算。

④ 机械排烟设施

a. 当建筑的机械排烟系统沿水平方向布置时，每个防火分区的机械排烟系统应独立设置。

b. 建筑高度大于 50m 的公共建筑和工业建筑，建筑高度大于 100m 的住宅建筑，其机械排烟系统应竖向分段独立设置，且公共建筑和工业建筑每段的系统服务高度不应超过 50m，住宅建筑每段的系统服务高度不应超过 100m。

c. 排烟系统与通风、空气调节系统应分开设置；当确有困难时可以合用，但应符合排烟系统的要求，且当排烟口打开时，每个排烟合用系统的管道上需联动关闭的通风和空气调节系统的控制阀门不应超过 10 个。

d. 排烟风机宜设置在排烟系统的最高处，烟气出口宜朝上，并应高于加压送风机和补风机的进风口，两者垂直距离或水平距离应符合《建筑防烟排烟系统技术标准》（GB 51251—2017）第 3.3.5 条第 5 款的规定。

e. 排烟风机应设置在专用机房内，并应符合《建筑防烟排烟系统技术标准》（GB 51251—2017）第 3.3.5 条第 5 款的规定，且风机两侧应有 600mm 以上的空间。对于排烟系统与通风空气调节系统共用的系统，其排烟风机与排风风机的合用机房应符合下列规定。

ⅰ. 机房内应设置自动喷水灭火系统。

ⅱ. 机房内不得设置用于机械加压送风的风机与管道。

ⅲ. 排烟风机与排烟管道的连接部件应能在 280℃时连续 30min 保证其结构完整性。

f. 排烟风机应满足 280℃时连续工作 30min 的要求，排烟风机应与风机入口处的排烟防火阀连锁，当该阀关闭时，排烟风机应能停止运转。

g. 机械排烟系统应采用管道排烟，排烟管道应采用不燃性材料，且管道的内表面应光滑，管道的密闭性能应满足火灾时排烟的要求。

h. 排烟管道的设置和耐火极限应符合下列规定。

ⅰ. 排烟管道及其连接部件应能在 280℃时连续 30min 保证其结构完整性。

ⅱ. 竖向设置的排烟管道应设置在独立的管道井内，排烟管道的耐火极限不应低于 0.50h。

ⅲ. 水平设置的排烟管道应设置在吊顶内，其耐火极限不应低于 0.50h；当确有困难时，可直接设置在室内，但管道的耐火极限不应小于 1.00h。

ⅳ. 设置在走道部位吊顶内的排烟管道，以及穿越防火分区的排烟管道，其管道的耐火极限不应低于 1.00h，但设备用房和汽车库的排烟管道耐火极限可不低于 0.50h。

i. 当吊顶内有可燃物时，吊顶内的排烟管道应采用不燃材料进行隔热，并应与可燃物保持不小于150mm的距离。

j. 排烟管道下列部位应设置排烟防火阀。

ⅰ. 垂直风管与每层水平风管交接处的水平管段上。

ⅱ. 一个排烟系统负担多个防烟分区的排烟支管上。

ⅲ. 排烟风机入口处。

ⅳ. 穿越防火分区处。

k. 设置排烟管道的管道井应采用耐火极限不小于1.00h的隔墙与相邻区域分隔；当墙上必须设置检修门时，应采用乙级防火门。

l. 排烟口的设置应按⑥中c. 经计算确定，且防烟分区内任一点与最近的排烟口之间的水平距离不应大于30m。除m. 规定的情况以外，排烟口的设置尚应符合下列规定。

ⅰ. 排烟口宜设置在顶棚或靠近顶棚的墙面上。

ⅱ. 排烟口应设在储烟仓内，但走道、室内空间净高不大于3m的区域，其排烟口可设置在其净空高度的1/2以上；当设置在侧墙时，吊顶与其最近边缘的距离不应大于0.5m。

ⅲ. 对于需要设置机械排烟系统的房间，当其建筑面积小于$50m^2$时，可通过走道排烟，排烟口可设置在疏散走道。

ⅳ. 火灾时由火灾自动报警系统联动开启排烟区域的排烟阀或排烟口，应在现场设置手动开启装置。

ⅴ. 排烟口的设置宜使烟流方向与人员疏散方向相反，排烟口与附近安全出口相邻边缘之间的水平距离不应小于1.5m。

ⅵ. 每个排烟口的排烟量不应大于最大允许排烟量。

ⅶ. 排烟口的风速不宜大于10m/s。

m. 按①中d. 规定需要设置应急排烟排热设施时，应急排烟排热设施的布置应符合下列规定。

ⅰ. 非顶层区域的应急排烟排热设施应布置在每层的外墙上。

ⅱ. 顶层区域的应急排烟排热设施应布置在屋顶或顶层的外墙上，但未设置自动喷水灭火系统的以及采用钢结构屋顶或预应力钢筋混凝土屋面板的建筑应布置在屋顶。

n. 应急排烟排热设施的设置和有效面积应符合下列规定。

ⅰ. 设置在顶层区域的应急排烟排热设施，其总面积不应小于楼地面面积的2%。

ⅱ. 设置在靠外墙且不位于顶层区域的应急排烟排热设施，单个应急排烟排热设施的面积不应小于$1m^2$，且间距不宜大于20m，其下沿距室内地面的高度不宜小于层高的1/2。供消防救援人员进入的窗口面积不计入应急排烟排热设施面积，但可组合布置。

ⅲ. 设置在中庭区域的应急排烟排热设施，其总面积不应小于中庭楼地面面积的5%。

ⅳ. 应急排烟排热设施应按可破拆的玻璃面积计算，带有温控功能的可开启设施应按开启时的水平投影面积计算。

o. 应急排烟排热设施宜按每个防烟分区在屋顶或建筑外墙上均匀布置且不应跨越防火分区。

p. 除洁净厂房外，设置机械排烟系统的任一层建筑面积大于$2000m^2$的制鞋、制衣、玩具、塑料、木器加工储存等丙类工业建筑，可采用可熔性采光带（窗）替代应急排烟排热设施，其面积应符合下列规定。

ⅰ. 未设置自动喷水灭火系统的或采用钢结构屋顶或预应力钢筋混凝土屋面板的建筑，不应小于楼地面面积的10%。

ⅱ. 其他建筑不应小于楼地面面积的5%。

注：可熔性采光带（窗）的有效面积应按其实际面积计算。

⑤ 补风系统

a. 除地上建筑的走道或地下建筑面积小于500m^2的房间外，设置排烟系统的场所应设置补风系统。

b. 补风系统应直接从室外引入空气，且补风量不应小于排烟量的50%。

c. 补风系统可采用疏散外门、手动或自动可开启外窗等自然进风方式以及机械送风方式。防火门、窗不得用作补风设施。风机应设置在专用机房内。

d. 补风口与排烟口设置在同一空间内相邻的防烟分区时，补风口位置不限；当补风口与排烟口设置在同一防烟分区时，补风口应设在储烟仓下沿以下；补风口与排烟口水平距离不应少于5m。

e. 补风系统应与排烟系统联动开启或关闭。

f. 机械补风口的风速不宜大于10m/s，人员密集场所补风口的风速不宜大于5m/s；自然补风口的风速不宜大于3m/s。

g. 补风管道耐火极限不应低于0.50h，当补风管道跨越防火分区时，管道的耐火极限不应小于1.50h。

⑥ 排烟系统设计计算

a. 排烟系统的公称风量，在计算风压条件下不应小于计算所需风量的1.2倍。

b. 当采用自然排烟方式时，储烟仓的厚度不应小于空间净高的20%，且不应小于500mm；当采用机械排烟方式时，不应小于空间净高的10%，且不应小于500mm。同时储烟仓底部距地面的高度应大于安全疏散所需的最小清晰高度。

c. 除中庭外，下列场所一个防烟分区的排烟量计算应符合以下规定。

ⅰ. 建筑空间净高小于或等于6m的场所，其排烟量应按不小于60m^3/(h·m^2)计算，且取值不小于15000m^3/h，或设置有效面积不小于该房间建筑面积2%的自然排烟窗（口）。

ⅱ. 公共建筑、工业建筑中空间净高大于6m的场所，其每个防烟分区排烟量应根据场所内的热释放速率以及本条f.～n.的规定计算确定，且不应小于表1-17中的数值，或设置自然排烟窗（口），其所需有效排烟面积应根据表1-17及自然排烟窗（口）处风速计算。

表1-17　公共建筑、工业建筑中空间净高大于6m场所的计算排烟量及自然排烟侧窗（口）部风速

空间净高/m	办公室、学校/(10^4m^3/h)		商店、展览厅/(10^4m^3/h)		厂房、其他公共建筑/(10^4m^3/h)		仓库/(10^4m^3/h)	
	无喷淋	有喷淋	无喷淋	有喷淋	无喷淋	有喷淋	无喷淋	有喷淋
6.0	12.2	5.2	17.6	7.8	15.0	7.0	30.1	9.3
7.0	13.9	6.3	19.6	9.1	16.8	8.2	32.8	10.8
8.0	15.8	7.4	21.8	10.6	18.9	9.6	35.4	12.4
9.0	17.8	8.7	24.2	12.2	21.1	11.1	38.5	14.2
自然排烟侧窗（口）部风速/(m/s)	0.94	0.64	1.06	0.78	1.01	0.74	1.26	0.84

注：1. 建筑空间净高大于9.0m的，按9.0m取值；建筑空间净高位于表中两个高度之间的，按线性插值法取值；表中建筑空间净高为6m处的各排烟量值为线性插值法的计算基准值。

2. 当采用自然排烟方式时，储烟仓的厚度应大于房间净高的20%；自然排烟窗（口）面积＝计算排烟量/自然排烟窗（口）处风速；当采用顶开窗排烟时，其自然排烟窗（口）的风速可按侧窗口部风速的1.4倍计。

ⅲ. 当公共建筑仅需在走道或回廊设置排烟时，其机械排烟量不应小于 13000m^3/h，或在走道两端（侧）均设置面积不小于 2m^2 的自然排烟窗（口）且两侧自然排烟窗（口）的距离不应小于走道长度的 2/3。

ⅳ. 当公共建筑房间内与走道或回廊均需设置排烟时，其走道或回廊的机械排烟量可按 60m^3/(h·m^2) 计算且不小于 13000m^3/h，或设置有效面积不小于走道、回廊建筑面积 2% 的自然排烟窗（口）。

d. 当一个排烟系统担负多个防烟分区排烟时，其系统排烟量的计算应符合下列规定。

ⅰ. 当系统负担具有相同净高场所时，对于建筑空间净高大于 6m 的场所，应按排烟量最大的一个防烟分区的排烟量计算；对于建筑空间净高为 6m 及以下的场所，应按同一防火分区中任意两个相邻防烟分区的排烟量之和的最大值计算。

ⅱ. 当系统负担具有不同净高场所时，应采用上述方法对系统中每个场所所需的排烟量进行计算，并取其中的最大值作为系统排烟量。

e. 中庭排烟量的设计计算应符合下列规定。

ⅰ. 中庭周围场所设有排烟系统时，中庭采用机械排烟系统的，中庭排烟量应按周围场所防烟分区中最大排烟量的 2 倍数值计算，且不应小于 107000m^3/h；中庭采用自然排烟系统时，应按上述排烟量和自然排烟窗（口）的风速不大于 0.5m/s 计算有效开窗面积。

ⅱ. 当中庭周围场所不需设置排烟系统，仅在回廊设置排烟系统时，回廊的排烟量不应小于上述 c. 中 ⅲ. 的规定，中庭的排烟量不应小于 40000m^3/h；中庭采用自然排烟系统时，应按上述排烟量和自然排烟窗（口）的风速不大于 0.4m/s 计算有效开窗面积。

f. 除上述 c. 和 e. 规定的场所外，其他场所的排烟量或自然排烟窗（口）面积应按照烟羽流类型，根据火灾热释放速率、清晰高度、烟羽流质量流量及烟羽流温度等参数计算确定。

g. 各类场所的火灾热释放速率可按 k. 的规定计算且不应小于表 1-18 规定的值。设置自动喷水灭火系统（简称喷淋）的场所，其室内净高大于 8m 时，应按无喷淋场所对待。

表 1-18　火灾达到稳态时的热释放速率

建筑类型	喷淋设置情况	热释放速率 Q/MW
办公室、教室、客房、走道	无喷淋	6.0
	有喷淋	1.5
商店、展览厅	无喷淋	10.0
	有喷淋	3.0
其他公共场所	无喷淋	8.0
	有喷淋	2.5
汽车库	无喷淋	3.0
	有喷淋	1.5
厂房	无喷淋	8.0
	有喷淋	2.5
仓库	无喷淋	20.0
	有喷淋	4.0

h. 当储烟仓的烟层与周围空气温差小于 15℃时，应通过降低排烟口的位置等措施重新调整排烟设计。

i. 走道、室内空间净高不大于 3m 的区域，其最小清晰高度不宜小于其净高的 1/2，其他区域的最小清晰高度应按下式计算。

$$H_q = 1.6 + 0.1 \times H'$$

式中 H_q——最小清晰高度，m；

H'——对于单层空间，取排烟空间的建筑净高度，m；对于多层空间，取最高疏散楼层的层高，m。

j. 火灾热释放速率应按下式计算。

$$Q = \alpha \times t^2$$

式中 Q——热释放速率，kW；

t——火灾增长时间，s；

α——火灾增长系数（按表 1-19 取值），kW/s^2。

表 1-19 火灾增长系数

火灾类别	典型的可燃材料	火灾增长系数/(kW/s^2)
慢速火	硬木家具	0.00278
中速火	棉质、聚酯垫子	0.011
快速火	装满的邮件袋、木制货架托盘、泡沫塑料	0.044
超快速火	池火、快速燃烧的装饰家具、轻质窗帘	0.178

k. 烟羽流质量流量计算宜符合下列规定。

ⅰ. 轴对称型烟羽流。

当 $Z > Z_1$ 时， $M_\rho = 0.071 Q_c^{\frac{1}{3}} Z^{\frac{5}{3}} + 0.0018 Q_c$

当 $Z \leqslant Z_1$ 时， $M_\rho = 0.032 Q_c^{\frac{3}{5}} Z$

$$Z_1 = 0.166 Q_c^{\frac{2}{5}}$$

式中 Q_c——热释放速率的对流部分，一般取值为 $Q_c = 0.7Q$，kW；

Z——燃料面到烟层底部的高度，m（取值大于或等于最小清晰高度与燃料面高度之差）；

Z_1——火焰极限高度，m；

M_ρ——烟羽流质量流量，kg/s。

ⅱ. 阳台溢出型烟羽流。

$$M_\rho = 0.36 (QW^2)^{\frac{1}{3}} (Z_b + 0.25 H_1)$$

$$W = w + b$$

式中 H_1——燃料面至阳台的高度，m；

Z_b——从阳台下缘至烟层底部的高度，m；

W——烟羽流扩散宽度，m；

w——火源区域的开口宽度，m；

b——从开口至阳台边沿的距离，m，$b \neq 0$。

ⅲ. 窗口型烟羽流。

$$M_\rho = 0.68 (A_w H_w^{\frac{1}{2}})^{\frac{1}{3}} (Z_w + \alpha_w)^{\frac{5}{3}} + 1.59 A_w H_w^{\frac{1}{2}}$$

$$\alpha_w = 2.4 A_w^{\frac{2}{5}} H_w^{\frac{1}{5}} - 2.1 H_w$$

式中 A_w——窗口开口的面积，m^2；

H_w——窗口开口的高度，m；

Z_w——窗口开口的顶部到烟层底部的高度，m；

α_w——窗口型烟羽流的修正系数。

l. 烟层平均温度与环境温度的差应按下式计算或按表 1-20 选取。

$$\Delta T = KQ_c / M_\rho C_\rho$$

式中 ΔT——烟层平均温度与环境温度的差，K；

C_ρ——空气的定压比热容，kJ/(kg·K) 一般取 $C_\rho = 1.01$kJ/(kg·K)；

K——烟气中对流放热量因子，当采用机械排烟时取 $K=1.0$；当采用自然排烟时，取 $K=0.5$。

表 1-20 不同火灾规模下的机械排烟量

Q=1MW			Q=1.5MW			Q=2.5MW		
M_ρ/(kg/s)	ΔT/K	V/(m³/s)	M_ρ/(kg/s)	ΔT/K	V/(m³/s)	M_ρ/(kg/s)	ΔT/K	V/(m³/s)
4	175	5.32	4	263	6.32	6	292	9.98
6	117	6.98	6	175	7.99	10	175	13.31
8	88	8.66	10	105	11.32	15	117	17.49
10	70	10.31	15	70	15.48	20	88	21.68
12	58	11.96	20	53	19.68	25	70	25.80
15	47	14.51	25	42	24.53	30	58	29.94
20	35	18.64	30	35	27.96	35	50	34.16
25	28	22.80	35	30	32.16	40	44	38.32
30	23	26.90	40	26	36.28	50	35	46.60
35	20	31.15	50	21	44.65	60	29	54.96
40	18	35.32	60	18	53.10	75	23	67.43
50	14	43.60	75	14	65.48	100	18	88.50
60	12	52.00	100	10.5	86.00	120	15	105.10
Q=3MW			Q=4MW			Q=5MW		
M_ρ/(kg/s)	ΔT/K	V/(m³/s)	M_ρ/(kg/s)	ΔT/K	V/(m³/s)	M_ρ/(kg/s)	ΔT/K	V/(m³/s)
8	263	12.64	8	350	14.64	9	525	21.50
10	210	14.30	10	280	16.30	12	417	24.00
15	140	18.45	15	187	20.48	15	333	26.00
20	105	22.64	20	140	24.64	18	278	29.00
25	84	26.80	25	112	28.80	24	208	34.00
30	70	30.96	30	93	32.94	30	167	39.00
35	60	35.14	35	80	37.14	36	139	43.00
40	53	39.32	40	70	41.28	50	100	55.00
50	42	49.05	50	56	49.65	65	77	67.00
60	35	55.92	60	47	58.02	80	63	79.00
75	28	68.48	75	37	70.35	95	53	91.50

续表

Q=3MW			Q=4MW			Q=5MW		
M_ρ/(kg/s)	ΔT/K	V/(m³/s)	M_ρ/(kg/s)	ΔT/K	V/(m³/s)	M_ρ/(kg/s)	ΔT/K	V/(m³/s)
100	21	89.30	100	28	91.30	110	45	103.50
120	18	106.20	120	23	107.88	130	38	120.00
140	15	122.60	140	20	124.60	150	33	136.00

Q=6MW			Q=8MW			Q=20MW		
M_ρ/(kg/s)	ΔT/K	V/(m³/s)	M_ρ/(kg/s)	ΔT/K	V/(m³/s)	M_ρ/(kg/s)	ΔT/K	V/(m³/s)
10	420	20.28	15	373	28.41	20	700	56.48
15	280	24.45	20	280	32.59	30	467	64.85
20	210	28.62	25	224	36.76	40	350	73.15
25	168	32.18	30	187	40.96	50	280	81.48
30	140	38.96	35	160	45.09	60	233	89.76
35	120	41.13	40	140	49.26	75	187	102.40
40	105	45.28	50	112	57.79	100	140	123.20
50	84	53.60	60	93	65.87	120	117	139.90
60	70	61.92	75	74	78.28	140	100	156.50
75	56	74.48	100	56	90.73	—	—	—
100	42	98.10	120	46	115.70	—	—	—
120	35	111.80	140	40	132.60	—	—	—
140	30	126.70	—	—	—	—	—	—

m. 每个防烟分区排烟量应按下列公式计算或按表 1-20 选取。

$$V=M_\rho T/\rho_0 T_0$$

$$T=T_0+\Delta T$$

式中 V——排烟量，m³/s；

ρ_0——环境温度下的气体密度，kg/m³，通常 $T_0=293.15$K，$\rho_0=1.2$（kg/m³）；

T_0——环境的绝对温度，K；

T——烟层的平均绝对温度，K。

n. 机械排烟系统中，单个排烟口的最大允许排烟量 V_{max} 宜按下式计算，或按表 1-21 选取。

$$V_{max}=4.16\times\gamma\times d_b^{\frac{5}{2}}\left(\frac{T-T_0}{T_0}\right)^{\frac{1}{2}}$$

式中 V_{max}——排烟口最大允许排烟量，m³/s；

γ——排烟位置系数；当风口中心点到最近墙体的距离≥2 倍的排烟口当量直径时：γ 取 1.0；当风口中心点到最近墙体的距离<2 倍的排烟口当量直径时：γ 取 0.5；当吸入口位于墙体上时，γ 取 0.5。

d_b——排烟系统吸入口最低点之下烟气层厚度，m；

T——烟层的平均绝对温度，K；

T_0——环境的绝对温度，K。

表 1-21　排烟口最大允许排烟量　　单位：$\times 10^4 m^3/h$

热释速率/MW	烟层厚度/m	房间净高/m									
		2.5	3	3.5	4	4.5	5	6	7	8	9
1.5	0.5	0.24	0.22	0.20	0.18	0.17	0.15	—	—	—	—
	0.7	—	0.53	0.48	0.43	0.40	0.36	0.31	0.28	—	—
	1.0	—	1.38	1.24	1.12	1.02	0.93	0.80	0.70	0.63	0.56
	1.5	—	—	3.81	3.41	3.07	2.80	2.37	2.06	1.82	1.63
2.5	0.5	0.27	0.24	0.22	0.20	0.19	0.17	—	—	—	—
	0.7	—	0.59	0.53	0.49	0.45	0.42	0.36	0.32	—	—
	1.0	—	1.53	1.37	1.25	1.15	1.06	0.92	0.81	0.73	0.66
	1.5	—	—	4.22	3.78	3.45	3.17	2.72	2.38	2.11	1.91
3	0.5	0.28	0.25	0.23	0.21	0.20	0.18	—	—	—	—
	0.7	—	0.61	0.55	0.51	0.47	0.44	0.38	0.34	—	—
	1.0	—	1.59	1.42	1.30	1.20	1.11	0.97	0.85	0.77	0.70
	1.5	—	—	4.38	3.92	3.58	3.31	2.85	2.50	2.23	2.01
4	0.5	0.30	0.27	0.24	0.23	0.21	0.20	—	—	—	—
	0.7	—	0.64	0.58	0.54	0.50	0.47	0.41	0.37	—	—
	1.0	—	1.68	1.51	1.37	1.27	1.18	1.04	0.92	0.83	0.76
	1.5	—	—	4.64	4.15	3.79	3.51	3.05	2.69	2.41	2.18
6	0.5	0.32	0.29	0.26	0.24	0.23	0.22	—	—	—	—
	0.7	—	0.70	0.63	0.58	0.54	0.51	0.45	0.41	—	—
	1.0	—	1.83	1.63	1.49	1.38	1.29	1.14	1.03	0.93	0.85
	1.5	—	—	5.03	4.50	4.11	3.80	3.35	2.98	2.69	2.44
8	0.5	0.34	0.31	0.28	0.26	0.24	0.23	—	—	—	—
	0.7	—	0.74	0.67	0.62	0.58	0.54	0.48	0.44	—	—
	1.0	—	1.93	1.73	1.58	1.46	1.37	1.22	1.10	1.00	0.92
	1.5	—	—	5.33	4.77	4.35	4.03	3.55	3.19	2.89	2.61
10	0.5	0.36	0.32	0.29	0.27	0.25	0.24	—	—	—	—
	0.7	—	0.77	0.70	0.65	0.60	0.57	0.51	0.46	—	—
	1.0	—	2.02	1.81	1.65	1.53	1.43	1.28	1.16	1.06	0.97
	1.5	—	—	5.57	4.98	4.55	4.21	3.71	3.36	3.05	2.79
20	0.5	0.41	0.37	0.34	0.31	0.29	0.27	—	—	—	—
	0.7	—	0.89	0.81	0.74	0.69	0.65	0.59	0.54	—	—
	1.0	—	2.32	2.08	1.90	1.76	1.64	1.47	1.34	1.24	1.15
	1.5	—	—	6.40	5.72	5.23	4.84	4.27	3.86	3.55	3.30

注：1. 本表仅适用于排烟口设置于建筑空间顶部，且排烟口中心点至最近墙体的距离大于或等于 2 倍排烟口当量直径的情形。当小于 2 倍或排烟口设于侧墙时，应按表中的最大允许排烟量减半。

2. 本表仅列出了部分火灾热释放速率、部分空间净高、部分设计烟层厚度条件下，排烟口的最大允许排烟量。

3. 对于不符合上述两条所述情形的工况，应根据情况按本条规定计算。

o. 采用自然排烟方式所需自然排烟窗（口）截面积宜按下式计算。

$$A_v C_v = \frac{M_\rho}{\rho_0}\left[\frac{T^2 + (A_v C_v / A_0 C_0)^2 T T_0}{2 g d_b \Delta T T_0}\right]^{\frac{1}{2}}$$

式中　A_v——自然排烟窗（口）截面积，m^2；

A_0——所有进气口总面积，m^2；

C_v——自然排烟窗（口）流量系数（通常选定在 0.5～0.7 之间）；

C_0——进气口流量系数（通常约为 0.6）；

g——重力加速度，m/s^2。

注：公式中 $A_v C_v$ 在计算时应采用试算法。

（3）防排烟系统常用设备

① 防排烟风机。

a. 根据作用原理分类。根据作用原理风机分为离心式风机、轴流式风机和贯流式风机。

ⅰ. 离心式风机。离心式风机由叶轮、机壳、转轴、支架等部分组成，叶轮上装有一定数量的叶片，如图 1-10 所示。气流从风机轴向入口吸入，经 90°转弯进入叶轮中，叶轮叶片间隙中的气体被带动旋转而获得离心力，气体由于离心力的作用向机壳方向运动，并产生一定的正压力，由蜗壳汇集沿切向引导至排气口排出，叶轮中则由于气体离开而形成了负压，气体因而源源不断地由进风口轴向地被吸入，从而形成了气体被连续地吸入、加压、排出的流动过程。

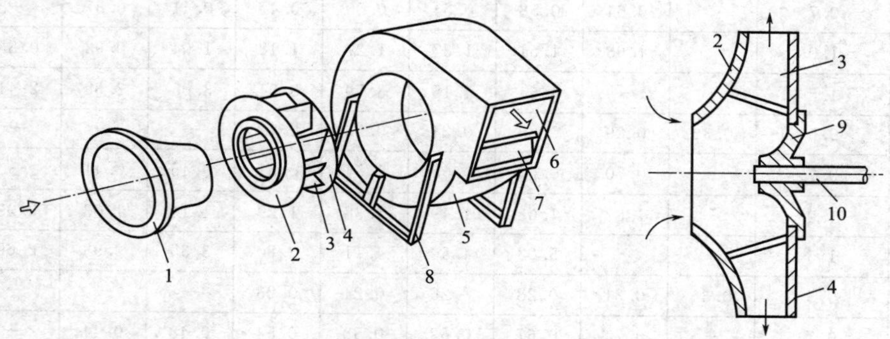

图 1-10　离心式风机的组成

1—吸入口；2—叶轮前盘；3—叶片；4—后盘；5—机壳；6—出口；7—截流盘（风舌）；8—支架；9—轮毂；10—轴

ⅱ. 轴流式风机。轴流式风机的叶片安装在旋转的轮毂上，当叶轮由电动机带动而旋转时，将气流从轴向吸入，气体受到叶片的推挤而升压，并形成轴向流动，由于风机中的气流方向始终沿着轴向，故称为轴流式风机，如图 1-11 所示。

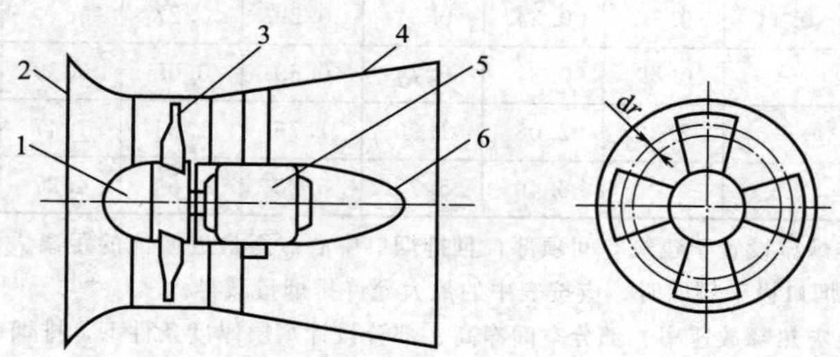

图 1-11　轴流式风机的组成

1—轮毂；2—前整流罩口；3—叶轮；4—扩压管；5—电动机；6—后整流罩；dr—翼型的厚度

ⅲ. 混流风机。混流风机（又叫斜流风机）的外形、结构都是介于离心风机和轴流风机之间，是介于轴流风机和离心风机之间的风机，斜流风机的叶轮高速旋转让空气既做离心运动，又做轴向运动，既产生离心风机的离心力，又具有轴流风机的推升力，机壳内空气的运动混合了轴流与离心两种运动形式。斜流风机和离心风机比较，压力低一些，而流量大一些，它与轴流风机比较，压力高一些，但流量又小一些。斜流风机具有压力高、风量大、高效率、结构紧凑、噪声低、体积小、安装方便等优点。混流风机外形看起来更像传统的轴流式风机，机壳可具有敞开的入口，排泄壳缓慢膨胀，以放慢空气或气体流的速度，并将动能转换为有用的静态压力。如图 1-12 所示。

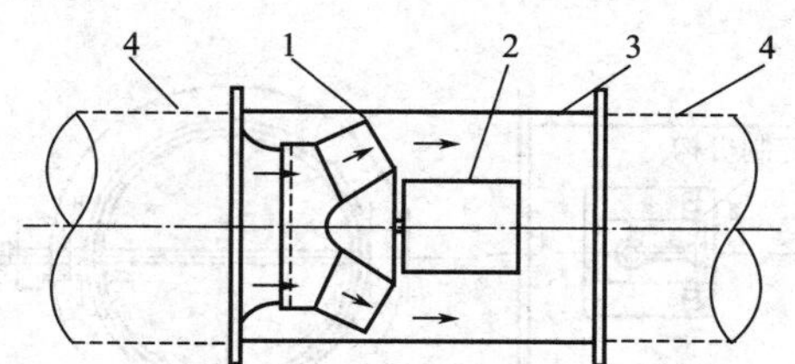

图 1-12　混流风机的组成

1—叶轮；2—电动机；3—风筒；4—连接风管

b. 根据风机的用途分类。可以将风机分为一般用途风机、排尘风机、防爆风机、防腐风机、消防用排烟风机、屋顶风机、高温风机、射流风机等。

在建筑防排烟工程中，由于加压送风系统输送的是一般的室外空气，因此可以采用一般用途风机，而排烟系统中的风机可采用消防用排烟风机。

另外，根据风机的转速将风机分为单速风机和双速风机。通过改变风机的转速可以改变风机的性能参数，以满足风量和全压的要求，并可实现节能的目的。双速风机采用的是双速电机，通过接触器改变极对数得到两种不同转速。

② 阀门。

a. 防火阀和排烟防火阀。防火阀与排烟防火阀都是安装在通风、空气调节系统的管道上，用于火灾发生时控制管道开通或关断的重要组件。

ⅰ. 防火阀。防火阀一般安装在通风、空气调节系统的风路管道上。它的主要作用是防止火灾烟气从风道蔓延，当风道从防火分隔构件处及变形缝处穿过，或风道的垂直管与每层水平管分支的交接处时都应安装防火阀。

防火阀是借助易熔合金的温度控制，利用重力作用和弹簧机构的作用，在火灾时关闭阀门。新型产品中亦有利用记忆合金产生形变使阀门关闭的。火灾时，火焰侵入风管，高温使阀门上的易熔合金熔解，或记忆合金产生形变，阀门自动关闭，其工作原理如图 1-13 所示。

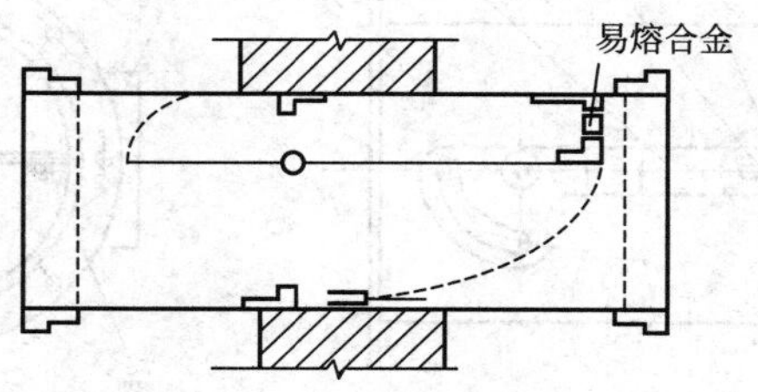

图 1-13　防火阀的工作原理

防火阀一般由阀体、叶片、执行机构和温感器等部件组成，如图 1-14 所示。

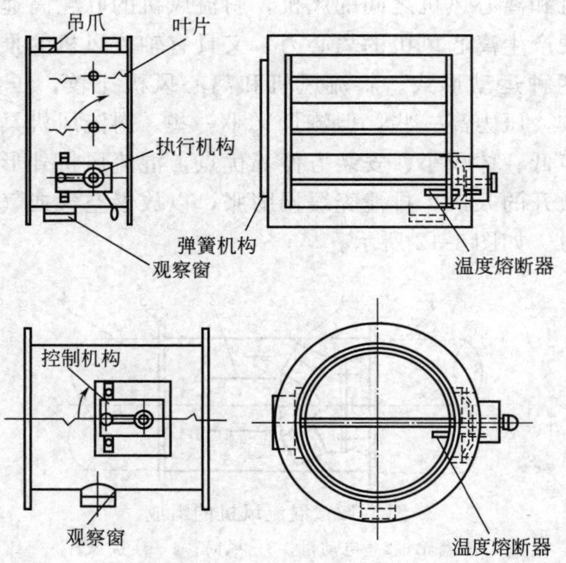

图 1-14　防火阀的构造

防火阀的阀门关闭驱动方式有重力式、弹簧力驱动式（或称电磁式）、电机驱动式及气动驱动式四种。常用的防火阀有重力式防火阀、弹簧式防火阀、弹簧式防火调节阀、防火风口、气动式防火阀、电动防火阀、电子自控防烟防火阀。如图 1-15 所示为重力式圆形单板防火阀，如图 1-16 所示为弹簧式圆形防火阀，如图 1-17 所示为温度熔断器的构造。

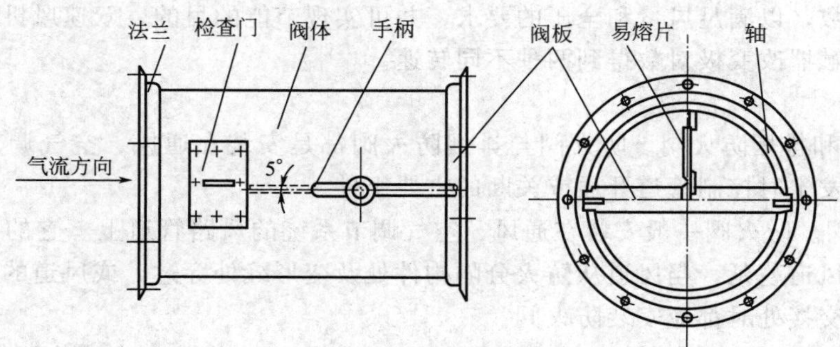

图 1-15　重力式圆形单板防火阀

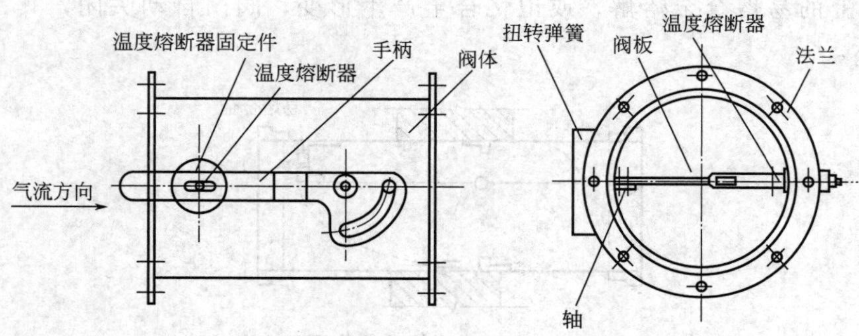

图 1-16　弹簧式圆形防火阀

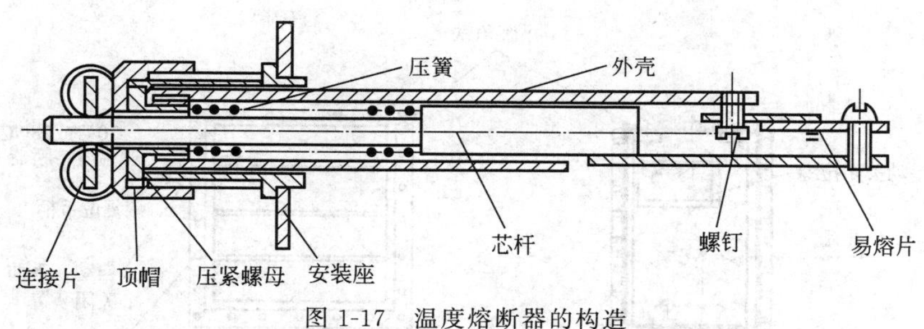

图 1-17　温度熔断器的构造

ⅱ. 排烟防火阀。排烟防火阀安装在排烟管道上。它的主要作用是在火灾时控制排烟口或管道的开通或关断，以保证排烟系统的正常工作，阻止超过 280℃的高温烟气进入排烟管道保护排烟风机和排烟管道。排烟防火阀的构造如图 1-18 和图 1-19 所示。

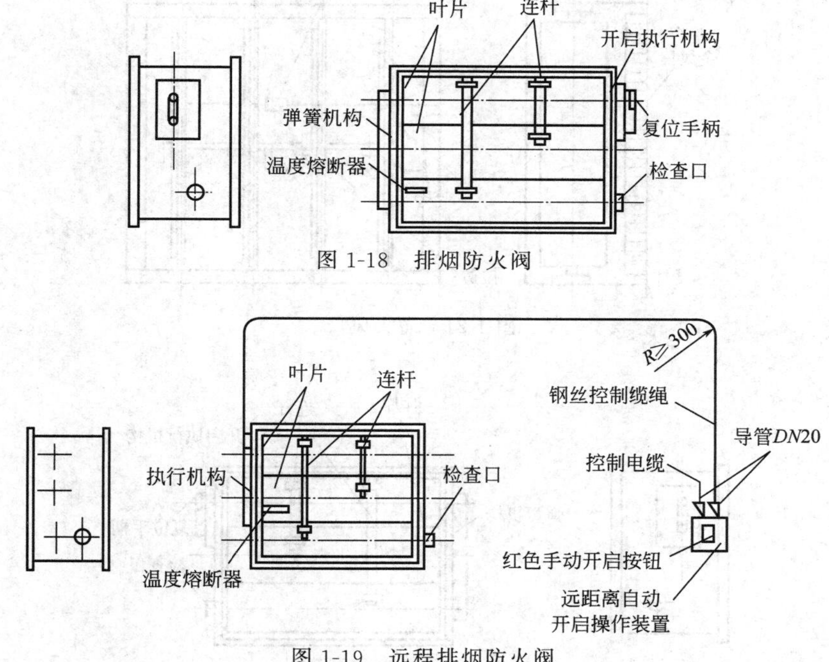

图 1-18　排烟防火阀

图 1-19　远程排烟防火阀

ⅲ. 防火调节阀。防火调节阀是防火阀的一种，平时常开，阀门叶片可在 0°～90°调节，气流温度达到 70℃时，温度熔断器动作，阀门关闭；也可手动关闭，手动复位。阀门关闭后可发出电信号至消防控制中心。其构造如图 1-20 所示。

ⅳ. 防火风口。工程中常用的防火风口是由铝合金风口和薄型防火阀组合而成的（图 1-21），它主要用于有防火要求的通风空调系统的送回风管道的出口处或吸入口，一般安装于风管侧面或风管末端及墙上，平时作风口用，可调节送风气流方向，其防火阀可在 0°～90°无级调节通过风口的气流量，气流温度达到 70℃时，温度熔断器动作，阀门关闭，切断火势和烟气沿风管蔓延。也可手动关闭，手动复位。

b. 排烟阀。排烟阀由叶片、执行机构、弹簧机构等组成，如图 1-22 所示。其安装在机械排烟系统各支管端部（烟气吸入口处），平时呈关闭状态并满足漏风量要求，火灾或需要排烟时手动和电动打开，起排烟作用的阀门。带有装饰口或进行过装饰处理的阀门称为排烟口。

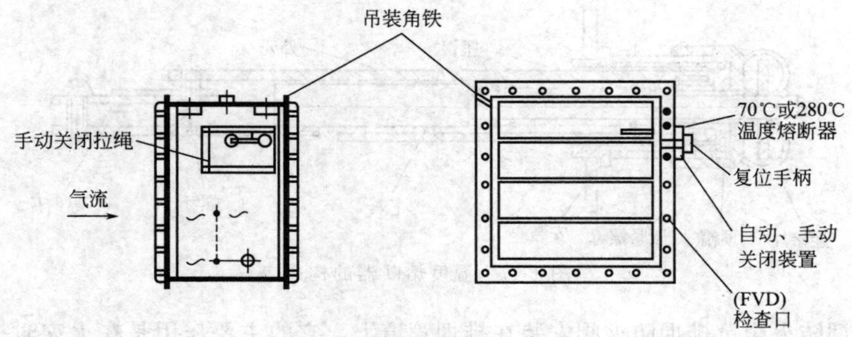

图 1-20　防火调节阀的结构

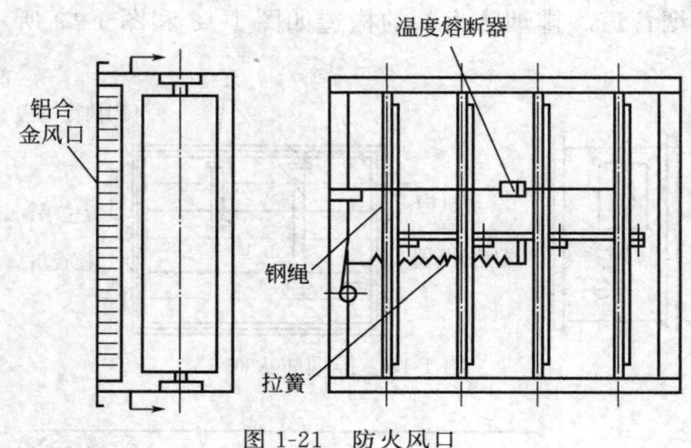

图 1-21　防火风口

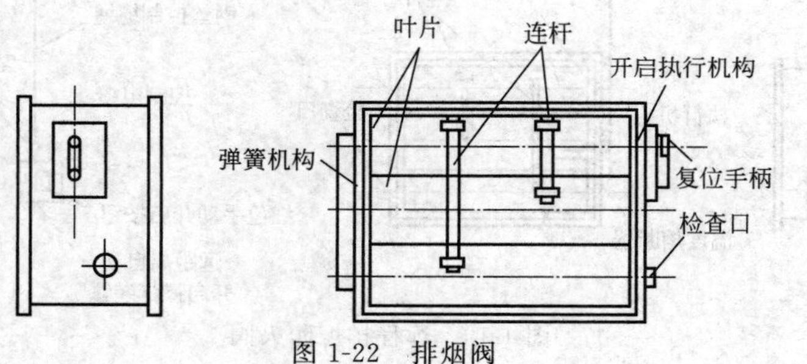

图 1-22　排烟阀

③ 排烟口。排烟口安装在烟气吸入口处，平时处于关闭状态，发生火灾时根据火灾烟气扩散蔓延情况打开相关区域的排烟口。开启动作可手动或自动，手动又分为就地操作和远距离操作两种。自动也可分有烟（温）感电信号联动和温度熔断器动作两种。排烟口动作后，可通过手动复位装置或更换温度熔断器予以复位，以便重复使用。排烟口按结构形式分为有板式排烟口和多叶排烟口两种，按开口形状分为矩形排烟口和圆形排烟口。

a. 板式排烟口。板式排烟口由电磁铁、阀门、微动开关、叶片等组成。板式排烟口应用在建筑物的墙上或顶板上，也可直接安装在排烟风道上。火灾发生时，操作装置在控制中心输出的：DC24V 电源或手动作用下将排烟口打开进行排烟。排烟口打开时输出电信号，可与消防系统或其他设备联锁；排烟完毕后需要手动复位。在人工手动无法复位的场合，可以采用通过全自动装置进行复位。图 1-23 为带手动控制装置的板式排烟口。

b. 多叶排烟口。多叶排烟口内部为排烟阀门，外部为百叶窗，如图 1-24 所示。多叶排

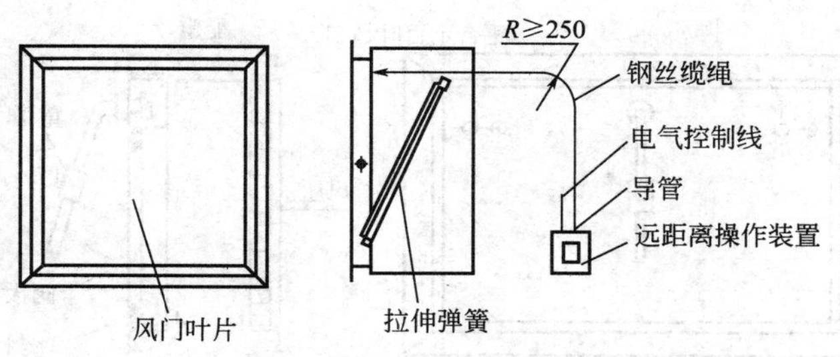

图 1-23 板式排烟口的结构

烟口用于建筑物的过道、无窗房间的排烟系统上，安装在墙上或顶板上。火灾发生时，通过控制中心 DC24V 电源或手动使阀门打开进行排烟。

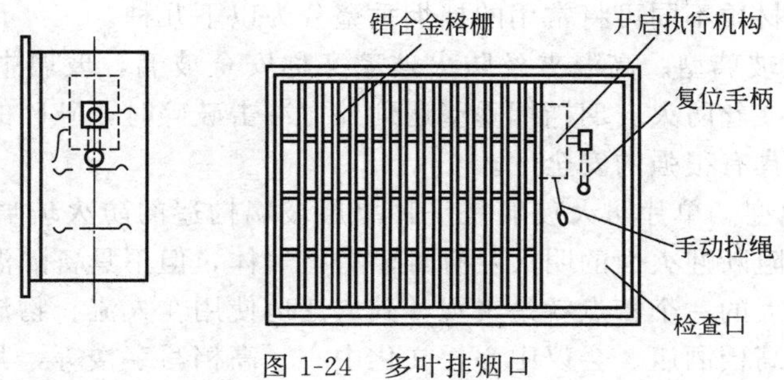

图 1-24 多叶排烟口

④ 加压送风口。加压送风口用于建筑物的防烟前室，安装在墙上，平时常闭。火灾发生时，通过电源 DC24V 或手动使阀门打开，根据系统的功能为防烟前室送风，多叶式加压送风口的外形和结构与多叶式排烟口相同，图 1-25 为多叶加压送风口。楼梯间的加压送风口，一般采用常开的形式，一般采用普通百叶风口或自垂式百叶风口。

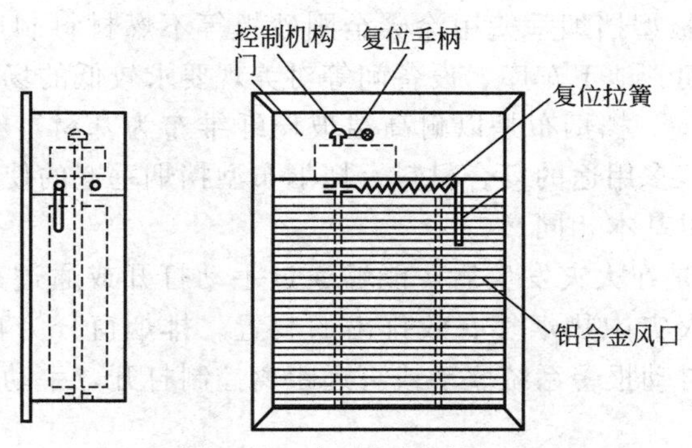

图 1-25 多叶加压送风口

⑤ 余压阀。余压阀是为了维持一定的加压空间静压、实现其正压的无能耗自动控制而设置的设备，它是一个单向开启的风量调节装置，按静压差来调整开启度，用重锤的位置来平衡风压，如图 1-26 所示。一般在楼梯间与前室和前室与走道之间的隔墙上设置余压阀。这样空气通过余压阀从楼梯间送入前室，当前室超压时，空气再从余压阀漏到走道，使楼梯间和前室能维持各自的压力。

⑥ 挡烟垂壁。挡烟垂壁是指安装在吊顶或楼板下或隐藏在吊顶内，火灾时能够阻止烟和热气体水平流动的垂直分隔物。挡烟垂壁主要用来划分防烟分区，由夹丝玻璃、不锈钢、

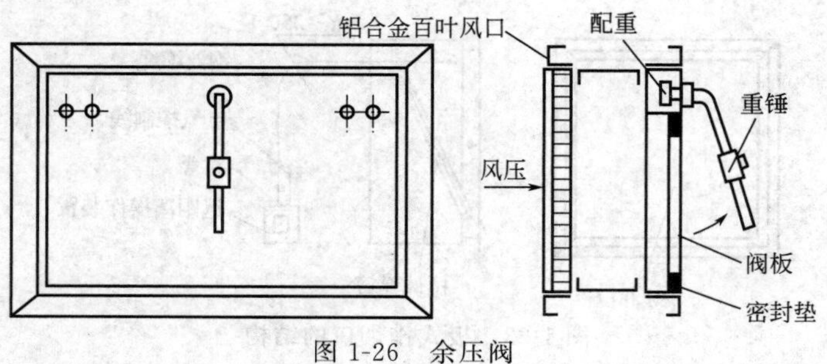

图 1-26　余压阀

挡烟布、铝合金等不燃材料制成，并配以电控装置。挡烟垂壁按活动方式可分为卷帘式挡烟垂壁和翻板式挡烟垂壁。

根据挡烟垂壁的材质不同可将常用的挡烟垂壁分为以下几种。

a. 高温夹丝防火玻璃型。高温夹丝防火玻璃又称安全玻璃，玻璃中间镶有钢丝。它的最大的一个特点就是夹丝防火玻璃挡烟垂壁遇到外力冲击破碎时，破碎的玻璃不会脱落或整个垮塌而伤人，因而具有很强的安全性。

b. 单片防火玻璃型。单片防火玻璃是一种单层玻璃构造的防火玻璃。在一定的时间内能保持耐火完整性、阻断迎火面的明火及有毒、有害气体，但不具备隔温绝热功效。单片防火玻璃型挡烟垂壁最大的一个特点就是美观，其广泛地使用在人流、物流不大，但对装饰的要求很高的场所，如高档酒店、会议中心、文化中心、高档写字楼等，其缺点就是挡烟垂壁遇到外力冲击发生意外时，整个挡烟垂壁会发生垮塌击伤或击毁下方的人员或设备。

c. 双层夹胶玻璃型。夹胶防火玻璃型是综合了单片防火玻璃型和夹丝防火玻璃的优点的一种挡烟垂壁。它是由两层单片防火玻璃中间夹一层无机防火胶制成的。它既有单片防火玻璃型的美观度又有夹丝防火玻璃型的安全性，是一种比较完美的固定式挡烟垂壁，但其造价较高。

d. 板型挡烟垂壁。板型挡烟垂壁用涂碳金刚砂板等不燃材料制成。板型挡烟垂壁造价低，使用范围主要是车间、地下车库、设备间等对美观要求较低的场所。

e. 挡烟布型挡烟垂壁。挡烟布是以耐高温玻璃纤维布为基材，经有机硅橡胶压延或刮涂而成，是一种高性能、多用途的复合材料。挡烟布型挡烟垂壁的使用场所和板型挡烟垂壁的场所基本相同，价格也基本相同。

⑦ 排烟窗。排烟窗是在火灾发生后，能够通过手动打开或通过火灾自动报警系统联动控制自动打开，将建筑火灾中热烟气有效排出的装置。排烟窗分为自动排烟窗和手动排烟窗。自动排烟窗与火灾自动报警系统联动或可远距离控制打开，手动排烟窗火灾时靠人员就地开启。

用于高层建筑物中的自动排烟窗由窗扇、窗框和安装在窗扇、窗框上的自动开启装置组成。开启装置由开启器、报警器和电磁插销等主要部件构成。自动排烟窗能在火灾发生后自动开启，并在60s内达到设计的开启角度，起到及时排放火灾烟气、保护高层建筑的重要作用。

(4) 建筑防烟排烟系统控制

① 防烟系统

a. 机械加压送风系统应与火灾自动报警系统联动，其联动控制应符合（5）的有关规定。

b. 加压送风机的启动应符合下列规定。

ⅰ. 现场手动启动。

ⅱ. 通过火灾自动报警系统自动启动。

ⅲ. 消防控制室手动启动。

ⅳ. 系统中任一常闭加压送风口开启时，加压风机应能自动启动。

c. 机械加压送风系统应与火灾自动报警系统联动，并应能在防火分区内的火灾信号确认后15s内联动同时开启该防火分区的全部疏散楼梯间、该防火分区所在着火层及其相邻上下各一层疏散楼梯间及其前室或合用前室的常闭加压送风口和加压送风机。

d. 机械加压送风系统宜设有测压装置及风压调节措施。

e. 消防控制设备应显示防烟系统的送风机、阀门等设施启闭状态。

② 排烟系统

a. 机械排烟系统应与火灾自动报警系统联动，其联动控制应符合（5）的有关规定。

b. 排烟风机、补风机的控制方式应符合下列规定。

ⅰ. 现场手动启动。

ⅱ. 火灾自动报警系统自动启动。

ⅲ. 消防控制室手动启动。

ⅳ. 系统中任一排烟阀或排烟口开启时，排烟风机、补风机自动启动。

ⅴ. 排烟防火阀在280℃时应自行关闭，并应连锁关闭排烟风机和补风机。

c. 机械排烟系统中的常闭排烟阀或排烟口应具有火灾自动报警系统自动开启、消防控制室手动开启和现场手动开启功能，其开启信号应与排烟风机联动。当火灾确认后，火灾自动报警系统应在15s内联动开启相应防烟分区的全部排烟阀、排烟口、排烟风机和补风设施，并应在30s内自动关闭与排烟无关的通风、空调系统。

d. 当火灾确认后，担负两个及以上防烟分区的排烟系统，应仅打开着火防烟分区的排烟阀或排烟口，其他防烟分区的排烟阀或排烟口应呈关闭状态。

e. 活动挡烟垂壁应具有火灾自动报警系统自动启动和现场手动启动功能，当火灾确认后，火灾自动报警系统应在15s内联动相应防烟分区的全部活动挡烟垂壁，60s以内挡烟垂壁应开启到位。

f. 自动排烟窗可采用与火灾自动报警系统联动和温度释放装置联动的控制方式。当采用与火灾自动报警系统自动启动时，自动排烟窗应在60s内或小于烟气充满储烟仓的时间内开启完毕。带有温控功能的自动排烟窗，其温控释放温度应大于环境温度30℃且小于100℃。

g. 消防控制设备应显示排烟系统的排烟风机、补风机、阀门等设施启闭状态。

（5）防烟排烟系统的联动控制设计

① 防烟系统的联动控制方式应符合下列规定。

a. 应由加压送风口所在防火分区内的两只独立的火灾探测器或一只火灾探测器与一只手动火灾报警按钮的报警信号，作为送风口开启和加压送风机启动的联动触发信号，并应由消防联动控制器联动控制相关层前室等需要加压送风场所的加压送风口开启和加压送风机启动。

b. 应由同一防烟分区内且位于电动挡烟垂壁附近的两只独立的感烟火灾探测器的报警信号，作为电动挡烟垂壁降落的联动触发信号，并应由消防联动控制器联动控制电动挡烟垂壁的降落。

② 排烟系统的联动控制方式应符合下列规定。

a. 应由同一防烟分区内的两只独立的火灾探测器的报警信号，作为排烟口、排烟窗或排烟阀开启的联动触发信号，并应由消防联动控制器联动控制排烟口、排烟窗或排烟阀的开启，同时停止该防烟分区的空气调节系统。

b. 应由排烟口、排烟窗或排烟阀开启的动作信号，作为排烟风机启动的联动触发信号，并应由消防联动控制器联动控制排烟风机的启动。

③ 防烟系统、排烟系统的手动控制方式，应能在消防控制室内的消防联动控制器上手动控制送风口、电动挡烟垂壁、排烟口、排烟窗、排烟阀的开启或关闭及防烟风机、排烟风机等设备的启动或停止，防烟、排烟风机的启动、停止按钮应采用专用线路直接连接至设置在消防控制室内的消防联动控制器的手动控制盘，并应直接手动控制防烟、排烟风机的启动、停止。

④ 送风口、排烟口、排烟窗或排烟阀开启和关闭的动作信号，防烟、排烟风机启动和停止及电动防火阀关闭的动作信号，均应反馈至消防联动控制器。

⑤ 排烟风机入口处的总管上设置的280℃排烟防火阀在关闭后应直接联动控制风机停止，排烟防火阀及风机的动作信号应反馈至消防联动控制器。

1.3.2 建筑物使用消防安全管理

建筑工程在经验收合格、投入使用之后，使用单位应继续加强对建筑工程的消防安全管理，并注意以下几个方面的问题。

1.3.2.1 不能随意改变使用性质

建筑工程的使用应当与消防安全审核意见相一致，建筑结构、用途、性质不能随意改变。如报批的是丙类生产建筑，不能变更为甲类生产建筑使用；报批的是会议室，不能变更为歌舞厅。这是因为建筑物的耐火等级、平面布局、建筑面积、层数、防火间距等，都是依据其使用性质和火灾危险性而确定的，当其使用性质发生变化后，其火灾危险性也会随之改变，因而，建筑物的耐火等级、层数、平面布局、建筑面积和防火间距的消防安全要求也都应随之改变。否则，该建筑物就不能适应使用性质改变后带来的火灾危险性的变化，就会产生新的火灾隐患，就有可能导致火灾的发生，甚至带来严重的后果。

因此，建筑物的使用性质不能随意改变，如因特殊情况而必须对建筑进行改建、扩建或变更使用性质时，也必须重新报经公安机关消防机构审批，以保证消防安全措施的落实，防止形成新的火灾隐患。

1.3.2.2 严禁违法使用可燃材料装修

建筑内部装修、装饰材料，应当使用不燃、难燃材料，严禁违法使用可燃材料装修和使用聚氨酯类以及在燃烧后产生大量有毒烟气的材料。疏散通道、安全出口处不得采用反光或者反影材料。

1.3.2.3 物资库房不得随意超量储存

由于仓库建筑物的耐火等级、结构、建筑面积、防火间距、层数等，都是根据所储物资的火灾危险性和储存量的多少来确定的，所储物质不同，其火灾危险性也不同，储存量增大，同样也会增加火灾危险性；而且一旦发生火灾，还会扩大火灾损失，给日常防火管理带来困难。

1.3.2.4 防火间距不得随便占用

因为防火间距是为了防止火灾蔓延和保证火灾扑救、消防车通行的预留场地。如果使用单位随便在防火间距之内搭建其他建筑或构筑物，或堆放其他物资，就会在一旦发生火灾时影响消防车的通行和灭火救援战斗的展开，甚至造成火势蔓延、扩大。

1.3.2.5 安全疏散通道、出口不得堵塞

安全疏散通道和出口是保证建筑内人员安全疏散的逃生之路，其数量、宽度及长度的限制都是根据建筑物的使用性质、面积、层数和人员情况来确定的，一旦堵塞，发生事故时人员就难以迅速疏散和逃生，对人员密集场所来说，就可能造成大量的人员伤亡等难以想象的后果。因此，安全疏散通道和安全门是绝对不能堵塞的。尤其在使用时必须全部打开，在疏散通道内也不得摆放任何影响安全疏散的物品。建筑物的防火分区不得擅自改变，建筑物装修材料的燃烧性能等级不得擅自降低，建筑内部装修不应改变疏散门的开启方向、减少安全出口、疏散出口的数量及其净宽度，影响安全疏散畅通。

1.3.2.6 消防设施不得圈占和埋压

消防设施是扑救火灾的重要设施，一旦被圈占和埋压，失火时就不能保证使用而影响火灾的扑救。建筑物的消防设施不得擅自改变。

1.3.2.7 车间或仓库不得设置员工宿舍

员工集体宿舍是人员杂居的地方，人们抽烟、用火、用电较多，故导致火灾因素也较多。近年来，一些单位在车间或仓库内设置了员工集体宿舍，且由于员工集体宿舍居住人员多，一旦遭遇火灾，往往造成大量人员伤亡和财产损失。这些火灾之所以屡屡造成群死群伤的恶性事故，一方面是由于这些企业对员工人身安全不重视，缺乏消防安全管理制度和设施，造成严重的火灾隐患；另一方面就是由于在车间、仓库内设置员工集体宿舍。因此，必须严格禁止在车间或仓库内设置员工集体宿舍。

1.4 常用消防设施

1.4.1 灭火器

1.4.1.1 灭火器的种类及使用

按所充装的灭火剂，施工现场常见的灭火器可分为干粉、二氧化碳、泡沫、清水等类型（表 1-22）；按其移动方式，可分为手提式和推车式两种类型。

表 1-22 灭火器的种类及使用

种类	规格	灭火原理	适用范围
干粉灭火器	干粉灭火剂通常分为BC(碳酸氢钠)与ABC(磷酸铵盐)两大类。手提式一般选用2～4kg,推车式通常选用35kg	一是借助干粉中的无机盐的挥发性分解物,与燃烧过程中燃料所产生的自由基或活性基团发生化学抑制和负催化作用,使燃烧的链反应中断而灭火;二是借助干粉的粉末落在可燃物表面外,发生化学反应,并在高温作用下而形成一层玻璃状覆盖层,从而隔绝氧,进而窒息灭火。另外,还有部分稀释氧及冷却的作用	BC(碳酸氢钠)干粉灭火器适用易燃、可燃液体、气体及带电设备的初起火灾;ABC(磷酸铵盐)干粉灭火器除可用于上述几类火灾外,还可以扑救固体类物质的初起火灾,但是都不能扑救金属燃烧火灾

续表

种类	规格	灭火原理	适用范围
泡沫灭火器	手提式通常选用 6L，推车式通常选用 40kg	使用泡沫灭火器灭火时，能够喷射出大量二氧化碳及泡沫，它们黏附在可燃物上，使可燃物同空气隔绝，破坏燃烧条件，达到灭火的目的	可用来扑灭 A 类火灾，比如木材、棉布等固体物质燃烧引起的失火；最适宜扑救 B 类火灾，比如汽油、柴油等液体火灾；不能扑救水溶性可燃、易燃液体的火灾（如醇、酯、醚、酮等物质）与 E 类（带电）火灾
二氧化碳灭火器	手提式通常选用 3～6L，推车式一般选用 25kg	在加压时把液态二氧化碳压缩在小钢瓶中，灭火时再将其喷出，有降温与隔绝空气的作用	具有流动性好、喷射率高、不腐蚀容器以及不易变质等优良性能，用来扑灭图书、档案、精密仪器、贵重设备、600V 以下电气设备及油类的初起火灾。适用于扑救一般 B 类火灾，如油制品、油脂等火灾，也可适用于 A 类火灾，但是不能扑救 B 类火灾中的水溶性可燃、易燃液体的火灾，如醇、酯、醚、酮等物质火灾；也不能扑救带电设备及 C 类与 D 类火灾
清水灭火器	分为 6L 与 9L 两种	清水灭火器中的灭火剂为清水。它主要借助冷却和窒息作用进行灭火。在灭火时，由水汽化产生的水蒸气将会占据燃烧区域的空间、稀释燃烧物周围的氧含量，阻碍新鲜空气进入燃烧区，使燃烧区内的氧浓度大大降低，从而实现窒息灭火的目的	主要用扑救固体物质火灾，比如木材、纸张等，但不能用于扑救可燃液体、气体、带电设备等以及贵重物品的火灾

1.4.1.2 灭火器的管理维护

为确保建筑灭火器的合理配置与使用，及时有效地扑灭初起火灾，最大限度地减少火灾损失，应按照现行国家标准《建筑灭火器配置验收及检查规范》（GB 50444—2008）的有关规定执行。

（1）灭火器的管理要求

① 应按照现行国家标准《建筑灭火器配置验收及检查规范》的要求配置。建筑设计单位在进行新建、扩建和改建工程的消防设计时，应按照《建筑灭火器配置验收及检查规范》（GB 50444—2008）的要求将灭火器的配置类型、规格、数量以及位置纳入设计内容，并在工程设计图纸上标明。建设单位必须按照批准的工程涉及文件和施工技术标准来配置灭火器。

② 使用单位应当培训员工，确保每个员工都会正确使用灭火器。使用单位必须组织员工尤其是岗位责任人接受灭火器维护管理和使用操作的培训教育，适时组织灭火演练，确保每个员工都会正确使用灭火器，单位还应当保存培训和演练情况的记录。

（2）灭火器的检查与维修

① 灭火器生产厂家应当提供安装、操作和维护保养的说明和维修手册。每个灭火器应提供一份使用者手册，其内容应有灭火器的安装、操作和维护保养的说明、警告和提示。对灭火器的维修和再充装时的注意事项等，应提示阅读生产厂的维修手册。

生产厂应为每种类型灭火器备有维修手册，当有要求时应可以附送。其内容应有必要的说明、警告和提示，维修时对设备的要求和说明，推荐维修的说明。同时应有易损零部件的名称、数量。对装有显示内部压力指示器的灭火器，还应指明装在灭火器上的压力指示器不能作为充装压力时的计量压力；如用高压气瓶作充装压力，还应说明应使用调压阀等。

② 灭火器的功能性检查和维修应由相关技术人员承担。使用单位必须加强对灭火器的日常管理和维护，建立维护管理档案，明确维护管理责任人。灭火器应当定期进行维护检查。单位应当至少每 12 个月组织或委托维修单位对所有灭火器进行一次功能性检查。灭火器的检查按照表 1-23 的要求每月进行一次检查，特殊场所每半月进行一次检查；灭火器的维修期限应符合表 1-24 的规定。

表 1-23 灭火器检查内容、要求及记录

检查内容和要求		检查记录	检查结论
配置检查	①灭火器应放置在配置图表规定的设置点位置； ②灭火器的落地、托架、挂钩等设置方式应符合配置设计要求。手提式灭火器的挂钩、托架安装后应能承受一定的静载荷，不应出现松动、脱落、断裂和明显变形； ③灭火器的铭牌应朝外，器头宜向上； ④灭火器的类型、规格、灭火级别和配置数量应符合配置设计要求； ⑤检查灭火器配置场所的使用性质，包括可燃物的种类和物态等，是否发生变化； ⑥检查灭火器是否达到送修条件和维修期限； ⑦检查灭火器是否达到报废条件和报废期限； ⑧室外灭火器应有防雨、防晒等保护措施； ⑨灭火器周围不应有障碍物、遮挡、拴系等影响取用的现象； ⑩灭火器箱不应上锁，箱内应干燥、清洁； ⑪特殊场所中灭火器的保护措施应完好		
外观检查	①灭火器的铭牌应无残缺，清晰明了； ②灭火器铭牌上关于灭火剂、驱动气体的种类、充装压力、总质量、灭火级别、制造厂名和生产日期或维修日期等标志及操作说明应齐全； ③灭火器的铅封、销门等保险装置应未损坏或遗失； ④灭火器的筒体应无明显的损伤（磕伤、划伤）、缺陷、锈蚀（特别是筒底和焊缝）、泄漏； ⑤灭火器喷射软管应完好，无明显龟裂，喷嘴不堵塞； ⑥灭火器的驱动气体压力应在工作压力范围内（储压式灭火器查看压力指示器是否指示在绿区范围内，二氧化碳灭火器和储气瓶式灭火器可用称重法检查）； ⑦灭火器的零部件应齐全，无松动、脱落或损伤； ⑧灭火器应未开启、喷射过		

表 1-24 灭火器的维修期限

灭火器类型		维修期限
水基型灭火器	手提式水基型灭火器	出厂期满三年； 首次维修以后每满一年
	推车式水基型灭火器	

续表

灭火器类型		维修期限
干粉灭火器	手提式(贮压式)干粉灭火器	出厂期满五年； 首次维修以后每满两年
	手提式(储气瓶式)干粉灭火器	
	推车式(贮压式)干粉灭火器	
	推车式(储气瓶式)干粉灭火器	
洁净气体灭火器	手提式洁净气体灭火器	出厂期满五年； 首次维修以后每满两年
	推车式洁净气体灭火器	
二氧化碳灭火器	手提式二氧化碳灭火器	
	推车式二氧化碳灭火器	

（3）灭火器的报废处置

① 应当淘汰的灭火器。根据国家有关规定，酸碱型灭火器、化学泡沫型灭火器、倒置使用型灭火器、氯溴甲烷灭火器、四氯化碳灭火器和国家政策明令淘汰的其他类型灭火器（如1211灭火器），都应当淘汰。

② 应当报废的灭火器。

a. 对于筒体严重锈蚀（锈蚀面积大于、等于筒体总面积的三分之一，表面产生凹坑）的灭火器。

b. 筒体明显变形，机械损伤严重的灭火器。

c. 器头存在裂纹、无泄压机构的灭火器。

d. 筒体为平底等结构不合理的灭火器。

e. 没有间歇喷射机构的手提式灭火器。

f. 没有生产厂名称和出厂年月的（含铭牌脱落，或虽有铭牌，但已看不清生产厂名称，或出厂年月钢印无法识别的）灭火器。

g. 筒体有锡焊、铜焊或补缀等修补痕迹的灭火器。

h. 以及被火烧过的灭火器，都应做报废处置。

灭火器出厂时间达到或超过表1-25规定的报废期限时的灭火器也应当淘汰。

表1-25 灭火器的最大报废期限

灭火器类型		报废期限/年
手提式、推车式	水基型灭火器	6
	干粉灭火器	10
	洁净气体灭火器	
	二氧化碳灭火器	12

③ 灭火器报废后，应按照等效替代的原则进行更换。

1.4.2 消防给水系统

1.4.2.1 天然水源的基本要求

（1）江、河、湖、海、水库等天然水源的设计枯水流量保证率应根据城乡规模和工业项目的重要性、火灾危险性和经济合理性等综合因素确定，宜为90%～97%。但村镇的室外消防给水水源的设计枯水流量保证率可根据当地水源情况适当降低。

(2) 当室外消防水源采用天然水源时，应采取防止冰凌、漂浮物、悬浮物等物质堵塞消防水泵的技术措施，并应采取确保安全取水的措施。

(3) 当天然水源等作为消防水源时，应符合下列规定。

① 当地表水作为室外消防水源时，应采取确保消防车、固定和移动消防水泵在枯水位取水的技术措施；当消防车取水时，最大吸水高度不应超过 6.0m。

② 当井水作为消防水源时，还应设置探测水井水位的水位测试装置。

(4) 天然水源消防车取水口的设置位置和设施，应符合现行国家标准《室外给水设计标准》(GB 50013—2018) 中有关地表水取水的规定，且取水头部宜设置格栅，其栅条间距不宜小于 50mm，也可采用过滤管。

(5) 设有消防车取水口的天然水源，应设置消防车到达取水口的消防车道和消防车回车场或回车道。

1.4.2.2 给水管网的基本要求

(1) 下列消防给水应采用环状给水管网。

① 向两栋或两座及以上建筑供水时。

② 向两种及以上水灭火系统供水时。

③ 采用设有高位消防水箱的临时高压消防给水系统时。

④ 向两个及以上报警阀控制的自动水灭火系统供水时。

(2) 室外消防给水管网应符合下列规定。

① 室外消防给水采用两路消防供水时应采用环状管网，但当采用一路消防供水时可采用枝状管网。

② 管道的直径应根据流量、流速和压力要求经计算确定，但不应小于 $DN100$。

③ 消防给水管道应采用阀门分成若干独立段，每段内室外消火栓的数量不宜超过 5 个。

④ 管道设计的其他要求应符合现行国家标准《室外给水设计标准》(GB 50013—2018) 的有关规定。

(3) 室内消防给水管网应符合下列规定。

① 室内消火栓系统管网应布置成环状，当室外消火栓设计流量不大于 20L/s，且室内消火栓不超过 10 个时，除 (1) 外，可布置成枝状。

② 当由室外生产生活消防合用系统直接供水时，合用系统除应满足室外消防给水设计流量以及生产和生活最大小时设计流量的要求外，还应满足室内消防给水系统的设计流量和压力要求。

③ 室内消防管道管径应根据系统设计流量、流速和压力的要求经计算确定；室内消火栓竖管管径应根据竖管最低流量经计算确定，但不应小于 $DN100$。

1.4.2.3 消防水池的基本要求

(1) 符合下列规定之一时，应设置消防水池。

① 当生产、生活用水量达到最大时，市政给水管网或入户引入管不能满足室内、室外消防给水设计流量。

② 当采用一路消防供水或只有一条入户引入管，且室外消火栓设计流量大于 20L/s 或建筑高度大于 50m。

③ 市政消防给水设计流量小于建筑室内外消防给水设计流量。

（2）消防水池有效容积的计算应符合下列规定。

① 当市政给水管网能保证室外消防给水设计流量时，消防水池的有效容积应满足在火灾延续时间内室内消防用水量的要求。

② 当市政给水管网不能保证室外消防给水设计流量时，消防水池的有效容积应满足火灾延续时间内室内消防用水量和室外消防用水量不足部分之和的要求。

（3）消防水池进水管应根据其有效容积和补水时间确定，补水时间不宜大于 48h，但当消防水池有效容积大于 2000m^3 时，不应大于 96h。消防水池进水管管径应经计算确定，且不应小于 $DN100$。

（4）当消防水池采用两路消防供水且在火灾情况下连续补水能满足消防要求时，消防水池的有效容积应根据计算确定，但不应小于 100m^3，当仅设有消火栓系统时不应小于 50m^3。

（5）火灾时消防水池连续补水应符合下列规定。

① 消防水池应采用两路消防给水。

② 火灾延续时间内的连续补水流量应按消防水池最不利进水管供水量计算，并可按下式计算。

$$q_f = 3600Av$$

式中 q_f——火灾时消防水池的补水流量，m^3/h；

A——消防水池进水管断面面积，m^2；

v——管道内水的平均流速，m/s。

③ 消防水池进水管管径和流量应根据市政给水管网或其他给水管网的压力、入户引入管管径、消防水池进水管管径，以及火灾时其他用水量等经水力计算确定，当计算条件不具备时，给水管的平均流速不宜大于 1.5m/s。

（6）消防水池的总蓄水有效容积大于 500m^3 时，宜设两格能独立使用的消防水池；当大于 1000m^3 时，应设置能独立使用的两座消防水池。每格（或座）消防水池应设置独立的出水管，并应设置满足最低有效水位的连通管，且其管径应能满足消防给水设计流量的要求。

（7）储存室外消防用水的消防水池或供消防车取水的消防水池，应符合下列规定。

① 消防水池应设置取水口（井），且吸水高度不应大于 6.0m。

② 取水口（井）与建筑物（水泵房除外）的距离不宜小于 15m。

③ 取水口（井）与甲、乙、丙类液体储罐等构筑物的距离不宜小于 40m。

④ 取水口（井）与液化石油气储罐的距离不宜小于 60m，当采取防止辐射热保护措施时，可为 40m。

（8）消防用水与其他用水共用的水池，应采取确保消防用水量不作他用的技术措施。

（9）消防水池的出水、排水和水位应符合下列规定。

① 消防水池的出水管应保证消防水池的有效容积能被全部利用。

② 消防水池应设置就地水位显示装置，并应在消防控制中心或值班室等地点设置显示消防水池水位的装置，同时应有最高和最低报警水位。

③ 消防水池应设置溢流水管和排水设施，并应采用间接排水。

（10）消防水池的通气管和呼吸管等应符合下列规定。

① 消防水池应设置通气管。

② 消防水池通气管、呼吸管和溢流水管等应采取防止虫鼠等进入消防水池的技术措施。

（11）高位消防水池的最低有效水位应能满足其所服务的水灭火设施所需的工作压力和

流量，且其有效容积应满足火灾延续时间内所需消防用水量，并应符合下列规定。

① 高位消防水池的有效容积、出水、排水和水位，应符合（8）和（9）的规定。

② 高位消防水池的通气管和呼吸管等应符合（10）的规定。

③ 除可一路消防供水的建筑物外，向高位消防水池供水的给水管不应少于两条。

④ 当高层民用建筑采用高位消防水池供水的高压消防给水系统时，高位消防水池储存室内消防用水量确有困难，但火灾时补水可靠，其总有效容积不应小于室内消防用水量的50%。

⑤ 高层民用建筑高压消防给水系统的高位消防水池总有效容积大于200m^3时，宜设置蓄水有效容积相等且可独立使用的两格；当建筑高度大于100m时应设置独立的两座。每格或每座应有一条独立的出水管向消防给水系统供水。

⑥ 高位消防水池设置在建筑物内时，应采用耐火极限不低于2.00h的隔墙和1.50h的楼板与其他部位隔开，并应设甲级防火门；且消防水池及其支承框架与建筑构件应连接牢固。

1.4.2.4 高位消防水箱的基本要求

（1）临时高压消防给水系统的高位消防水箱的有效容积应满足初期火灾消防用水量的要求，并应符合下列规定。

① 一类高层公共建筑，不应小于36m^3，但当建筑高度大于100m时，不应小于50m^3，当建筑高度大于150m时，不应小于100m^3。

② 多层公共建筑、二类高层公共建筑和一类高层住宅，不应小于18m^3，当一类高层住宅建筑高度超过100m时，不应小于36m^3。

③ 二类高层住宅，不应小于12m^3。

④ 建筑高度大于21m的多层住宅，不应小于6m^3。

⑤ 工业建筑室内消防给水设计流量当小于或等于25L/s时，不应小于12m^3，大于25L/s时，不应小于18m^3。

⑥ 总建筑面积大于10000m^2且小于30000m^2的商店建筑，不应小于36m^3，总建筑面积大于30000m^2的商店，不应小于50m^3，当与①规定不一致时应取其较大值。

（2）高位消防水箱的设置位置应高于其所服务的水灭火设施，且最低有效水位应满足水灭火设施最不利点处的静水压力，并应按下列规定确定。

① 一类高层公共建筑，不应低于0.10MPa，但当建筑高度超过100m时，不应低于0.15MPa。

② 高层住宅、二类高层公共建筑、多层公共建筑，不应低于0.07MPa，多层住宅不宜低于0.07MPa。

③ 工业建筑不应低于0.10MPa，当建筑体积小于20000m^3时，不宜低于0.07MPa。

④ 自动喷水灭火系统等自动水灭火系统应根据喷头灭火需求压力确定，但最小不应小于0.10MPa。

⑤ 当高位消防水箱不能满足①～④的静压要求时，应设稳压泵。

（3）高位消防水箱可采用热浸镀锌钢板、钢筋混凝土、不锈钢板等建造。

（4）高位消防水箱的设置应符合下列规定。

① 当高位消防水箱在屋顶露天设置时，水箱的人孔以及进出水管的阀门等应采取锁具或阀门箱等保护措施。

② 严寒、寒冷等冬季冰冻地区的消防水箱应设置在消防水箱间内，其他地区宜设置在室内，当必须在屋顶露天设置时，应采取防冻隔热等安全措施。

③ 高位消防水箱与基础应牢固连接。

（5）高位消防水箱间应通风良好，不应结冰，当必须设置在严寒、寒冷等冬季结冰地区的非采暖房间时，应采取防冻措施，环境温度或水温不应低于5℃。

（6）高位消防水箱应符合下列规定。

① 高位消防水箱的有效容积、出水、排水和水位等，应符合1.4.2.3中（8）和（9）的规定。

② 高位消防水箱的最低有效水位应根据出水管喇叭口和防止旋流器的淹没深度确定，当采用出水管喇叭口时，应符合《消防给水及消火栓系统技术规范》（GB 50974—2014）第5.1.13条第4款的规定；当采用防止旋流器时应根据产品确定，且不应小于150mm的保护高度。

③ 高位消防水箱的通气管、呼吸管等应符合1.4.2.3中（10）的规定。

④ 高位消防水箱外壁与建筑本体结构墙面或其他池壁之间的净距，应满足施工或装配的需要，无管道的侧面，净距不宜小于0.7m；安装有管道的侧面，净距不宜小于1.0m，且管道外壁与建筑本体墙面之间的通道宽度不宜小于0.6m，设有人孔的水箱顶，其顶面与其上面的建筑物本体板底的净空不应小于0.8m。

⑤ 进水管的管径应满足消防水箱8h充满水的要求，但管径不应小于*DN*32，进水管宜设置液位阀或浮球阀。

⑥ 进水管应在溢流水位以上接入，进水管口的最低点高出溢流边缘的高度应等于进水管管径，但最小不应小于100mm，最大不应大于150mm。

⑦ 当进水管为淹没出流时，应在进水管上设置防止倒流的措施或在管道上设置虹吸破坏孔和真空破坏器，虹吸破坏孔的孔径不宜小于管径的1/5，且不应小于25mm。但当采用生活给水系统补水时，进水管不应淹没出流。

⑧ 溢流管的直径不应小于进水管直径的2倍，且不应小于*DN*100，溢流管的喇叭口直径不应小于溢流管直径的1.5～2.5倍。

⑨ 高位消防水箱出水管管径应满足消防给水设计流量的出水要求，且不应小于*DN*100。

⑩ 高位消防水箱出水管应位于高位消防水箱最低水位以下，并应设置防止消防用水进入高位消防水箱的止回阀。

⑪ 高位消防水箱的进、出水管应设置带有指示启闭装置的阀门。

1.4.2.5 消防给水形式的一般规定

（1）消防给水系统应根据建筑的用途功能、体积、高度、耐火等级、火灾危险性、重要性、次生灾害、商务连续性、水源条件等因素综合确定其可靠性和供水方式，并应满足水灭火系统所需流量和压力的要求。

（2）城镇消防给水宜采用城镇市政给水管网供应，并应符合下列规定。

① 城镇市政给水管网及输水干管应符合现行国家标准《室外给水设计标准》（GB 50013—2018）的有关规定。

② 工业园区、商务区和居住区宜采用两路消防供水。

③ 当采用天然水源作为消防水源时，每个天然水源消防取水口宜按一个市政消火栓计算或根据消防车停放数量确定。

④ 当市政给水为间歇供水或供水能力不足时，宜建设市政消防水池，且建筑消防水池宜有作为市政消防给水的技术措施。

⑤ 城市避难场所宜设置独立的城市消防水池，且每座容量不宜小于 200m^3。

(3) 建筑物室外宜采用低压消防给水系统，当采用市政给水管网供水时，应符合下列规定。

① 应采用两路消防供水，除建筑高度超过 54m 的住宅外，室外消火栓设计流量小于等于 20L/s 时可采用一路消防供水。

② 室外消火栓应由市政给水管网直接供水。

(4) 工艺装置区、储罐区、堆场等构筑物室外消防给水，应符合下列规定。

① 工艺装置区、储罐区等场所应采用高压或临时高压消防给水系统，但当无泡沫灭火系统、固定冷却水系统和消防炮，室外消防给水设计流量不大于 30L/s，且在城镇消防保护范围内时，可采用低压消防给水系统。

② 堆场等场所宜采用低压消防给水系统，但当可燃物堆场规模大、堆垛高、易起火、扑救难度大，应采用高压或临时高压消防给水系统。

(5) 市政消火栓或消防车从消防水池吸水向建筑供应室外消防给水时，应符合下列规定。

供消防车吸水的室外消防水池的每个取水口宜按一个室外消火栓计算，且其保护半径不应大于 150m。

距建筑外缘 5～150m 的市政消火栓可计入建筑室外消火栓的数量，但当为消防水泵接合器供水时，距建筑外缘 5～40m 的市政消火栓可计入建筑室外消火栓的数量。

当市政给水管网为环状时，符合本条上述内容的室外消火栓出流量宜计入建筑室外消火栓设计流量；但当市政给水管网为枝状时，计入建筑的室外消火栓设计流量不宜超过一个市政消火栓的出流量。

(6) 当室外采用高压或临时高压消防给水系统时，宜与室内消防给水系统合用。

(7) 独立的室外临时高压消防给水系统宜采用稳压泵维持系统的充水和压力。

(8) 室内应采用高压或临时高压消防给水系统，且不应与生产生活给水系统合用；但当自动喷水灭火系统局部应用系统和仅设有消防软管卷盘或轻便水龙的室内消防给水系统时，可与生产生活给水系统合用。

(9) 室内采用临时高压消防给水系统时，高位消防水箱的设置应符合下列规定。

① 高层民用建筑、3 层及以上单体总建筑面积大于 10000m^2 的其他公共建筑，当室内采用临时高压消防给水系统时，应设置高位消防水箱。

② 其他建筑应设置高位消防水箱，但当设置高位消防水箱确有困难，且采用安全可靠的消防给水形式时，可不设高位消防水箱，但应设稳压泵。

③ 当市政供水管网的供水能力在满足生产、生活最大小时用水量后，仍能满足初期火灾所需的消防流量和压力时，市政直接供水可替代高位消防水箱。

(10) 当室内临时高压消防给水系统仅采用稳压泵稳压，且为室外消火栓设计流量大于 20L/s 的建筑和建筑高度大于 54m 的住宅时，消防水泵的供电或备用动力应符合下列要求。

① 消防水泵应按一级负荷要求供电，当不能满足一级负荷要求供电时应采用柴油发电机组作备用动力。

② 工业建筑备用泵宜采用柴油机消防水泵。

(11) 建筑群共用临时高压消防给水系统时，应符合下列规定。

① 工矿企业消防供水的最大保护半径不宜超过 1200m，且占地面积不宜大于 200hm^2。

② 居住小区消防供水的最大保护建筑面积不宜超过 500000m^2。

③ 公共建筑宜为同一产权或物业管理单位。

（12）当市政给水管网能满足生产生活和消防给水设计流量，且市政允许消防水泵直接吸水时，临时高压消防给水系统的消防水泵宜直接从市政给水管网吸水，但城镇市政消防给水设计流量宜大于建筑的室内外消防给水设计流量之和。

（13）当建筑物高度超过100m时，室内消防给水系统应分析比较多种系统的可靠性，采用安全可靠的消防给水形式；当采用常高压消防给水系统时，但高位消防水池无法满足上部楼层所需的压力和流量时，上部楼层应采用临时高压消防给水系统，该系统的高位消防水箱的有效容积应按1.4.2.4中（1）的规定根据该系统供水高度确定，且不应小于$18m^3$。

1.4.2.6 室外消火栓设计流量

（1）城镇市政消防给水设计流量，应按同一时间内的火灾起数和一起火灾灭火设计流量经计算确定。同一时间内的火灾起数和一起火灾灭火设计流量不应小于表1-26的规定。

表1-26 城镇同一时间内的火灾起数和一起火灾灭火设计流量

<table>
<tr><th>人数 N/万人</th><th>同一时间内的火灾起数/起</th><th>一起火灾灭火设计流量/(L/s)</th></tr>
<tr><td>$N\leqslant1.0$</td><td rowspan="2">1</td><td>15</td></tr>
<tr><td>$1.0<N\leqslant2.5$</td><td>20</td></tr>
<tr><td>$2.5<N\leqslant5.0$</td><td rowspan="5">2</td><td>30</td></tr>
<tr><td>$5.0<N\leqslant10.0$</td><td>35</td></tr>
<tr><td>$10.0<N\leqslant20.0$</td><td>45</td></tr>
<tr><td>$20.0<N\leqslant30.0$</td><td>60</td></tr>
<tr><td>$30.0<N\leqslant40.0$</td><td rowspan="2">75</td></tr>
<tr><td>$40.0<N\leqslant50.0$</td><td rowspan="3">3</td></tr>
<tr><td>$50.0<N\leqslant70.0$</td><td>90</td></tr>
<tr><td>$N>70.0$</td><td>100</td></tr>
</table>

（2）工业园区、商务区、居住区等市政消防给水设计流量，宜根据其规划区域的规模和同一时间的火灾起数，以及规划中的各类建筑室内外同时作用的水灭火系统设计流量之和经计算分析确定。

（3）建筑物室外消火栓设计流量，应根据建筑物的用途功能、体积、耐火等级、火灾危险性等因素综合分析确定。建筑物室外消火栓设计流量不应小于表1-27的规定。

表1-27 建筑物室外消火栓设计流量 单位：L/s

<table>
<tr><th rowspan="2">耐火等级</th><th rowspan="2" colspan="3">建筑物名称及类别</th><th colspan="6">建筑体积 V/m^3</th></tr>
<tr><th>$V\leqslant1500$</th><th>$1500<V\leqslant3000$</th><th>$3000<V\leqslant5000$</th><th>$5000<V\leqslant20000$</th><th>$20000<V\leqslant50000$</th><th>$V>50000$</th></tr>
<tr><td rowspan="6">一、二级</td><td rowspan="6">工业建筑</td><td rowspan="3">厂房</td><td>甲、乙</td><td colspan="2">15</td><td>20</td><td>25</td><td>30</td><td>35</td></tr>
<tr><td>丙</td><td colspan="2">15</td><td>20</td><td>25</td><td>30</td><td>40</td></tr>
<tr><td>丁、戊</td><td colspan="5">15</td><td>20</td></tr>
<tr><td rowspan="3">仓库</td><td>甲、乙</td><td colspan="2">15</td><td colspan="2">25</td><td colspan="2">—</td></tr>
<tr><td>丙</td><td colspan="2">15</td><td colspan="2">25</td><td>35</td><td>45</td></tr>
<tr><td>丁、戊</td><td colspan="5">15</td><td>20</td></tr>
</table>

续表

<table>
<tr><td rowspan="2">耐火等级</td><td rowspan="2" colspan="3">建筑物名称及类别</td><td colspan="6">建筑体积 V/m^3</td></tr>
<tr><td>$V\leqslant 1500$</td><td>$1500\lt V\leqslant 3000$</td><td>$3000\lt V\leqslant 5000$</td><td>$5000\lt V\leqslant 20000$</td><td>$20000\lt V\leqslant 50000$</td><td>$V\gt 50000$</td></tr>
<tr><td rowspan="4">一、二级</td><td rowspan="3">民用建筑</td><td colspan="2">住宅</td><td colspan="6">15</td></tr>
<tr><td rowspan="2">公共建筑</td><td>单层及多层</td><td colspan="3">15</td><td>25</td><td>30</td><td>40</td></tr>
<tr><td>高层</td><td colspan="3">—</td><td>25</td><td>30</td><td>40</td></tr>
<tr><td colspan="3">地下建筑(包括地铁)、平战结合的人防工程</td><td colspan="3">15</td><td>20</td><td>25</td><td>30</td></tr>
<tr><td rowspan="3">三级</td><td rowspan="2" colspan="2">工业建筑</td><td>乙、丙</td><td>15</td><td>20</td><td>30</td><td>40</td><td>45</td><td>—</td></tr>
<tr><td>丁、戊</td><td colspan="3">15</td><td>20</td><td>25</td><td>35</td></tr>
<tr><td colspan="3">单层及多层民用建筑</td><td colspan="2">15</td><td>20</td><td>25</td><td>30</td><td>—</td></tr>
<tr><td rowspan="2">四级</td><td colspan="3">丁、戊类工业建筑</td><td colspan="2">15</td><td>20</td><td>25</td><td colspan="2">—</td></tr>
<tr><td colspan="3">单层及多层民用建筑</td><td colspan="2">15</td><td>20</td><td>25</td><td colspan="2">—</td></tr>
</table>

注：1. 成组布置的建筑物应按消火栓设计流量较大的相邻两座建筑物的体积之和确定。

2. 火车站、码头和机场的中转库房，其室外消火栓设计流量应按相应耐火等级的丙类物品库房确定。

3. 国家级文物保护单位的重点砖木、木结构的建筑物室外消火栓设计流量，按三级耐火等级民用建筑物消火栓设计流量确定。

4. 当单座建筑的总建筑面积大于 500000m^2 时，建筑物室外消火栓设计流量应按本表规定的最大值增加 1 倍。

1.4.2.7　室内消火栓给水系统类型

按压力和流量满足系统要求与否，室内消火栓给水系统可分为常高压消火栓给水系统、临时高压消火栓给水系统以及低压消火栓给水系统三种类型。

(1) 常高压消火栓给水系统　常高压消火栓给水系统的水压和流量在任何时间及地点都能满足灭火时所需要的压力及流量，系统中不需要设消防泵的消火栓给水系统，如图 1-27 所示。两路不同城市给水干管供水，常高压消防给水系统管道的压力应确保用水总量达到最大并且水枪在任何建筑物的最高处时，水枪的充实水柱高度不小于 10m。

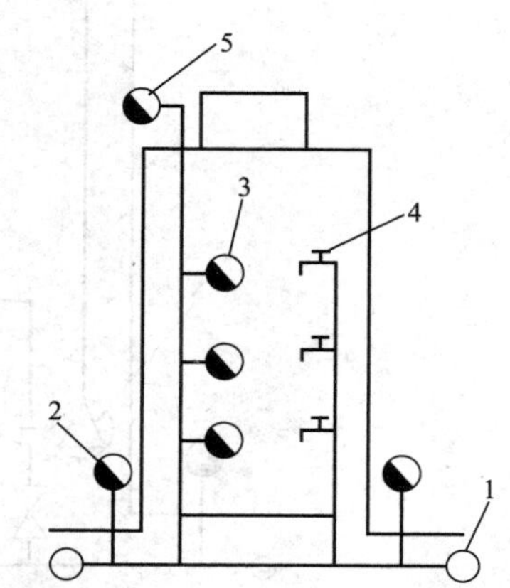

图 1-27　常高压消火栓给水系统

1—室外管网；2—室外消火栓；3—室内消火栓；4—生活给水点；5—屋顶实验用消火栓

(2) 临时高压消火栓给水系统　临时高压消火栓给水系统的水压及流量在平时不完全满足灭火时的需要，而在灭火时启动消防泵。当采用稳压泵稳压时，可满足压力，但不满足水量；当采用 10min 屋顶消防水箱稳压时，高层建筑物的下部可满足压力及流量，建筑物的上部不满足压力及流量，如图 1-28 所示。临时高压消防给水系统，多层建筑物管道的压力应保证用水总量达到最大并且水枪在任何建筑物的最高处时，水枪的充实水柱高度仍不小于 10m；高层建筑应符合室内最不利点充实水柱的水量和水压要求。

(3) 低压消火栓给水系统　低压消火栓给水系统只能满足或者部分满足消防水压和水量要求。消防时可由消防车或消防水泵提升压力，或者作为消防水池的水源水，由消防水泵提

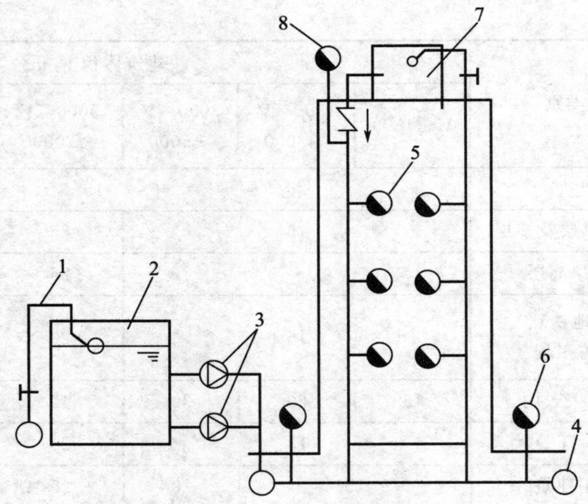

图 1-28　临时高压消火栓给水系统

1—临时管网；2—水池；3—消防水泵组；4—室外环网；5—室内消火栓；
6—室外消火栓；7—高位水箱和补水管；8—屋顶实验用消火栓

升压力，如图 1-29 所示。低压给水系统，管道的压力应确保灭火时最不利点消火栓的水压不小于 0.10MPa（从地面算起）。

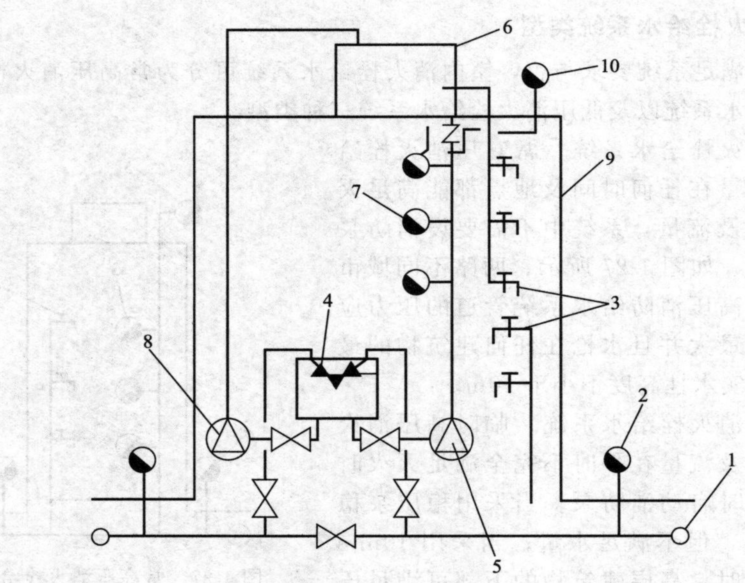

图 1-29　低压消火栓给水系统

1—市政管网；2—室外消火栓；3—室内生活用水点；4—消防水池；5—消防泵；6—水箱；
7—室内消火栓；8—生活水泵；9—建筑物；10—屋顶实验用消火栓

1.4.2.8　室内消火栓设计流量

建筑物室内消火栓设计流量，应根据建筑物的用途功能、体积、高度、耐火等级、火灾危险性等因素综合确定。建筑物室内消火栓设计流量不应小于表 1-28 的规定。

表 1-28 建筑物室内消火栓设计流量

建筑物名称			高度 h/m、层数、体积 V/m³、座位数 n/个、火灾危险性			消火栓设计流量/(L/s)	同时使用消防水枪数/支	每根竖管最小流量/(L/s)
工业建筑	厂房		$h\leqslant24$	甲、乙、丁、戊		10	2	10
				丙	$V\leqslant5000$	10	2	10
					$V>5000$	20	4	15
			$24<h\leqslant50$	乙、丁、戊		25	5	15
				丙		30	6	15
			$h>50$	乙、丁、戊		30	6	15
				丙		40	8	15
	仓库		$h\leqslant24$	甲、乙、丁、戊		10	2	10
				丙	$V\leqslant5000$	15	3	15
					$V>5000$	25	5	15
			$h>24$	丁、戊		30	6	15
				丙		40	8	15
民用建筑	单层及多层	科研楼、试验楼	$V\leqslant10000$			10	2	10
			$V>10000$			15	3	10
		车站、码头、机场的候车(船、机)楼和展览建筑(包括博物馆)等	$5000<V\leqslant25000$			10	2	10
			$25000<V\leqslant50000$			15	3	10
			$V>50000$			20	4	15
		剧场、电影院、会堂、礼堂、体育馆等	$800<n\leqslant1200$			10	2	10
			$1200<n\leqslant5000$			15	3	10
			$5000<n\leqslant10000$			20	4	15
			$n>10000$			30	6	15
		旅馆	$5000<V\leqslant10000$			10	2	10
			$10000<V\leqslant25000$			15	3	10
			$V>25000$			20	4	15
		商店、图书馆、档案馆等	$5000<V\leqslant10000$			15	3	10
			$10000<V\leqslant25000$			25	5	15
			$V>25000$			40	8	15
		病房楼、门诊楼等	$5000<V\leqslant25000$			10	2	10
			$V>25000$			15	3	10
		办公楼、教学楼、公寓、宿舍等其他建筑	高度超过 15m 或 $V>10000$			15	3	10
		住宅	$21<h\leqslant27$			5	2	5
	高层	住宅	$27<h\leqslant54$			10	2	10
			$h>54$			20	4	10
		二类公共建筑	$h\leqslant50$			20	4	10

续表

<table>
<tr><th colspan="3">建筑物名称</th><th>高度 h/m、层数、体积 V/m^3、座位数 n/个、火灾危险性</th><th>消火栓设计流量/(L/s)</th><th>同时使用消防水枪数/支</th><th>每根竖管最小流量/(L/s)</th></tr>
<tr><td rowspan="2">民用建筑</td><td rowspan="2">高层</td><td rowspan="2">一类公共建筑</td><td>$h \leqslant 50$</td><td>30</td><td>6</td><td>15</td></tr>
<tr><td>$h > 50$</td><td>40</td><td>8</td><td>15</td></tr>
<tr><td colspan="3" rowspan="2">国家级文物保护单位的重点砖木或木结构的古建筑</td><td>$V \leqslant 1000$</td><td>20</td><td>4</td><td>10</td></tr>
<tr><td>$V > 1000$</td><td>25</td><td>5</td><td>15</td></tr>
<tr><td colspan="3" rowspan="4">地下建筑</td><td>$V \leqslant 5000$</td><td>10</td><td>2</td><td>10</td></tr>
<tr><td>$5000 < V \leqslant 10000$</td><td>20</td><td>4</td><td>15</td></tr>
<tr><td>$10000 < V \leqslant 25000$</td><td>30</td><td>6</td><td>15</td></tr>
<tr><td>$V > 25000$</td><td>40</td><td>8</td><td>20</td></tr>
<tr><td rowspan="11">人防工程</td><td colspan="2" rowspan="3">展览厅、影院、剧场、礼堂、健身体育场所等</td><td>$V \leqslant 1000$</td><td>5</td><td>1</td><td>5</td></tr>
<tr><td>$1000 < V \leqslant 2500$</td><td>10</td><td>2</td><td>10</td></tr>
<tr><td>$V > 2500$</td><td>15</td><td>3</td><td>10</td></tr>
<tr><td colspan="2" rowspan="4">商场、餐厅、旅馆、医院等</td><td>$V \leqslant 5000$</td><td>5</td><td>1</td><td>5</td></tr>
<tr><td>$5000 < V \leqslant 10000$</td><td>10</td><td>2</td><td>10</td></tr>
<tr><td>$10000 < V \leqslant 25000$</td><td>15</td><td>3</td><td>10</td></tr>
<tr><td>$V > 25000$</td><td>20</td><td>4</td><td>10</td></tr>
<tr><td colspan="2" rowspan="2">丙、丁、戊类生产车间、自行车库</td><td>$V \leqslant 2500$</td><td>5</td><td>1</td><td>5</td></tr>
<tr><td>$V > 2500$</td><td>10</td><td>2</td><td>10</td></tr>
<tr><td colspan="2" rowspan="2">丙、丁、戊类物品库房、图书资料档案库</td><td>$V \leqslant 3000$</td><td>5</td><td>1</td><td>5</td></tr>
<tr><td>$V > 3000$</td><td>10</td><td>2</td><td>10</td></tr>
</table>

注：1. 丁、戊类高层厂房（仓库）室内消火栓的设计流量可按本表减少 10L/s，同时使用消防水枪数量可按本表减少 2 支。

2. 消防软管卷盘、轻便消防水龙及多层住宅楼梯间中的干式消防竖管，其消火栓设计流量可不计入室内消防给水设计流量。

3. 当一座多层建筑有多种使用功能时，室内消火栓设计流量应分别按本表中不同功能计算，且应取最大值。

1.4.3 消火栓

消火栓是灭火供水的主要设备之一。按安装位置分有室内消火栓和室外消火栓两种。

1.4.3.1 室外消火栓

室外消火栓是指安装在室外的消火栓，主要由铸铁制造。

(1) 室外消火栓的分类　根据设置方式，室外消火栓分为地上式和地下式两种。

① 室外地上消火栓。室外地上消火栓是指安装于室外地上式的消火栓。此种消火栓适用于有市政供水设施（自来水）的冬季不易结冰的地区。主要由本体、进水弯头、阀塞、出水口和排水口组成，其作用是供消防车或消防泵在室外消防给水管网上取水扑救火灾，或有高压水源的管网直接连接水带供水灭火（图 1-30）。

② 室外地下消火栓。室外地下消火栓是指安装于室外地下式消火栓。此种消火栓由弯头、排水口、阀塞、出水口等组成，有双出水口和单出水口两种类型，图 1-31 为室外单出水口地下消火栓，图 1-32 为室外双出水口地下消火栓。

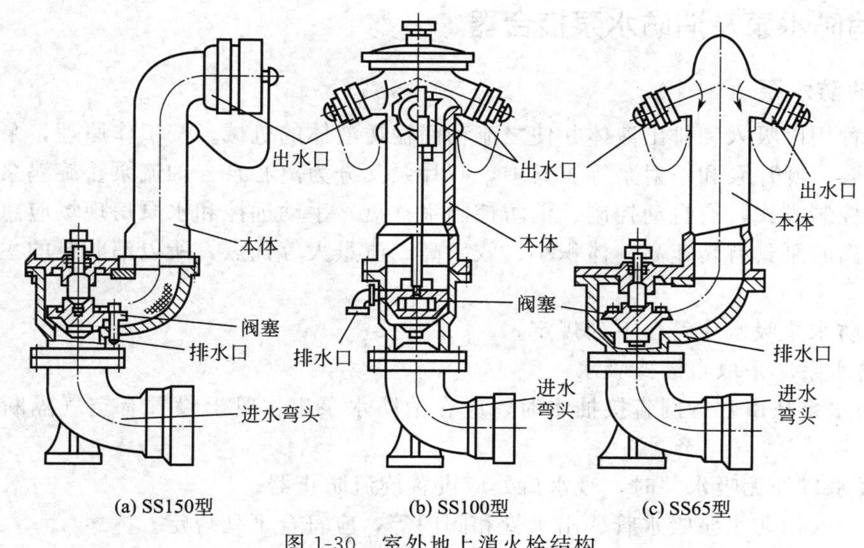

图 1-30　室外地上消火栓结构

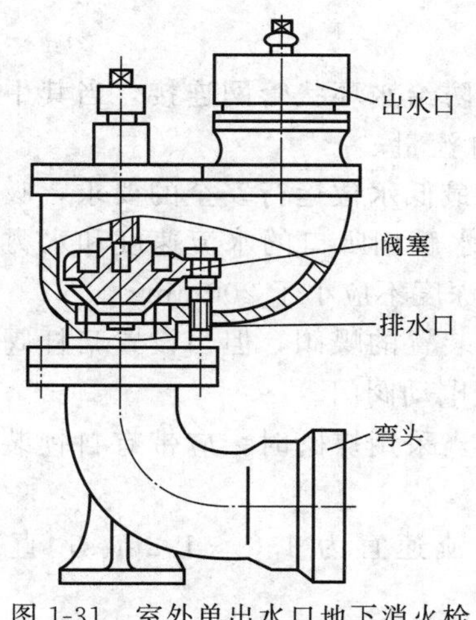

图 1-31　室外单出水口地下消火栓

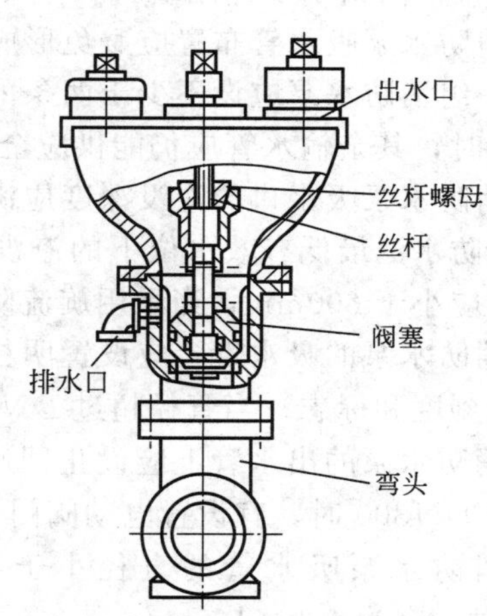

图 1-32　室外双出水口地下消火栓

室外地下消火栓安装在室外地面以下，不易冻结、损坏、便利交通，适用于北方寒冷地区。缺点是，目标不明显，特别是雪天、雨天和夜间，故附近应设明显醒目的标志。

(2) 室外消火栓的维护保养和检查　每月或重大节日前，必须对消火栓进行一次检查，并重点清除阀塞和启闭杆端部周围杂物，将专用消火栓钥匙套于杆头，检查是否合适，转动启闭杆，加注润滑油；用油纱布擦除出水口螺纹上的积锈，检查闷盖内橡胶垫圈是否完好；打开消火栓，检查供水情况，在放净锈水后再关紧，并观察有无漏水现象；检查并清除消火栓周围的障碍物。

1.4.3.2　室内消火栓

室内消火栓是固定安装于建筑物室内消防给水管道上的主要灭火设备，平时与室内消防给水管线连接，遇有火警时，将水带一端的接口接在消火栓出口上，把手轮按开启方向旋转，即能喷水扑救火灾。

1.4.4 消防水泵及消防水泵接合器

1.4.4.1 消防水泵

泵是一种用以吸入和排出液体并使之流动而输送液体的机械。按工作原理，泵可分为往复泵、回转泵、叶片泵和喷射泵等。其中，叶片泵又分为离心泵、轴流泵、旋涡泵等。消防水泵按启动控制方式，有自动控制、消防控制室（盘）手动远控和水泵房现场应急操作三种方式。由于离心泵具有转速高、体积小、效率高、流量大等优点，所以消防泵的主要泵型是离心泵。

(1) 消防水泵吸水应符合下列规定。

① 消防水泵应采取自灌式吸水。

② 消防水泵从市政管网直接抽水时，应在消防水泵出水管上设置有空气隔断的倒流防止器。

③ 当吸水口处无吸水井时，吸水口处应设置旋流防止器。

(2) 离心式消防水泵吸水管、出水管和阀门等，应符合下列规定。

① 一组消防水泵，吸水管不应少于两条，当其中一条损坏或检修时，其余吸水管应仍能通过全部消防给水设计流量。

② 消防水泵吸水管布置应避免形成气囊。

③ 一组消防水泵应设不少于两条的输水干管与消防给水环状管网连接，当其中一条输水管检修时，其余输水管应仍能供应全部消防给水设计流量。

④ 消防水泵吸水口的淹没深度应满足消防水泵在最低水位运行安全的要求，吸水管喇叭口在消防水池最低有效水位下的淹没深度应根据吸水管喇叭口的水流速度和水力条件确定，但不应小于600mm，当采用旋流防止器时，淹没深度不应小于200mm。

⑤ 消防水泵的吸水管上应设置明杆闸阀或带自锁装置的蝶阀，但当设置暗杆阀门时应设有开启刻度和标志；当管径超过 *DN*300 时，宜设置电动阀门。

⑥ 消防水泵的出水管上应设止回阀、明杆闸阀；当采用蝶阀时，应带有自锁装置；当管径大于 *DN*300 时，宜设置电动阀门。

⑦ 消防水泵吸水管的直径小于 *DN*250 时，其流速宜为 1.0～1.2m/s；直径大于 *DN*250 时，宜为 1.2～1.6m/s。

⑧ 消防水泵出水管的直径小于 *DN*250 时，其流速宜为 1.5～2.0m/s；直径大于 *DN*250 时，宜为 2.0～2.5m/s。

⑨ 吸水井的布置应满足井内水流顺畅、流速均匀、不产生涡漩的要求，并应便于安全施工。

⑩ 消防水泵的吸水管、出水管道穿越外墙时，应采用防水套管；当穿越墙体和楼板时，应符合《消防给水及消火栓系统技术规范》（GB 50974—2014）第 12.3.19 条第 5 款的要求。

⑪ 消防水泵的吸水管穿越消防水池时，应采用柔性套管；采用刚性防水套管时应在水泵吸水管上设置柔性接头，且管径不应大于 *DN*150。

(3) 消防水泵房应符合下列规定。

① 独立建造的消防水泵房耐火等级不应低于二级。

② 附设在建筑物内的消防水泵房，不应设置在地下三层及以下，或室内地面与室外出入口地坪高差大于 10m 的地下楼层。

③ 附设在建筑物内的消防水泵房，应采用耐火极限不低于 2.0h 的隔墙和 1.50h 的楼板与其他部位隔开，其疏散门应直通安全出口，且开向疏散走道的门应采用甲级防火门。

1.4.4.2 消防水泵接合器

(1) 用途 消防水泵接合器是为高层建筑配套的自备消防设施，用以连接消防车、机动泵向建筑物管网输送消防用水。其作用是消防车通过该接合器的接口，向建筑物内的消防水系统送水加压，使建筑物内部的室内消火栓或其他灭火装置得到充足的压力水源，用以扑灭不同楼层的火灾，从而解决高层或其他建筑发生火灾后消防车灭火困难或因建筑物内部的室内消防给水管道水压低、供水不足或无法供水等问题。

(2) 构造 消防水泵接合器主要由弯管、本体、法兰接管、法兰弯管、接口、闸阀、止回阀、安全阀等零部件组成。闸阀在管路上作为开关使用，平时常开；止回阀的作用是防止水倒流；安全阀是当管路水压大于 1.6MPa 时用来泄放压力，以保证管路输水安全，清除水锈破坏，防止意外；放水阀是供泄放管内余水之用，防止管路水冻、腐蚀等。其构造如图 1-33 所示。

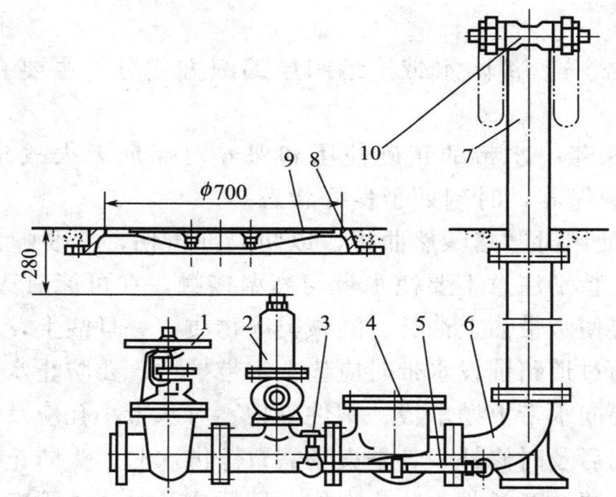

图 1-33 SQ100150-16 型地上消防水泵接合器

1—楔式闸阀；2—安全阀；3—放水阀；4—止回阀；5—放水管；6—弯管；7—本体；8—井盖座；9—井盖；10—WSK 型固定接口

(3) 消防水泵接合器的操作使用与保养

① 使用。操作使用时，首先打开井盖，关闭放水阀；再拧开外螺纹固定接口的闷盖，接上水带即可由消防车供水；使用完毕，要开启放水阀放出余水，取下水带拧好固定接合的闷盖，盖好井盖。

② 保养。消防水泵接合器，必须定人管理，定期保养，保证在使用时能正常工作；对已老化的密封件应及时更换。

1.4.5 射水器具

射水器具是指把水泵中的压力水输送到火场进行灭火的器具，在机关、团体、企业事业单位常见的射水器具主要有水带、水枪等。

1.4.5.1 水带

水带是一种用于输送水或其他液态灭火药剂的软管。

（1）水带的分类　水带按照有无衬里可分为无衬里消防水带和有衬里消防水带两种。无衬里消防水带一般是以棉、亚麻、苎麻纤维为编织原料的，由于这类消防水带没有衬里，主要是利用天然植物纤维遇水膨胀的性能，形成一个近似于密封的管子来输送水或其他液体灭火药剂。因此，这类消防水带存在着水渍损失大、水流阻力大、耐磨性能差、易发霉、使用寿命短等缺点。基本上在 20 世纪 80 年代中期被淘汰。

① 按衬里材料分。消防水带按衬里材料分，主要有橡胶衬里水带、乳胶衬里水带、聚氨酯（TPU）衬里水带、PVC 衬里水带和消防软管五种。

② 按承受工作压力分。消防水带按承受工作压力分，主要有 0.8MPa、1.0MPa、1.3MPa、1.6MPa、2.0MPa、2.5MPa 六种。

③ 按口径分。消防水带按内径分，主要有 25mm、40mm、50mm、65mm、80mm、100mm、125mm、150mm、300mm 九种。

④ 按使用功能分。消防水带按使用功能分，主要有通用消防水带、消防湿水带、抗静电消防水带、A 类泡沫专用水带、水幕水带五种。

⑤ 按结构分。消防水带按结构分，主要有双层编织层消防水带和内外涂层消防水带两种。

⑥ 按编织层编织方式分。消防水带按编织层编织方式分，主要有平纹消防水带和斜纹消防水带两种。

（2）水带的使用与保养　水带的正确使用和保养对保证灭火战斗成功与否具有重要作用，所以平时要注意维护保养，时刻处于良好状态。

① 使用要领。水带使用时严禁骤然曲折，以防局部折伤，不要随意在地上拖拉。在火场上要防止火焰和辐射热，特别注意不要使水带与高温接触，在可能有火焰或强辐射热的区域，应采用消防湿水带，不要使水带沾上油类、酸碱类等物质，一旦沾上，洗净并晾干。登高铺设水带时要用水带挂钩，通过道路铺设水带时应垫上水带护桥，要防止水带与有棱角的硬物体接触。破拆建筑物时，不要向水带上抛木板、钢件等物。对水带小孔应及时用包布包扎，以免小孔扩大，并做上记号，用后及时修补。冬季火场需暂停供水时，为防止水带结冰，应保持小水量通过。当水带结冰时，要注意卷收，防止损伤。用后应及时清洗干净并晾干。

② 维护保养。水带应以卷状竖放在水带架上，每年至少翻动两次并交换折边一次；平时应有专人负责管理，并经常检查接头是否变形，有无损坏；水带接口里的密封胶垫是否丢损等。一旦发现损坏，应及时修补或更换。

③ 在消防水带位置附近应当设置消防水带标志，并标明名称和位置，用以告知此处存放有消防水带。

1.4.5.2　水枪

消防水枪是由单人或多人携带和操作的以水作为灭火剂的喷射管枪。水枪通常由接口、枪体、开关和喷雾或能形成不同形式射流的装置组成。按性能和用途的不同，常用水枪主要有直流水枪、喷雾水枪、直流开花水枪和多用水枪。

（1）直流水枪　直流水枪可分为无开关水枪和开关水枪两种。无开关水枪，可实现直接直流射水，射程可达 36m，工作压力为 0.6MPa；开关水枪如图 1-34 所示，喷头用塑料制成，其他主要零件均为铝合金。

操作直流水枪射水时，由于操作者受到反作用力影响，所以，如变更射水方向，应缓慢操作，最好配备可克服反作用力的肘形接口。使用开关水枪时，开关动作应缓慢进行，否则，易产生水锤，对水带造成危害。

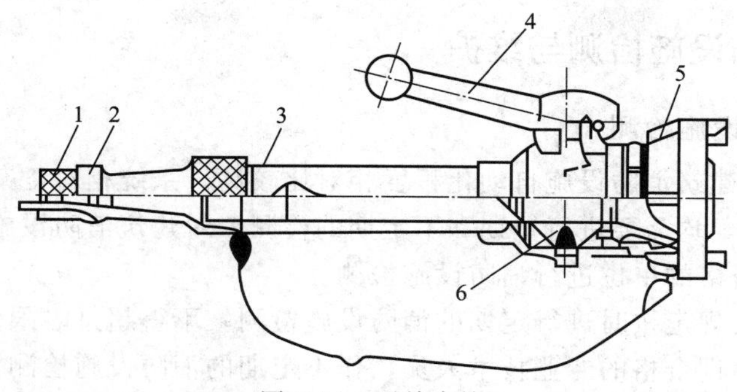

图 1-34　开关水枪

1—喷头；2—喷头接口；3—枪身；4—手把；5—管牙接口；6—球阀

（2）多用水枪　多用水枪是指既能喷射充实水流，又能喷射雾状水流，在喷射充实水流或喷射雾状水流的同时能喷射开花水流，并具有开启、关闭功能的水枪。从原理上讲，多用水枪可分为导流式和切换式两类。

切换式多用水枪的组成如图 1-35 所示。它在进行直流或喷雾喷射的同时，还可进行水幕喷射，以形成一个自卫水幕，对热辐射起阻隔作用。当转动球阀开关时，可得到不同的射水形式。目前该类水枪已经逐步被导流式支流喷雾水枪代替。

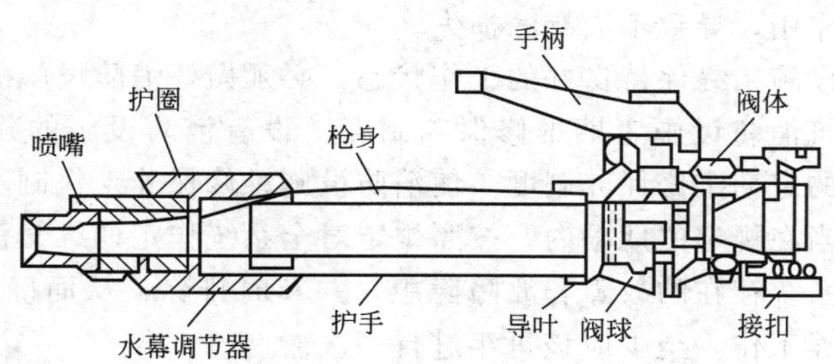

图 1-35　切换式多用水枪

（3）直流喷雾水枪　直流喷雾水枪是既能喷射充实水流，又能喷射雾状水流，并具有开启、关闭功能的水枪。由于其功能齐全，可满足火场各种消防作业需求，是现代消防水枪的主要形式。直流喷雾水枪可分为球阀转换式和转换式。

球阀转换式直流喷雾水枪球阀阀芯中配有的导流器一端为平直状，另一端为扭曲状，转动球阀手柄将导流器平直段的一端朝向喷嘴即可进行直流喷射，当导流器扭曲状的一段朝向喷嘴则可实现雾状喷射。

导流式直流喷雾水枪的喷嘴中部装有导流芯，当导流芯和喷嘴的轴向相对位置改变时，即可实现直流与喷雾的转换，按照功能分有如下 4 类。

① 变流量导流式直流喷雾水枪：喷射压力不变，流量随喷雾角的变化而变化。

② 顶流量导流式直流喷雾水枪：喷射压力不变，改变喷雾角但流量不变。

③ 可调流量导流式直流喷雾水枪：喷射压力不变，在每个流量刻度喷射时，喷雾角变化，对应的选定流量不变。

④ 恒压导流式直流喷雾水枪：在一定流量范围内，流量变化时，喷射压力不变。

水枪使用后均应擦净晾干，存放于荫凉处，不要置于高温和日晒环境下，以免橡胶件老化。

1.4.6 建筑消防设施检测与维护

1.4.6.1 建筑消防设施检测

在建筑设施中，建筑消防设施自动化程度相对比较高，系统相对复杂，无论是投入使用前，还是使用过程中，均需要进行定期和不定期的检测。对建筑消防设施检测的要求：

① 选择有合格资格的单位进行消防设施检测。

② 必须按照有关规定按时进行定期的消防设施检测，不得超过时限。

③ 应该选择经培训合格的专业技术人员，作不定期的消防设施检测。

④ 不定期的消防设施检测应经常进行，不应间隔时间过长，至少每周进行一次，最好是每天进行一次简单的检测。

1.4.6.2 建筑消防设施的维修保养

建筑内的消防设施同建筑本身一样，无论投资者是谁，均为社会资产的一部分，只有保证其完整好用才能够为社会发挥积极作用。建筑消防设施，在投入使用以后也会出现一些故障。因为建筑消防设施只是在或者发生后发挥作用，建筑消防设施的故障，通常不影响建筑其他功能正常发挥，所以人们往往忽视对建筑消防设施的维护保养。系统出现故障后，往往不能得到及时维修，使系统长时间处于故障甚至封闭状态。如果发生火灾，建筑内的消防设施不能发挥其应有的作用，导致不应有的损失。

要确保建筑消防设施始终保持良好的工作状态，必须做好消防设施的维修保养工作。

（1）建立健全建筑消防设施定期维修保养制度　设有消防设施的建筑，在投入使用之后，应建立消防设施的定期维修保养制度，使消防设施维修保养工作制度化，即使系统未出现明显的故障，也应当在规定的期限内，按照规定对全系统作定期维修保养。在定期的维修保养过程中，可发现系统存在的故障和故障隐患，并及时排除，从而确保系统的正常运行。这种全系统的维修保养工作，至少应该每年进行一次。

（2）选择合格的专业消防设施维修保养机构　对建筑消防设施作全系统的维修保养，工作量比较大，技术性、专业性比较强，通常的建筑使用单位没有足够的人力和技术力量，这项工作应该选择消防部门培训合格的专门从事消防设施维修保养的消防中介机构进行，并在对系统维修保养后，出其系统合格证明，存档备案。

（3）选择经培训合格的人员负责消防设施的日常维修保养工作　因为对消防设施全系统进行维修保养的时间间隔比较长，系统有可能在某处维修保养之后，下一次维修保养之前出现故障，这就需要对系统作经常性的维修保养。这种日常性的维修保养工作，工作量小，技术性相对较低，可以由建筑使用单位调专人或者由消防设施操作员兼职担任。日常性的消防设施维修保养工作，可随时发现系统存在的故障，对系统正常运行非常重要。每次对系统的维修保养之后，应该做好记录，存入设备运行档案。

（4）建立健全岗位责任制度　建筑消防设施一般由消防控制室中的控制设备和外围设备组成，有许多单位只在消防控制室安排值班人员负责监管控制室内的设备，而未明确控制室以外的消防设施由哪个部门负责，造成外围消防设施出现故障不能及时被发现和排除，火灾发生时，不能发挥其应有的作用。所以，仅仅明确消防控制室工作人员的职责是不够的，还应进一步明确整个消防设施全系统的岗位责任，健全包括全部消防设施在内的消防设施检查、检测以及维修保养岗位责任制，从而确保消防设施始终处于良好运行状态，在火灾发生时，发挥其应有的作用。

社会要发展，经济要繁荣，消防工作也要同步发展，只有严把建筑防火设计质量、建筑消防设施安装、检测以及维修保养质量关，才能确保建筑物的消防安全，才能为经济建设及经济发展创造有利环境。

思考题

1. 什么是火灾？火灾是如何分类的？
2. 火灾烟气有哪些危害？
3. 燃烧的方式有哪些？其特点是什么？
4. 灭火的基本原则是什么？
5. 灭火的方法有哪些？
6. 建筑物使用消防安全管理的注意事项有哪些？
7. 灭火器的种类有哪些？

2 消防安全技术

2.1 施工现场消防布局

2.1.1 概述

2.1.1.1 民用建筑的平面布置

(1) 民用建筑的平面布置应结合建筑的耐火等级、火灾危险性、使用功能和安全疏散等因素合理布置。

(2) 除为满足民用建筑使用功能所设置的附属库房外，民用建筑内不应设置生产车间和其他库房。

经营、存放和使用甲、乙类火灾危险性物品的商店、作坊和储藏间，严禁附设在民用建筑内。

(3) 商店建筑、展览建筑采用三级耐火等级建筑时，不应超过2层；采用四级耐火等级建筑时，应为单层。营业厅、展览厅设置在三级耐火等级的建筑内时，应布置在首层或二层；设置在四级耐火等级的建筑内时，应布置在首层。

营业厅、展览厅不应设置在地下三层及以下楼层。地下或半地下营业厅、展览厅不应经营、储存和展示甲、乙类火灾危险性物品。

(4) 托儿所、幼儿园的儿童用房和儿童游乐厅等儿童活动场所宜设置在独立的建筑内，且不应设置在地下或半地下；当采用一、二级耐火等级的建筑时，不应超过3层；采用三级耐火等级的建筑时，不应超过2层；采用四级耐火等级的建筑时，应为单层；确需设置在其他民用建筑内时，应符合下列规定：

① 设置在一、二级耐火等级的建筑内时，应布置在首层、二层或三层。

② 设置在三级耐火等级的建筑内时，应布置在首层或二层。

③ 设置在四级耐火等级的建筑内时，应布置在首层。

④ 设置在高层建筑内时，应设置独立的安全出口和疏散楼梯。

⑤ 设置在单、多层建筑内时，宜设置独立的安全出口和疏散楼梯。

(5) 老年人照料设施宜独立设置。当老年人照料设施与其他建筑上、下组合时，老年人照料设施宜设置在建筑的下部，并应符合下列规定。

① 老年人照料设施部分的建筑层数、建设高度或所在楼层位置的高度应符合下列规定。

a. 独立建造的一、二级耐火等级老年人照料设施的建筑高度不宜大于32m，不应大于54m；独立建造的三级耐火等级老年人照料设施，不应超过2层。

b. 老年人照料设施部分应与其他场所进行防火分隔。

② 老年人照料设施部分应与其他场所进行防火分隔，防火分隔应符合《建筑设计防火规范》(2018 年版)(GB 50016—2014)第 6.2.2 条的规定。

(6) 当老年人照料设施中的老年人公共活动用房、康复与医疗用房设置在地下、半地下时，应设置在地下一层，每间用房的建筑面积不应大于 $200m^2$ 且使用人数不应大于 30 人。

老年人照料设施中的老年人公共活动用房、康复与医疗用房设置在地上四层及以上时，每间用房的建筑面积不应大于 $200m^2$ 且使用人数不应大于 30 人。

(7) 医院和疗养院的住院部分不应设置在地下或半地下。

医院和疗养院的住院部分采用三级耐火等级建筑时，不应超过 2 层；采用四级耐火等级建筑时，应为单层；设置在三级耐火等级的建筑内时，应布置在首层或二层；设置在四级耐火等级的建筑内时，应布置在首层。

医院和疗养院的病房楼内相邻护理单元之间应采用耐火极限不低于 2.00h 的防火隔墙分隔，隔墙上的门应采用甲级防火门，设置在走道上的防火门应采用常开防火门。

(8) 教学建筑、食堂、菜市场采用三级耐火等级建筑时，不应超过 2 层；采用四级耐火等级建筑时，应为单层；设置在三级耐火等级的建筑内时，应布置在首层或二层；设置在四级耐火等级的建筑内时，应布置在首层。

(9) 剧场、电影院、礼堂宜设置在独立的建筑内；采用三级耐火等级建筑时，不应超过 2 层；确需设置在其他民用建筑内时，至少应设置 1 个独立的安全出口和疏散楼梯，并应符合下列规定：

① 应采用耐火极限不低于 2.00h 的防火隔墙和甲级防火门与其他区域分隔。

② 设置在一、二级耐火等级的建筑内时，观众厅宜布置在首层、二层或三层；确需布置在四层及以上楼层时，一个厅、室的疏散门不应少于 2 个，且每个观众厅的建筑面积不宜大于 $400m^2$。

③ 设置在三级耐火等级的建筑内时，不应布置在三层及以上楼层。

④ 设置在地下或半地下时，宜设置在地下一层，不应设置在地下三层及以下楼层。

⑤ 设置在高层建筑内时，应设置火灾自动报警系统及自动喷水灭火系统等自动灭火系统。

(10) 建筑内的会议厅、多功能厅等人员密集的场所，宜布置在首层、二层或三层。设置在三级耐火等级的建筑内时，不应布置在三层及以上楼层。确需布置在一、二级耐火等级建筑的其他楼层时，应符合下列规定：

① 一个厅、室的疏散门不应少于 2 个，且建筑面积不宜大于 $400m^2$。

② 设置在地下或半地下时，宜设置在地下一层，不应设置在地下三层及以下楼层。

③ 设置在高层建筑内时，应设置火灾自动报警系统和自动喷水灭火系统等自动灭火系统。

(11) 歌舞厅、录像厅、夜总会、卡拉 OK 厅（含具有卡拉 OK 功能的餐厅）、游艺厅（含电子游艺厅）、桑拿浴室（不包括洗浴部分）、网吧等歌舞娱乐放映游艺场所（不含剧场、电影院）的布置应符合下列规定：

① 不应布置在地下二层及以下楼层。

② 宜布置在一、二级耐火等级建筑内的首层、二层或三层的靠外墙部位。

③ 不宜布置在袋形走道的两侧或尽端。

④ 确需布置在地下一层时，地下一层的地面与室外出入口地坪的高差不应大于 10m。

⑤ 确需布置在地下或四层及以上楼层时，一个厅、室的建筑面积不应大于200m²。

⑥ 厅、室之间及与建筑的其他部位之间，应采用耐火极限不低于2.00h的防火隔墙和1.00h的不燃性楼板分隔，设置在厅、室墙上的门和该场所与建筑内其他部位相通的门均应采用乙级防火门。

(12) 除商业服务网点外，住宅建筑与其他使用功能的建筑合建时，应符合下列规定：

① 住宅部分与非住宅部分之间，应采用耐火极限不低于2.00h，且无开口的防火隔墙和耐火极限不低于2.00h的不燃性楼板完全分隔。

② 住宅部分与非住宅部分的安全出口和疏散楼梯应分别独立设置；为住宅部分服务的地上车库应设置独立的疏散楼梯或安全出口，地下车库的疏散楼梯应按相关规定进行分隔。

③ 住宅与商业设施合建的建筑按照住宅建筑的防火要求建造的，应符合下列规定。

a. 商业设施中每个独立单元之间应采用耐火极限不低于2.00h且无开口的防火隔墙分隔。

b. 每个独立单元的层数不应大于2层，且2层的总建筑面积不应大于300m²。

c. 每个独立单元中建筑面积大于200m²的任一楼层均应设置至少2个疏散出口。

2.1.1.2 厂房、仓库的平面布置

(1) 甲、乙类生产场所（仓库）不应设置在地下或半地下。

(2) 员工宿舍严禁设置在厂房内。

办公室、休息室等不应设置在甲、乙类厂房内，确需贴邻本厂房时，其耐火等级不应低于二级，并应采用耐火极限不低于3.00h的抗爆墙与厂房分隔，且应设置独立的安全出口。

办公室、休息室设置在丙类厂房内时，应采用耐火极限不低于2.00h的防火隔墙和1.00h的楼板与其他部位分隔，并应至少设置1个独立的安全出口。如隔墙上需开设相互连通的门时，应采用乙级防火门。

(3) 厂房内设置中间仓库时，应符合下列规定：

① 甲、乙类中间仓库应靠外墙布置，其储量不宜超过1昼夜的需要量；

② 甲、乙、丙类中间仓库应采用防火墙和耐火极限不低于1.50h的不燃性楼板与其他部位分隔；

③ 丁、戊类中间仓库应采用耐火极限不低于2.00h的防火隔墙和1.00h的楼板与其他部位分隔；

④ 仓库的耐火等级和面积应符合相关规定。

(4) 厂房内的丙类液体中间储罐应设置在单独房间内，其容量不应大于5m³。设置中间储罐的房间，应采用耐火极限不低于3.00h的防火隔墙和1.50h的楼板与其他部位分隔，房间门应采用甲级防火门。

(5) 变、配电站不应设置在甲、乙类厂房内或贴邻，且不应设置在爆炸性气体、粉尘环境的危险区域内。供甲、乙类厂房专用的10kV及以下的变、配电站，应采用无开口的防火墙或与抗爆墙一面贴邻，并应符合现行国家标准《爆炸危险环境电力装置设计规范》（GB 50058—2014）等标准的规定。

乙类厂房的配电站确需在防火墙上开窗时，应采用甲级防火窗。

(6) 员工宿舍严禁设置在仓库内。

办公室、休息室等严禁设置在甲、乙类仓库内，也不应贴邻。

办公室、休息室设置在丙、丁类仓库内时，应采用耐火极限不低于2.00h的防火隔墙和1.00h的楼板与其他部位分隔，并应设置独立的安全出口。隔墙上需开设相互连通的门时，

应采用乙级防火门。

(7) 甲、乙类厂房（仓库）内不应设置铁路线。

需要出入蒸汽机车和内燃机车的丙、丁、戊类厂房（仓库），其屋顶应采用不燃材料或采取其他防火措施。

2.1.2 防火间距与消防车道

2.1.2.1 防火间距

① 易燃易爆危险品库房与在建工程的防火间距不应小于 15m，可燃材料堆场及其加工场、固定动火作业场与在建工程的防火间距不应小于 10m，其他临时用房、临时设施与在建工程的防火间距不应小于 6m。

② 施工现场主要临时用房、临时设施的防火间距不应小于表 2-1 的规定，当办公用房、宿舍成组布置时，其防火间距可适当减小，但应符合下列规定。

a. 每组临时用房的栋数不应超过 10 栋，组与组之间的防火间距不应小于 8m。

b. 组内临时用房之间的防火间距不应小于 3.5m，当建筑构件燃烧性能等级为 A 级时，其防火间距可减少到 3m。

③ 消防车道应符合下列规定：

a. 施工现场内应设置临时消防车道，临时消防车道与在建工程、临时用房、可燃材料堆场及其加工场的距离不宜小于 5m，且不宜大于 40m；施工现场周边道路满足消防车通行及灭火救援要求时，施工现场内可不设置临时消防车道。

表 2-1 施工现场主要临时用房、临时设施的防火间距 单位：m

名称	名称						
	办公用房、宿舍	发电机房、变配电房	可燃材料库房	厨房操作间、锅炉房	可燃材料堆场及其加工场所	固定动火作业场	易燃易爆危险品库房
办公用房、宿舍	4	4	5	5	7	7	10
发电机房、变配电房	4	4	5	5	7	7	10
可燃材料库房	5	5	5	5	7	7	10
厨房操作间、锅炉房	5	5	5	5	7	7	10
可燃材料堆场及其加工场	7	7	7	7	7	10	10
固定动火作业场	7	7	7	7	10	10	12
易燃易爆危险品库房	10	10	10	10	10	12	12

注：1. 临时用房、临时设施的防火间距应按临时用房外墙外边线或堆场、作业场、作业棚边线间的最小距离计算，当临时用房外墙有突出可燃构件时，应从其突出可燃构件的外缘算起。

2. 两栋临时用房相邻较高一面的外墙为防火墙时，防火间距不限。

3. 本表未规定的，可按同等火灾危险性的临时用房、临时设施的防火间距确定。

b. 临时消防车道的设置应符合以下规定：

ⅰ. 临时消防车道宜为环形，设置环形车道确有困难时，应在消防车道尽端设置尺寸不小于 12m×12m 的回车场；

ⅱ. 临时消防车道的净宽度和净空高度均不应小于 4m；

ⅲ. 临时消防车道的右侧应设置消防车行进路线指示标识；

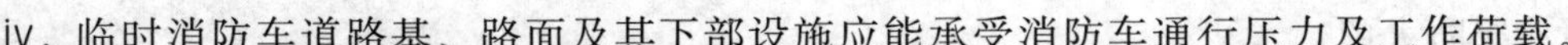

ⅳ. 临时消防车道路基、路面及其下部设施应能承受消防车通行压力及工作荷载。

c. 下列建筑应设置环形临时消防车道，设置环形临时消防车道确有困难时，除应按 b. 的规定设置回车场外，尚应符合 d. 的规定设置临时消防救援场地：

ⅰ. 建筑高度大于 24m 的在建工程。

ⅱ. 建筑工程单体占地面积大于 3000m^2 的在建工程。

ⅲ. 超过 10 栋，且成组布置的临时用房。

d. 临时消防救援场地的设置应符合以下规定：

ⅰ. 临时消防救援场地应在在建工程装饰装修阶段设置；

ⅱ. 临时消防救援场地应设置在成组布置的临时用房场地的长边一侧及在建工程的长边一侧；

ⅲ. 临时救援场地宽度应满足消防车正常操作要求，且不应小于 6m，与在建工程外脚手架的净距不宜小于 2m，且不宜超过 6m。

2.1.2.2　消防车道

建筑物的总平面防火设计时必须考虑留有足够的消防通道，以确保消防车能顺利到达火场，实施灭火战斗，如图 2-1 所示。

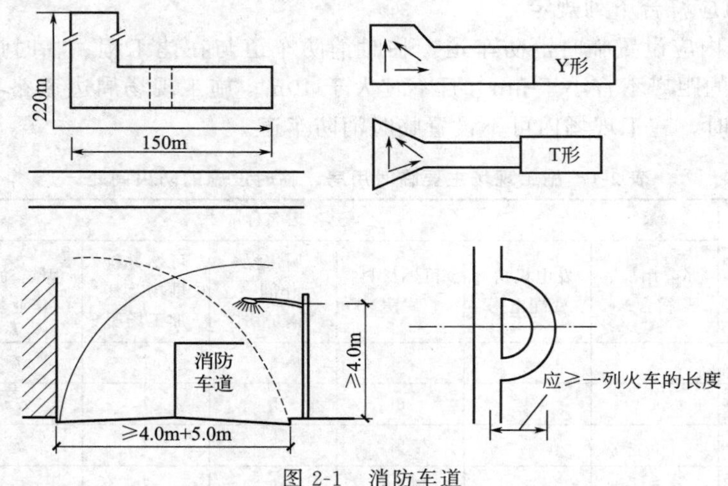

图 2-1　消防车道

① 街区内的道路应考虑消防车的通行，道路中心线间的距离不宜大于 160m。

当建筑物沿街道部分的长度大于 150m 或总长度大于 220m 时，应设置穿过建筑物的消防车道。确有困难时，应至少沿建筑的两条长边设置消防车道。

② 高层民用建筑，超过 3000 个座位的体育馆，超过 2000 个座位的会堂，占地面积大于 3000m^2 的商店建筑、展览建筑等单、多层公共建筑应设置环形消防车道。确有困难时，可沿建筑的两个长边设置消防车道，对于高层住宅建筑和山坡地或河道边临空建造的高层民用建筑，可沿建筑的一个长边设置消防车道，但该长边所在建筑立面应为消防车登高操作面。

③ 工厂、仓库区内应设置消防车道。高层厂房，占地面积大于 3000m^2 的甲、乙、丙类厂房和占地面积大于 1500m^2 的乙、丙类仓库，应至少沿建筑物的两条长边设置消防车道。

④ 有封闭内院或天井的建筑物，当内院或天井的短边长度大于 24m 时，宜设置进入内院或天井的消防车道。

当该建筑物沿街时，应设置连通街道和内院的人行通道（可利用楼梯间），其间距不宜大于 80m。

⑤ 在穿过建筑物或进入建筑物内院的消防车道两侧，不应设置影响消防车通行或人员安全疏散的设施。

⑥ 可燃材料露天堆场区，液化石油气储罐区，甲、乙、丙类液体储罐区和可燃气体储罐区，应设置消防车道。消防车道的设置应符合下列规定：

a. 储量大于表 2-2 规定的堆场、储罐区，宜至少沿建筑物的两条长边设置消防车道。

表 2-2 堆场、储罐区的储量

名称	棉、麻、毛、化纤/t	秸秆、芦苇/t	木材/m^3	甲、乙、丙类液体储罐/m^3	液化石油气储罐/m^3	可燃气体储罐/m^3
储量	1000	5000	5000	1500	500	30000

b. 占地面积大于 30000m^2 的可燃材料堆场，应至少沿建筑物的两条长边设置消防车道，并设置与之相通的中间消防车道，消防车道的间距不宜大于 150m。液化石油气储罐区，甲、乙、丙类液体储罐区和可燃气体储罐区内应至少沿建筑物的两条长边设置消防车道，并设置与之连通的消防车道。

c. 消防车道的边缘距离可燃材料堆垛不应小于 5m。

⑦ 供消防车取水的天然水源和消防水池应设置消防车道。消防车道的边缘距离取水点不宜大于 2m。

⑧ 消防车道应符合下列要求。

a. 车道的净宽度和净空高度均不应小于 4.0m。

b. 转弯半径应满足消防车转弯的要求。

c. 消防车道与建筑之间不应设置妨碍消防车操作的树木、架空管线等障碍物。

d. 消防车道靠建筑外墙一侧的边缘距离建筑外墙不宜小于 5m。

e. 消防车道的坡度应满足消防车满载时正常的通行要求，且不应大于 10%。

⑨ 长度大于 40m 的尽头式消防车道应设置回车道或回车场，回车场的面积不应小于 12m×12m；对于高层建筑，不宜小于 15m×15m；供重型消防车使用时，不宜小于 18m×18m。

消防车道的路面、救援操作场地等消防车道和救援操作场地下面的管道和暗沟等，应能承受重型消防车的压力。

消防车道可利用城乡、厂区道路等，但该道路应满足消防车通行、转弯和停靠的要求。

⑩ 消防车道不宜与铁路正线平交。确需平交时，应设置备用车道，且两车道的间距不应小于一列火车的长度。

2.1.3 防火分隔设施

防火分区的分隔设施就是指防火分区间的能够确保在一定时间内阻燃的边缘构建及设施，其主要包括防火墙、防火门、防火窗、防火卷帘、耐火楼板以及防火水幕带等。防火分隔设施可以阻止火势由外部向内部或由内部向外部，或者在内部之间蔓延，这为扑救火灾创造良好条件。

防火分隔设施可以分为两类：一类是固定式的，比如普通的砖墙、楼板、防火墙、防火悬墙、防火墙带等；另一类则是可以开启和关闭的，比如防火门、防火窗、防火卷帘、防火吊顶、防火幕等。在防火分区之间应采用防火墙进行分隔，若布置防火墙有困难时，可采用防火水幕带或者防火卷帘进行分隔。

2.1.3.1　防火窗

防火窗是一种采用钢窗框、钢窗扇及防火玻璃（防火夹丝玻璃或防火复合玻璃）而制成的能够阻止或隔离火势蔓延的窗。它不仅具有一般窗的功效，更具有隔火、隔烟的特殊功能。

防火窗按其使用功能分为固定式防火窗和活动式防火窗。固定防火窗的窗扇不能开启，平时可以起到采光及遮挡风雨的作用，当发生火灾时能起到隔火、隔热以及阻烟的作用。活动防火窗的窗扇可以开启，在起火时可以自动关闭。为了使防火窗的窗扇能够开启和关闭自如，需要安装自动与手动两种开关装置。按其耐火性能的分类与耐火等级代号见表2-3。

表2-3　防火窗的耐火性能分类与耐火等级代号

耐火性能分类	耐火等级代号	耐火性能
隔热防火窗（A类）	A0.50（丙级）	耐火隔热性≥0.50h，且耐火完整性≥0.50h
	A1.00（乙级）	耐火隔热性≥1.00h，且耐火完整性≥1.00h
	A1.50（甲级）	耐火隔热性≥1.50h，且耐火完整性≥1.50h
	A2.00	耐火隔热性≥2.00h，且耐火完整性≥2.00h
	A3.00	耐火隔热性≥3.00h，且耐火完整性≥3.00h
非隔热防火窗（C类）	C0.50	耐火完整性≥0.50h
	C1.00	耐火完整性≥1.00h
	C1.50	耐火完整性≥1.50h
	C2.00	耐火完整性≥2.00h
	C3.00	耐火完整性≥3.00h

2.1.3.2　防火卷帘

防火卷帘是一种关闭严密、不占空间、开启方便的较现代化的防火分隔物，它有可以实现自动控制以及可以与报警系统联动的优点。防火卷帘与一般卷帘在性能要求上存在根本的区别是：它具备必要的非燃烧性能、耐火极限以及防烟性能。

（1）防火卷帘的分类和构造

① 防火卷帘的分类。防火卷帘按耐火极限分类见表2-4。

表2-4　按耐火极限分类

名称	名称符号	代号	耐火极限/h	帘布漏烟量/[$m^3/(m^2 \cdot min)$]
钢质防火卷帘	GFJ	F2	≥2.00	
		F3	≥3.00	
钢质防火、防烟卷帘	GFYJ	FY2	≥2.00	≤0.2
		FY3	≥3.00	
无机纤维复合防火卷帘	WFJ	F2	≥2.00	
		F3	≥3.00	
无机纤维复合防火、防烟卷帘	WFYJ	FY2	≥2.00	≤0.2
		FY3	≥3.00	
特级防火卷帘	TFJ	TF3	≥3.00	≤0.2

② 防火卷帘的构造。防火卷帘由帘板、无机纤维复合帘面、导轨、门楣、座板、传动

装置、卷门机和控制箱等组成。

a. 帘板。钢质防火卷帘相邻帘板串接后应转动灵活，摆动 90°不允许脱落。其两端挡板或防窜机构应装配牢固，卷帘运行时相邻帘板窜动量不应大于 2mm。帘板应平直，装配成卷帘后，不允许有孔洞或缝隙存在。钢质防火卷帘复合型帘板的两帘片连接应牢固，填充料填加应充实。

b. 无机纤维复合帘面。无机纤维复合帘面拼接缝的个数每米内各层累计不应超过 3 条，且接缝应避免重叠。帘面上的受力缝应采用双线缝制，拼接缝的搭接量不应小于 20mm。非受力缝可采用单线缝制，拼接缝处的搭接量不应小于 10mm。无机纤维复合帘面应沿帘布纬向每隔一定的间距设置耐高温不锈钢丝（绳），以承载帘面的自重；沿帘布经向设置夹板，以保证帘面的整体强度，夹板间距应为 300～500mm。无机纤维复合帘面上除应装夹板外，两端还应设防风钩。无机纤维复合帘面不应直接连接于卷轴上，应通过固定件与卷轴相连。

c. 导轨。导轨顶部应成圆弧形，以便于卷帘运行。导轨的滑动面、侧向卷帘供滚轮滚动的导轨表面应光滑、平直。帘面、滚轮在导轨内运行时应平稳顺畅，不应有碰撞和冲击现象。单帘面卷帘的两根导轨应互相平行，其平行度误差不应大于 5mm；双帘面卷帘不同帘面的导轨也应相互平行，其平行度误差不应大于 5mm。防火防烟卷帘的导轨内应设置防烟装置，防烟装置所用材料应为不燃或难燃材料，防烟装置与帘面应均匀紧密贴合，其贴合面长度不应小于导轨长度的 80%。导轨现场安装应牢固，预埋钢件的间距为 600～1000mm。垂直卷帘的导轨安装后相对于基础面的垂直度误差不应大于 1.5mm/m，全长不应大于 20mm。

d. 门楣。防火防烟卷帘的门楣内应设置防烟装置，防烟装置所用的材料应为不燃或难燃材料。防烟装置与帘面应均匀紧密贴合，其贴合面长度不应小于门楣长度的 80%，非贴合部位的缝隙不应大于 2mm。门楣现场安装应牢固，预埋钢件的间距为 600～1000mm。

e. 座板。座板与地面应平行、接触应均匀。其刚度应大于卷帘帘面的刚度，与帘面之间的连接应牢固。

f. 传动装置。传动机构、轴承、链条表面应无锈蚀，并应按要求加适量润滑剂。垂直卷帘的卷轴在正常使用时的挠度应小于卷轴长度 1/400。侧向卷帘的卷轴安装时应与基础面垂直。垂直度误差应小于 1.5mm/m。全长应小于 5mm。

g. 卷门机和控制箱。防火卷帘的卷门机、控制箱应是经国家消防检测机构检测合格的定型配套产品。

（2）防火卷帘的选用　对于公共建筑中不便于设置防火墙或防火分隔墙的地方，最好使用防火卷帘，以便将大厅分隔成若干较小的防火分区。在穿堂式建筑物内，可在房间之间的开口处安装上下开启或横向开启的卷帘。在多跨的大厅内，可将卷帘固定在梁底下，以柱为轴线，形成一道临时性的防火分隔措施。在安装防火卷帘时，应防止与建筑洞口处的通风管道、给排水管道及电缆电线管等干扰，在洞口处应留有足够的空间进行卷帘门的就位及安装。若用卷帘代替防火墙，则其两侧应设置水幕系统保护，或采用耐火极限不小于 3h 的复合防火卷帘。安装在疏散走道和前室的防火卷帘，最好应同时具有自动、手动以及机械控制的功能。

（3）防火卷帘的设置要求　防火分隔部位设置防火卷帘时，应符合下列规定。

① 除中庭外，当防火分隔部位的宽度不大于 30m 时，防火卷帘的宽度不应大于 10m；当防火分隔部位的宽度大于 30m 时，防火卷帘的宽度不应大于该部位宽度的 1/3，且不应大于 20m。

② 防火卷帘应具有火灾时靠自重自动关闭的功能。

③ 除《建筑设计防火规范》（2018 年版）（GB 50016—2014）另有规定外，防火卷帘的耐火极限不应低于《建筑设计防火规范》（2018 年版）（GB 50016—2014）对所设置部位墙体的耐火极限要求。

a. 当防火卷帘的耐火极限符合现行国家标准《门和卷帘的耐火试验方法》（GB/T 7633—2008）有关耐火性和耐火隔热性的判定条件时，可不设置自动喷水灭火系统保护。

b. 当防火卷帘的耐火极限仅符合现行国家标准《门和卷帘的耐火试验方法》（GB/T 7633—2008）有关耐火完整性的判定条件时，应设置自动喷水灭火系统保护。自动喷水灭火系统的设计应符合现行国家标准《自动喷水灭火系统设计规范》（GB 50084—2017）的规定，但火灾延续时间不应小于该防火卷帘的耐火极限。

④ 防火卷帘应具有防烟性能，与楼板、梁、墙、柱之间的空隙应采用防火封堵材料封堵。

⑤ 需在火灾时自动降落的防火卷帘，应具有信号反馈的功能。

⑥ 其他要求，应符合现行国家标准《防火卷帘》（GB 14102—2005）的规定。

防火卷帘的主要应用场所：

主要用于大型超市（大卖场）、大型商场、大型专业材料市场、大型展馆、厂房、仓库等有消防要求的公共场所。当火警发生时，防火卷帘门在消防中央控制系统的控制下，按预先设定的程序自动放下（下行），从而达到阻止火焰向其他范围蔓延的作用，为实施消防灭火争取宝贵的时间。

防火卷帘的制作要求较高，即要求整个系统能经受一定时间的 1100℃左右高温考验，防火卷帘的耐火时间是防火卷帘的主要指标。

2.1.3.3 防火门

防火门除具有普通门的功效外，还具有能保证一定时限的耐火、防烟隔火等特殊的功能，通常用在建筑物的防火分区以及重要防火区域，能在一定程度上防止火灾的蔓延，并能确保人员的疏散。

（1）防火门的分类　按材质：防火门分为木质防火门、钢质防火门、钢木质防火门和其他材质防火门；按门扇数量：防火门分为单扇防火门、双扇防火门和多扇防火门；按结构型式：防火门分为门扇上带防火玻璃的防火门、防火门门框、带亮窗防火门、带玻璃带亮窗防火门和无玻璃防火门；按耐火性能：防火门分类见表 2-5。

表 2-5　按耐火性能分类

名称	耐火性能	代号
隔热防火门（A 类）	耐火隔热性≥0.50h 耐火完整性≥0.50h	A0.50(丙级)
	耐火隔热性≥1.00h 耐火完整性≥1.00h	A1.00(乙级)
	耐火隔热性≥1.50h 耐火完整性≥1.50h	A1.50(甲级)
	耐火隔热性≥2.00h 耐火完整性≥2.00h	A2.00
	耐火隔热性≥3.00h 耐火完整性≥3.00h	A3.00

续表

名称	耐火性能		代号
部分隔热防火门（B类）	耐火隔热性≥0.50h	耐火完整性≥1.00h	B1.00
		耐火完整性≥1.50h	B1.50
		耐火完整性≥2.00h	B2.00
		耐火完整性≥3.00h	B3.00
非隔热防火门（C类）	耐火完整性≥1.00h		C1.00
	耐火完整性≥1.50h		C1.50
	耐火完整性≥2.00h		C2.00
	耐火完整性≥3.00h		C3.00

（2）防火门的设置要求　防火门的设置应符合下列规定。

① 设置在建筑内经常有人通行处的防火门宜采用常开防火门。常开防火门应能在火灾时自行关闭，并应具有信号反馈的功能。

② 除允许设置常开防火门的位置外，其他位置的防火门均应采用常闭防火门。常闭防火门应在其明显位置设置“保持防火门关闭”等提示标识。

③ 除管井检修门和住宅的户门外，防火门应具有自行关闭功能。双扇防火门应具有按顺序自行关闭的功能。

④ 除《建筑设计防火规范》（GB 50016—2014）（2018 年版）第 6.4.11 条第 4 款的规定外，防火门应能在其内外两侧手动开启。

⑤ 设置在建筑变形缝附近时，防火门应设置在楼层较多的一侧，并应保证防火门开启时门扇不跨越变形缝。

⑥ 防火门关闭后应具有防烟性能。

⑦ 甲、乙、丙级防火门应符合现行国家标准《防火门》（GB 12955—2008）的规定。

（3）防火门的选用

① 下列部位的门应为甲级防火门。

a. 设置在防火墙上的门、疏散走道在防火分区处设置的门。

b. 设置在耐火极限要求不低于 3.00h 的防火隔墙上的门。

c. 电梯间、疏散楼梯间与汽车库连通的门。

d. 室内开向避难走道前室的门、避难间的疏散门。

e. 多层乙类仓库和地下、半地下及多、高层丙类仓库中从库房通向疏散走道或疏散楼梯间的门。

② 除建筑直通室外和屋面的门可采用普通门外，下列部位的门的耐火性能不应低于乙级防火门的要求，且其中建筑高度大于 100m 的建筑相应部位的门应为甲级防火门。

a. 甲、乙类厂房，多层丙类厂房，人员密集的公共建筑和其他高层工业与民用建筑中封闭楼梯间的门。

b. 防烟楼梯间及其前室的门。

c. 消防电梯前室或合用前室的门。

d. 前室开向避难走道的门。

e. 地下、半地下及多、高层丁类仓库中从库房通向疏散走道或疏散楼梯的门。

f. 歌舞娱乐放映游艺场所中的房间疏散门。

g. 从室内通向室外疏散楼梯的疏散门。

h. 设置在耐火极限要求不低于 2.00h 的防火隔墙上的门。

③ 电气竖井、管道井、排烟道、排气道、垃圾道等竖井井壁的检查门，应符合下列规定。

a. 对于埋深大于 10m 的地下建筑或地下工程，应为甲级防火门。

b. 对于建筑高度大于 100m 的建筑，应为甲级防火门。

c. 对于层间无防火分隔的竖井和住宅建筑的合用前室，门的耐火性能不应低于乙级防火门的要求。

d. 对于其他建筑，门的耐火性能不应低于丙级防火门的要求，当竖井在楼层处无水平防火分隔时，门的耐火性能不应低于乙级防火门的要求。

④ 平时使用的人民防空工程中代替甲级防火门的防护门、防护密闭门、密闭门，耐火性能不应低于甲级防火门的要求，且不应用于平时使用的公共场所的疏散出口处。

2.1.3.4 防火墙

防火墙是建筑中采用最多的防火分隔设施。我国传统民居中的马头墙，其主要功能就是阻止发生火灾时火势的蔓延。大量的火灾实例表明，防火墙对阻止火势蔓延起着很大的作用。例如某高层办公楼相邻两办公室以防火墙分隔，其中一间发生火灾，大火燃烧了 3 个小时之久，内部可燃物基本已经烧完，但隔壁存放大量办公文件、写字台、椅子等可燃物的办公室则安然无恙。因此，防火墙通常是水平防火分区的分隔首选。

按照在建筑平面上的关系，防火墙可分为横向防火墙（与建筑物长轴方向垂直的）与纵向防火墙（与建筑物长轴方向一致的）两种；按防火墙在建筑中的位置，有内墙防火墙与外墙防火墙之分。内墙防火墙即划分防火分区的内部隔墙，而外墙防火墙则是两幢建筑间因防火间距不够而设置的无门窗（或设有防火门、窗）的外墙。防火墙的耐火极限不应低于 3.00h。甲、乙类厂房和甲、乙、丙类仓库内的防火墙，耐火极限不应低于 4.00h。防火墙应由非燃烧材料组成。为了确保防火墙的防火可靠性，现行规范规定其耐火极限应不低于 4h，高层建筑防火墙耐火极限应不低于 3h。同时，防火墙的设置在建筑构造上还应满足下列几点要求。

① 防火墙应直接设置在建筑的基础或框架、梁等承重结构上，框架、梁等承重结构的耐火极限不应低于防火墙的耐火极限。

防火墙应从楼地面基层隔断至梁、楼板或屋面板的底面基层。当高层厂房（仓库）屋顶承重结构和屋面板的耐火极限低于 1.00h，其他建筑屋顶承重结构和屋面板的耐火极限低于 0.50h 时，防火墙应高出屋面 0.5m 以上。

② 防火墙横截面中心线水平距离天窗端面小于 4.0m，且天窗端面为可燃性墙体时，应采取防止火势蔓延的措施。

③ 建筑外墙为难燃性或可燃性墙体时，防火墙应凸出墙的外表面 0.4m 以上，且防火墙两侧的外墙均应为宽度均不小于 2.0m 的不燃性墙体，其耐火极限不应低于外墙的耐火极限。

建筑外墙为不燃性墙体时，防火墙可不凸出墙的外表面，紧靠防火墙两侧的门、窗、洞口之间最近边缘的水平距离不应小于 2.0m；采取设置乙级防火窗等防止火灾水平蔓延的措施时，该距离不限。

④ 建筑内的防火墙不宜设置在转角处，确需设置时，内转角两侧墙上的门、窗、洞口之间最近边缘的水平距离不应小于 4.0m；采取设置乙级防火窗等防止火灾水平蔓延的措施

时，该距离不限。

⑤ 防火墙上不应开设门、窗、洞口，确需开设时，应设置不可开启或火灾时能自动关闭的甲级防火门、窗。

可燃气体和甲、乙、丙类液体的管道严禁穿过防火墙。防火墙内不应设置排气道。

⑥ 除⑤规定外的其他管道不宜穿过防火墙，确需穿过时，应采用防火封堵材料将墙与管道之间的空隙紧密填实，穿过防火墙处的管道保温材料，应采用不燃材料；当管道为难燃及可燃材料时，应在防火墙两侧的管道上采取防火措施。

⑦ 防火墙任一侧的建筑结构或构件以及物体受火作用发生破坏或倒塌并作用到防火墙时，防火墙应仍能阻止火灾蔓延至防火墙的另一侧。

2.1.4 特殊建筑结构的防火分隔措施

2.1.4.1 玻璃幕墙的防火分隔

玻璃幕墙作为一种新型的建筑构件，以其自重轻、光亮、明快、挺拔、美观、装饰艺术效果好等优点，被大量应用在高层建筑之中。

(1) 玻璃幕墙的火灾危险性　玻璃幕墙是由金属构件和玻璃板组成的建筑外墙面围护结构，分明框、半明框和隐框玻璃幕墙三种。构成玻璃幕墙的材料主要有：钢、铝合金，玻璃，不锈钢和粘接密封剂。玻璃幕墙多采用全封闭式，幕墙上的玻璃常采用热反射玻璃、钢化玻璃等。这些玻璃强度高，但耐火性能差，因此，一旦建筑物发生火灾，火势蔓延危险性很大，主要表现在以下几个方面：

① 建筑物一旦发生火灾，室内温度便急剧上升，用作幕墙的玻璃在火灾初期由于温度应力的作用即会炸裂破碎，导致火灾由建筑物外部向上蔓延。一般幕墙玻璃在250℃左右即会炸裂、脱落，使大面积的玻璃幕墙成为火势向上蔓延的重要途径。

② 垂直的玻璃幕墙与水平楼板之间的缝隙，是火灾发生时烟火扩散的途径。由于建筑构造的要求，在幕墙和楼板之间留有较大的缝隙，若对其没有进行密封或密封不好，烟火就会由此向上扩散，造成蔓延。

(2) 玻璃幕墙的防火分隔措施　为了防止建筑发生火灾时通过玻璃幕墙造成大面积蔓延，在设置玻璃幕墙时应符合下列规定：

① 玻璃幕墙与每层楼板、隔墙处的缝隙应采用防火封堵材料封堵。

② 无窗槛墙的玻璃幕墙，应在每层楼板处板外沿设置耐火极限不低于1h、高度不低于1.2m的不燃烧实体墙或防火玻璃墙；当室内设置自动喷水灭火系统时，该部分墙体的高度不应小于0.8m。

2.1.4.2 中庭的防火分隔

(1) 中庭空间的火灾危险性　设计中庭的建筑，最大的问题是发生火灾时，其防火分区被上下贯通的大空间所破坏。因此，当中庭防火设计不合理或管理不善时，有火灾急速扩大的可能性。其危险在于：

① 火灾不受限制地急剧扩大。中庭空间一旦失火，类似室外火灾环境条件，火灾由“通风控制型”燃烧转变为“燃料控制型”燃烧，因此，很容易使火势迅速扩大。

② 烟气迅速扩散。由于中庭空间形似烟囱，因此易产生烟囱效应。若在中庭下层发生火灾，烟火就进入中庭；若在上层发生火灾，中庭空间未考虑排烟时，就会向周围楼层扩散，并进而扩散到整个建筑物。

③ 疏散危险。由于烟气迅速扩散，楼内人员会产生心理恐惧，人们争先恐后夺路逃命，极易出现伤亡。

④ 火灾易扩大。中庭空间的顶棚很高，因此采取以往的火灾探测和自动喷水灭火装置等方法不能达到火灾早期探测和初期灭火的效果。即使在顶棚下设置了自动洒水喷头，由于太高，而温度达不到额定值，洒水喷头就无法启动。

⑤ 灭火和救援过程可能受到的影响。

a. 同时可能出现要在几层楼进行灭火。

b. 消防队员不得不逆着疏散人流的方向进入火场。

c. 火灾迅速多方位扩大，消防队难以围堵扑灭火灾。

d. 烟雾迅速扩散，严重影响消防活动。

e. 火灾时，屋顶和壁面上的玻璃因受热破裂而散落，对消防队员造成威胁。

f. 建筑物中庭的用途不固定，将会有大量不熟悉建筑情况的人员参与活动，并可能增加大量的可燃物，如临时舞台、照明设施、座席等，将会加大火灾发生的概率，加大火灾时人员的疏散难度。

正因为中庭存在上述问题，所以必须采取有效措施，方可妥善解决。

(2) 中庭防火分隔设计　根据中庭的火灾特点，结合国内外高层建筑中庭防火设计的具体做法，参考国外有关防火规范的规定，贯通中庭的各层应按一个防火分区计算。当其面积大于有关建筑防火分区的建筑面积时，应采取以下防火分隔措施：

① 与周围连通空间应进行防火分隔：采用防火隔墙时，其耐火极限不应低于 1.00h；采用防火玻璃墙时，其耐火隔热性和耐火完整性不应低于 1.00h，采用耐火完整性不低于 1.00h 的非隔热性防火玻璃墙时，应设置自动喷水灭火系统进行保护；采用防火卷帘时，其耐火极限不应低于 3.00h，并应符合 2.1.3.2 中（3）的规定；与中庭相连通的门、窗，应采用火灾时能自行关闭的甲级防火门、窗。

② 高层建筑内的中庭回廊应设置自动喷水灭火系统和火灾自动报警系统。

③ 中庭应设置排烟设施。

④ 中庭内不应布置可燃物。

2.1.4.3　竖井的防火分隔

楼梯间、电梯井、采光天井、通风管道井、电缆井、垃圾井等竖井串通各层的楼板，形成竖向连通孔洞。因使用要求，竖井不可能在各层分别形成防火分区（中断），而是要采用具有 1h 以上（电梯井为 2h）耐火极限的不燃烧体做井壁，必要的开口部位设耐火极限 0.6h 的防火门加以保护。这样就使得各个竖井与其他空间分隔开来，通常称为竖井分区，它是竖向防火分区的一个重要组成部分。应该指出的是，竖井应该单独设置，以防各个竖井之间互相蔓延烟火。若竖井分区设计不完善，烟火一旦侵入，就会形成火灾向上层蔓延的通道，其后果将不堪设想。

建筑内的电梯井等竖井应符合下列规定。

① 电梯井应独立设置，井内严禁敷设可燃气体和甲、乙、丙类液体管道，不应敷设与电梯无关的电缆、电线等。电梯井的井壁除设置电梯门、安全逃生门和通气孔洞外，不应设置其他开口。

② 电缆井、管道井、排烟道、排气道、垃圾道等竖向井道，应分别独立设置。井壁的耐火极限不应低于 1.00h，井壁上的检查门应符合下列规定。

a. 对于埋深大于 10m 的地下建筑或地下工程，应为甲级防火门。

b. 对于建筑高度大于 100m 的建筑，应为甲级防火门。

c. 对于层间无防火分隔的竖井和住宅建筑的合用前室，门的耐火性能不应低于乙级防火门的要求。

d. 对于其他建筑，门的耐火性能不应低于丙级防火门的要求，当竖井在楼层处无水平防火分隔时，门的耐火性能不应低于乙级防火门的要求。

③ 建筑内的电缆井、管道井应在每层楼板处采用不低于楼板耐火极限的不燃材料或防火封堵材料封堵。

建筑内的电缆井、管道井与房间、走道等相连通的孔隙应采用防火封堵材料封堵。

④ 建筑内的垃圾道宜靠外墙设置，垃圾道的排气口应直接开向室外，垃圾斗应采用不燃材料制作，并应能自行关闭。

⑤ 电梯层门的耐火完整性不应低于 2.00h，并应符合现行国家标准《电梯层门耐火试验　完整性、隔热性和热通量测定法》（GB/T 27903—2011）规定的完整性和隔热性要求。

2.1.4.4　自动扶梯的防火分隔

（1）自动扶梯的特点　自动扶梯是建筑物楼层间连续运输效率最高的载客设备，适用于车站、地铁、空港、商场及综合大厦的大厅等人流量较大的场所。自动扶梯可正逆向运行，在停机时，亦可作为临时楼梯使用。

随着建设标准的提高、规模扩大、功能综合化的发展，自动扶梯的使用越来越广。自动扶梯的平面与剖面如图 2-2 所示。

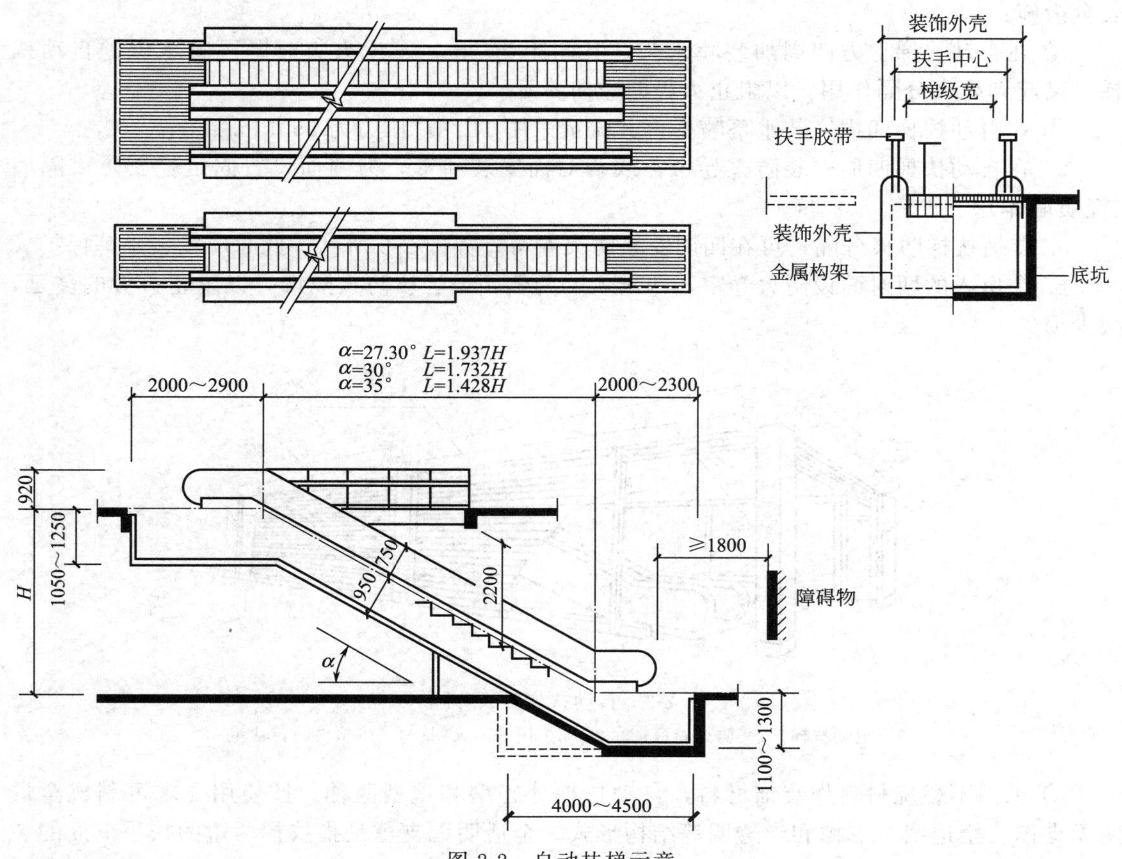

图 2-2　自动扶梯示意

（2）自动扶梯的火灾危险性　首先，由于设置自动扶梯，使得数层空间连通，一旦某层失火，烟火很快会通过自动扶梯空间上蹿下跳，上下蔓延，形成难以控制之势。若以防火隔墙分隔，则不能体现自动扶梯豪华、壮观之势；若以防火卷帘分隔，会有卷帘之下空间被占用，卷帘长期不用失灵等问题。总之，自动扶梯的竖向空间形成了竖向防火分区的薄弱环节。自动扶梯安装的部位，是人员多的大厅（堂）。火灾实例证明，当某处着火，若发现晚，报警迟，往往形成大面积立体火灾，致使自动扶梯自身也遭火烧毁。

此外，自动扶梯本身运行及人们使用过程中，也会出现火灾事故。

① 机器摩擦。机器在运行过程中，尤其是自动扶梯靠主拖动机械拖动，在扶梯导轨上运行时，因未及时加润滑油，或者未清除附着在机器轴承上面的落尘、杂废物，使机器发热，引起附着可燃物燃烧成灾。

② 电气设备故障。自动扶梯在运行中离不开电，从过去的电气事故看，一是电动机长期运转，由于自动扶梯传动油泥等物卡住，负荷增大，致使电动机的电流增大，将电机烧毁而引起附着可燃物着火，酿成火灾；二是对电机和线路在运行过程中，缺乏严格检查制度，导致绝缘破坏，也未及时修理，养患成灾。

③ 吸烟不慎。自动扶梯设在人员密集、来往频繁的场所，络绎不绝的人群中吸烟者不少，有人随便扔烟头，抛到自动扶梯角落处或缝隙里，容易引起燃烧事故。

综上所述，对自动扶梯采取防火分隔措施是十分必要的。

（3）自动扶梯防火分隔设计　根据自动扶梯的火灾危险性和工程实际，应采取如下防火安全措施：

① 在自动扶梯上方四周加装喷水头，其间距为 2m，发生火灾时既可喷水保护自动扶梯，又起到防火分隔作用，以阻止火势向竖向蔓延。

② 在自动扶梯四周安装水幕喷头，其流量采用 1L/s，压力为 350kPa 以上。

③ 在自动扶梯四周安装防火卷帘，或两对面安装卷帘，另两面设置固定轻质防火隔墙（轻质墙体）。

a. 自动扶梯防火分隔，可在四周安装防火卷帘，如图 2-3 所示，此时应安装水幕保护。

b. 在出入的两对面设防火卷帘，非出入的两侧面设轻质防火隔墙，以阻止火势的蔓延，减少损失。

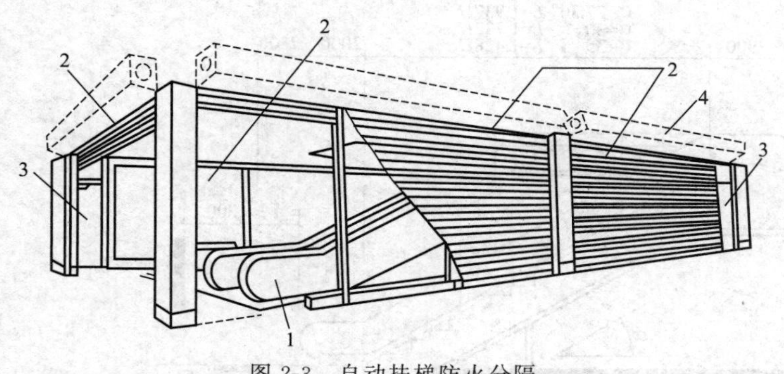

图 2-3　自动扶梯防火分隔

1—电动扶梯；2—防火卷帘；3—自动关闭的防火门；4—吊顶内的转轴箱

④ 采用不燃烧材料作装饰材料，自动扶梯分轻型和重型两种。按使用要求可制成全透明无支撑、全透明有支撑和半透明等结构形式。全透明无支撑是指扶梯两边的扶手下面的装饰挡板都采用透明的有机玻璃制成，从侧面可以看到踏步运行情况，造型美观大方。全透明

有支撑就是在有机玻璃的装饰挡板中，每隔 600～800mm 处加装钢柱支撑，有机玻璃镶嵌在支撑之间。应提倡这种美观大方，又具有耐火性质的设计，从防火安全来看，应尽量避免采用木质胶合板做自动扶梯的装饰挡板。

2.1.4.5 风道、管线、电缆贯通部位的防火分隔

风道、管线、电缆等贯通防火分区的墙体、楼板时，就会引起防火分区在贯通部位的耐火性能降低，所以，应尽量避免管道穿越防火分区，不得已时，也应尽量限制开洞的数量和面积。为了防止火灾从贯通部位蔓延，所用的风道、管线、电缆等，要具有一定的耐火能力，并用不燃材料填塞管道与楼板、墙体之间的空隙，使烟火不得窜过防火分区。

(1) 风道贯通防火分区时的构造　空调、通风管道一旦窜入烟火，就会导致火灾在大范围蔓延。因此，在风道贯通防火分区的部位（防火墙），必须设置防火阀门。防火阀门如图 2-4 所示，必须用厚 1.5mm 以上的薄钢板制作，火灾时由高温熔断装置或自动关闭装置关闭。为了有效地防止火灾蔓延，防火阀门应该有较高的气密性。此外，防火阀门应该可靠地固定在墙体上，防止火灾时因阀门受热、变形而脱落，同时还要用水泥砂浆紧密填塞贯通的孔洞空隙。

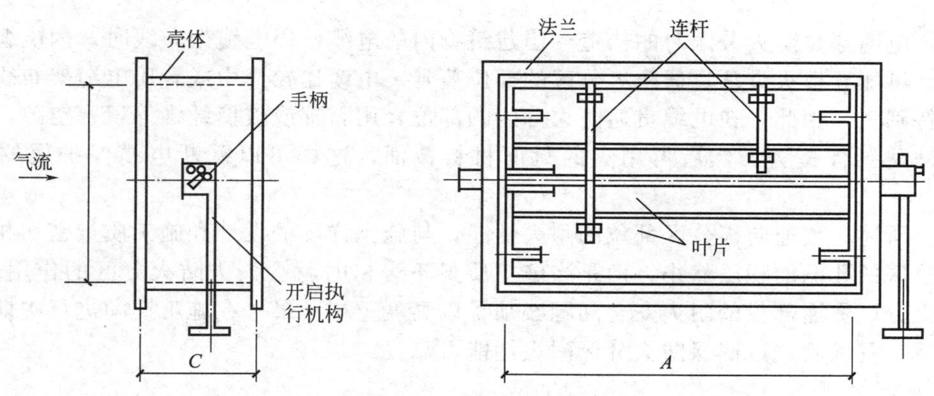

图 2-4　防火阀构造

通风管道穿越变形缝时，应在变形缝两侧均设防火阀门，并在 2m 范围内必须用不燃烧保温隔热材料，如图 2-5 所示。

(2) 管道穿越防火墙、楼板时的构造　防火阀门在防火墙和楼板处应用水泥砂浆严密封堵，为安装结实可靠，阀门外壳可焊接短钢筋，以便与墙体、楼板可靠结合，如图 2-6 所示。

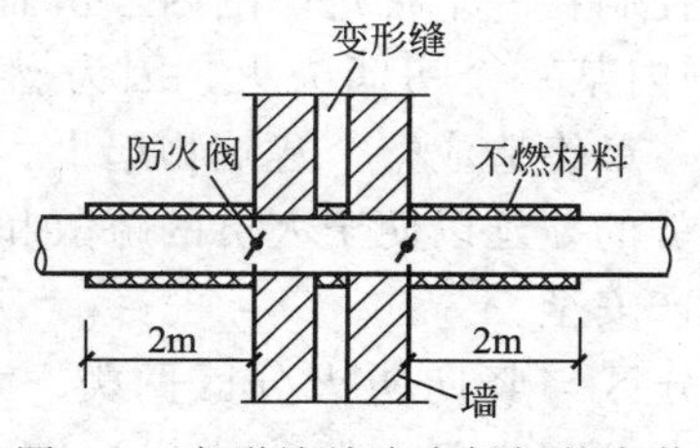

图 2-5　变形缝处防火阀门的安装

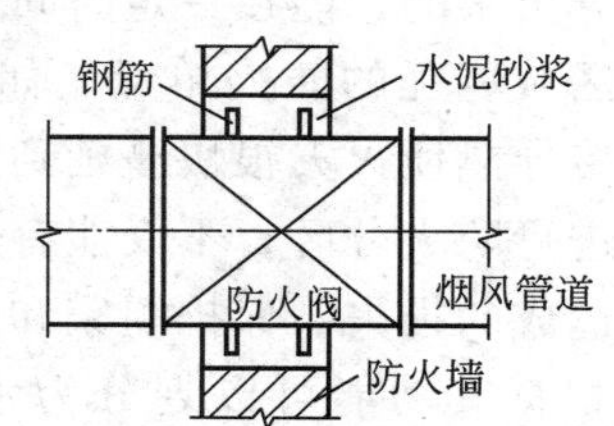

图 2-6　防火阀门的安装构造

如图 2-7 所示为管道穿墙处的防火构造，对于贯通防火分区的给排水、通风、电缆等管道，也要与楼板或防火墙等可靠固定，并用水泥砂浆或石棉等紧密填塞管道与楼板、防火墙之间的空隙，防止烟、热气流窜出防火分区。

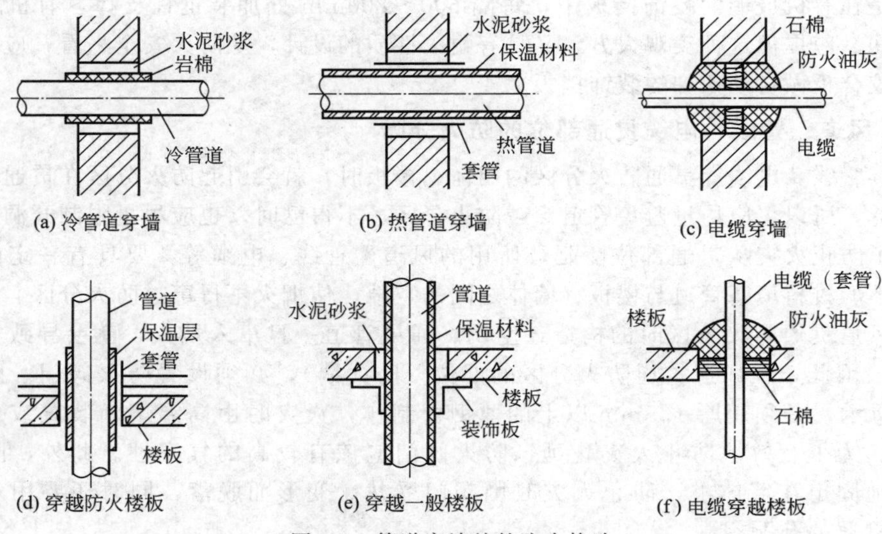

图 2-7　管道穿墙处的防火构造

（3）电缆穿越防火分区时的构造　当建筑物内的电缆使用电缆架布线时，因电缆保护层的燃烧，可能导致火灾从贯通防火分区的部位蔓延。电缆比较集中或者用电缆架布线时，危险性也特别大。因此，在电缆贯通防火分区的部位，用石棉或玻璃纤维等填塞空隙，两侧再用石棉硅酸钙板覆盖，然后再用火的封面材料覆面，这样可以截断电缆保护层的燃烧和蔓延。

如上所述，贯通防火分区部位的耐火性能，与施工详图的设计和施工质量密切相关。贯通防火分区的孔洞面积虽然小，但是当施工质量不合格时就会失去防火分区的作用。因此，对于防火分区贯通部位的耐火安全问题必须予以高度重视。最好在施工期间进行中期检查监督和隐蔽工程验收，以确保防火分区耐火性能可靠。

2.2 防火分区和防烟分区

2.2.1 防火分区

防火分区，从广义上来讲，是把具有较高耐火极限的墙体和楼板等构件，作为一个区域的边界构件划分出来的，能在一定时间内将火势控制在一个特定范围内，从而阻止火势向同一建筑的其他区域蔓延的防火单元。如果建筑物内某一个房间失火，因为燃烧产生的对流热、辐射热和传导热使火灾很快蔓延到周围区域，最终造成整个建筑物起火。所以，在建筑设计中合理地进行防火分区，不仅能有效控制火势的蔓延以便于人员的疏散和扑灭火灾，还可以减少火灾造成的损失，保护国家和人民的财产安全。

防火分区根据其功能可以划分为水平防火分区与竖向防火分区两类。水平防火分区是指在同一水平面内，依靠防火分隔物（防火墙或防火门、防火卷帘）将建筑平面分为若干防火分区或防火单元，目的是预防火灾在水平方向上扩大蔓延；而竖向防火分区则是指上、下层分别用耐火极限不低于 1.5h 或 1h 的楼板或窗间墙（两上、下窗之间的距离不小于 1.2m 的墙）等构件进行防火分隔，目的是预防多层或高层建筑的层与层之间发生竖向火灾蔓延。

2.2.1.1 水平防火分区

水平防火分区是指在同一水平面内，利用防火分隔物将建筑平面分为若干防火分区或防火单元，如图 2-8 所示。水平防火分区通常是由防火墙壁、防火卷帘、防火门及防火水幕等防耐火非燃烧分隔物来达到防止火焰蔓延的目的。在实际设计中，当某些建筑的使用空间要求较大时，可以通过采用防火卷帘加水幕的方式，或者增设自动报警、自动灭火设备来满足防火安全要求。水平防火分区无论是对一般民用建筑、高层建筑、公共建筑，还是对厂房、仓库都是非常有效的防火措施。

图 2-8 水平防火分区

2.2.1.2 竖向防火分区

建筑物室内火灾不仅可以在水平方向上蔓延，而且还可以通过建筑物楼板缝隙、楼梯间等各种竖向通道向上部楼层延烧，可以采用竖向防火分区方法阻止火势竖向蔓延。竖向防火分区指上、下层分别用耐火极限不低于 1.5h 或 1h 的楼板等构件进行防火分隔，如图 2-9 所示。一般来说，竖向防火将每一楼层作为一个防火分区。对住宅建筑而言，上下楼板大多为非燃烧体的钢筋混凝土板，它完全可以阻止火灾的蔓延，可以起到防火分区的作用。

图 2-9 竖向防火分区

2.2.2 防烟分区

防烟分区就是指采用挡烟垂壁、隔墙或从顶棚下突出不小于 50cm 的梁而划分的防烟空间。

人们可以从烟气的危害及扩散规律清楚地认识到，发生火灾时首要任务是把火场上产生的高温烟气控制在一定的区域范围之内，并迅速将其排除至室外。为了完成这项迫切任务，在特定条件下必须要设置防烟分区。防烟分区主要是确保在一定时间内使火场上产生的高温烟气不致随意扩散，并进而加以排除，从而达到控制火势蔓延及减少火灾损失的目的。

2.2.2.1 防烟分区的设置原则

设置防烟分区应遵循以下原则。

① 未设排烟设施的房间（包括地下室）及走道，不划分防烟分区；走道和房间（包括

地下室）按规定需要设置排烟设施时，可根据具体情况划分防烟分区；一座建筑物中的某几层需要设置排烟设施，并且采用垂直排烟道（竖井）进行排烟时，其余各层（不需要设置排烟设施的楼层），若投资增加不多，也宜设置排烟设施，并将其划分防烟分区。

② 防烟分区均不应跨越防火分区。

③ 每个防烟分区所占的建筑面积一般应控制在 $500m^2$ 之内。

④ 防烟分区不宜跨越楼层，一些特殊情况，比如低层建筑且面积又过小时，允许包括一个以上的楼层，但要以不超过三个楼层为宜。

⑤ 对于有特殊要求的场所，比如地下室、防烟楼梯间及其前室、消防电梯及其前室、避难层（间）等，应单独划分防烟分区。

2.2.2.2 防烟分区的划分方法

（1）按用途划分　建筑物是由具有各种不同使用功能的建筑空间所构成的，所以按照建筑空间的不同用途来划分防烟分区也是比较合适的。但应值得注意的是，在按照不同的用途把房间划分成各个不同的防烟分区时，对通风空调管道、电气配线管、给排水管道及采暖系统管道等穿越墙壁和楼板处，应妥善采取防火分隔措施，以保证防烟分区的严密性。

在某些情况下，疏散走道也应单独划分防烟分区。此时，面向走道的房间与走道之间的分隔门应是防火门，这是由于普通门容易被火烧毁难以阻挡烟气扩散，将使房间和走道连成一体。

（2）按面积划分　对于高层民用建筑，当每层建筑面积超过 $500m^2$ 时，应按照每个烟气控制区不超过 $500m^2$ 的原则划分防烟分区。设置在各个标准层上的防烟分区，形状相同、尺寸相同、用途相同。对不同形状及用途的防烟分区，其面积亦应尽可能一样。每个楼层上的防烟分区也可采用同一套防、排烟设施。

（3）按楼层划分　还可分别按照楼层划分防烟分区。在现代高层建筑中，底层部分与高层部分的用途往往不同，比如高层旅馆建筑，底层多布置餐厅、接待室、商店以及小卖部等房间，而主体高层多为客房。火灾统计数据资料表明，底层发生火灾的机会较多，火灾概率大，而高层主体发生火灾的机会则较少，火灾概率低，所以应尽可能按照房间的不同用途沿垂直方向按照楼层划分防烟分区。如图 2-10(a) 所示为典型高层旅馆防烟分区的划分示意图，很显然这一设计实例是将底层公共设施部分与高层客房部分严格分开。图 2-10(b) 为典型高层办公楼防烟分区的划分示意图，从图中可以看出，底部商店是沿垂直方向按照楼层划分防烟分区的，而在地上层则是沿水平方向划分防烟分区的。

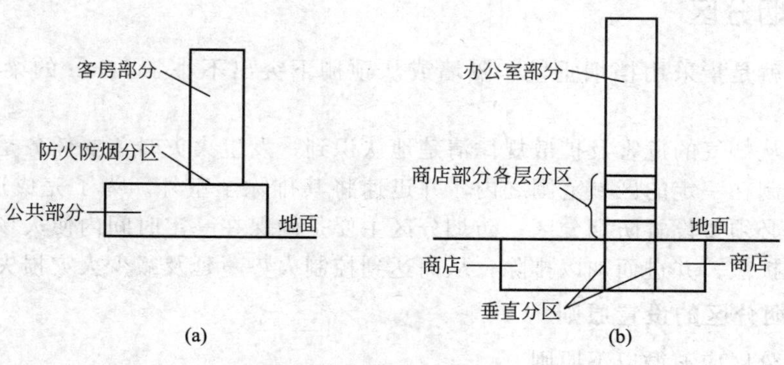

图 2-10　楼层分区的设计实例

从防烟、排烟的方面看，在进行建筑设计时特别应注意的是垂直防烟分区，特别是对于建筑高度超过100m的超高层建筑，可以把一座高层建筑按照15～20层分段，通常是利用不连续的电梯竖井在分段处错开，楼梯间也做成不连续的，这样的设计能有效地防止烟气无限制地向上蔓延，对超高层建筑的消防安全是十分有益的。

2.3 安全疏散

2.3.1 安全疏散设计的原则及主要影响因素

建筑物发生火灾时，为了防止建筑物内部人员由于火烧、烟气中毒和房屋倒塌而受到伤害，且为了保证内部人员能尽快撤离，同时，消防人员也可以迅速接近起火部位，扑救火灾，在建筑设计时需要认真考虑安全疏散问题。安全疏散设计的主要任务就是设定作为疏散及避难所使用的空间，争取疏散行动与避难的时间，保证人员和财物的伤亡与损失最小。

2.3.1.1 保证安全疏散的基本条件

为了保证楼内人员在由于火灾造成的各种危险中的安全，所有的建筑物都必须满足以下保证安全疏散的基本条件。

（1）布置合理的安全疏散路线　在发生火灾、人们在紧急疏散时，应确保一个阶段比一个阶段安全性高，即人们从着火房间或部位跑到公共走道，再由公共走道到达疏散楼梯间，然后转向室外或其他安全处所，一步比一步安全，这样的疏散路线即为安全疏散路线。所以，在布置疏散路线时，要力求简捷，便于寻找、辨认，疏散楼梯位置要明显。通常地说，靠近楼梯间布置疏散楼梯是较为有利的，由于火灾发生时，人们习惯跑向经常使用的电梯作为逃生的通道，当靠近电梯设置疏散楼梯时，就能使经常使用的路线与火灾时紧急使用的路线有机地结合起来，有利于迅速而安全地疏散人员。

（2）保证安全的疏散通道　在有起火可能性的任何场所发生火灾时，建筑物都必须确保至少有一条能够使全部人员安全疏散的通道。有时，虽然很多建筑物设有两条安全通道，却并不能保证全部人员的安全疏散。所以，从本质上讲，最重要的是采取接近万无一失的措施，即使只有单方向疏散通道也要能够保证安全。从建筑物内人员的具体情况考虑，疏散通道必须具有足以使这些人疏散出去的容量、尺寸和形状，同时必须确保疏散中的安全，在疏散过程中不受到火灾烟气、火和其他危险的干扰。

（3）保证安全的避难场所安全　避难场所被认为是“只要避难者到达这个地方，安全就得到保证”。为了在火灾时确保楼内人员的安全疏散，避难场所必须没有烟气、火焰、破损及其他各种火灾的危险。原则上避难场所应设在建筑物公共空间，即外面的自由空间中。但是在大规模的建筑物中，与火灾扩展速度相比，疏散需要更多的时间，把楼内全部人员一下子疏散到外面去，时间不允许，还不如在建筑物内部设立一个可作为避难的空间更为安全。所以，建筑物内部避难场所的合理设置十分重要。常见的避难场所或安全区域有封闭楼梯间和防烟楼梯间、消防电梯、屋顶直升机停机坪以及建筑中火灾楼层下面两层以下的楼层、高层建筑或超高层建筑中为安全避难特设的“避难层”“避难间”等。

（4）限制使用严重影响疏散的建筑材料　建筑物结构和装修中大量地使用了建筑材料，对火灾影响很大，应该在防火及疏散方面予以特别注意。火焰燃烧速度很快的材料、火灾时排放剧毒性燃烧气体的材料不得作为建筑材料使用，以防止火灾发生时有可能成为疏散障碍的因素。但是对材料加以限制使用不是一件容易的事，掌握的尺度就是不使用比普通木材更易燃的材料。在此前提下，才能进一步考虑安全疏散的其他问题。

2.3.1.2 安全疏散的设计原则

① 安全疏散设计是以建筑内的所有人员应该能够脱离火灾危险并独立地步行到安全地带为原则的。

② 安全疏散方法应确保在任何时间、任何位置的人都能自由地无阻碍地进行疏散。在一定程度上能够保证行动不便的人足够的安全度。

③ 疏散路线应力求短捷通畅、安全可靠，防止出现各种人流、物流相互交叉现象，杜绝出现逆流。防止疏散过程中由于长时间的高密度人员滞留和通道堵塞等引起群集事故的发生。

④ 建筑物内的任意一个区域，宜同时有两个或两个以上的疏散方向可供疏散。安全疏散方法应提供多种疏散方式而不仅仅是一种，因为任何一种单一的疏散方式都会由于人为或机械原因而导致失败。

⑤ 安全疏散设计应充分考虑在火灾情况下人员心理状态及行为特点的特殊性，采取相应的措施，保证信息传达准确及时，以免恐慌等不利情况出现。

2.3.2 安全疏散时间和距离

2.3.2.1 安全疏散时间

安全疏散时间指的是需要疏散的人员自疏散开始到疏散结束所需要的时间，是疏散开始时间与疏散行动时间之和。

疏散开始时间指的是自火灾发生，到楼内人员开始疏散为止的时间。当发现起火时，只靠火灾警报，人们不会立即开始疏散，一般是先查看情况是否属实。如果是小范围起火，人们会立即去救火，涉及整个建筑物的疏散活动的决定是很难在短时间内做出的，所以疏散开始时间包含着相当不确定的因素。

疏散行动时间受建筑物中疏散设施的形式、布局以及人员密集程度等的限制。

（1）疏散设施条件　楼梯的形式是影响疏散行动时间的一个重要因素。据测定，螺旋步和扇形步的楼梯，其上、下行的速度要慢于普通踏步的楼梯，而且在紧急情况下容易摔跤。楼梯踏步宽度和高度尺寸比例应适当，一般楼梯的踏步高采用15～18cm为宜。

疏散走道的宽窄、弯直以及门的宽窄等对疏散时间均有影响，疏散走道地面的粗糙度对时间也有影响。在过于光滑的地面上，人容易跌倒，所以，地面的粗糙程度要适当。

（2）人员的密集程度　如果楼内人员密度低，居室之间没有联系，则人们无法通过人员的嘈杂声觉察火灾。如果楼内人员密度高，则火灾区的嘈杂声和在走廊内的奔跑声会使在非火灾室的人们察觉火灾。但是人越密集，则步行速度越慢，需要的疏散时间也就越长。有统计表明，当人群密度为1.5人/m^2时，步行速度为1m/s；当人群密度为3.0人/m^2时，步行速度为0.5m/s；当人群密度为5.38人/m^2以上时，步行速度几乎为0。

（3）室内装修材料　发生火灾时，装修材料产生大量浓烟，且伴有大量有毒气体，影响了安全疏散时间，所以，在设计时应引起高度重视。

2.3.2.2 安全疏散距离

安全疏散距离主要包括两方面的要求：一是由房间内最远点到房门的安全疏散距离；二

是由房门到疏散楼梯间或建筑物外部出口的安全疏散距离。

(1) 房间内最远点到房门的距离　若房间面积过大，则有可能导致集中的人员过多。火灾发生时，人群易集中在房间有限的出口处，这使得疏散时间延长，甚至造成人员伤亡事故。所以，为了保障房间内的人员能够顺利而迅速地疏散到门口，再通过走道疏散到安全区，一般规定从房间内最远点到房门的距离不要超过 15m。若达不到这个要求，要增设房间或户门。对于商场营业厅、影剧院、多功能厅以及大会议室等，一般说来，聚集的人员多，通常安全出口总宽度能满足要求，但出口数量较少，这样的设计也是很不安全的，所以，对于这类面积大、人员集中的房间，从房间最远点到安全出口的距离应控制在 25m 以内，每个安全出口距离也控制在 25m 以内，这样均匀地、分散地设置一些数量及宽度适当的出口，有利于安全疏散。

(2) 从房门到安全出口的疏散距离　在允许疏散时间内，人员利用走道迅速疏散，从房门到安全出口的疏散距离以透过烟雾能看到安全出口或者疏散标志为依据。

疏散距离的确定受一些因素的影响会发生变化，比如建筑物内人员的密集程度、人员的情况、烟气的影响以及人员对疏散路线的熟悉程度等。人员的情况主要是针对人员行走困难或慢的情况，如普通医院中的病房楼、妇产医院以及儿童医院等，这类建筑的安全疏散距离应短些。烟气对人的视力有影响，据资料表明，人在烟雾中通过的极限距离为 30m 左右。所以，在通常情况下，从房门到安全出口的安全距离不宜大于 30m。

直通疏散走道的房间疏散门至最近安全出口的直线距离不应大于表 2-6 的规定。

表 2-6　安全疏散距离　　单位：m

名称			位于两个外部出口或楼梯之间的疏散门			位于袋形走道两侧或尽端的疏散门		
			一、二级	三级	四级	一、二级	三级	四级
托儿所、幼儿园、老年人照料设施			25	20	15	20	15	10
歌舞娱乐放映游艺场所			25	20	15	9	—	—
医疗建筑	单、多层		35	30	25	20	15	10
	高层	病房部分	24	—	—	12	—	—
		其他部分	30	—	—	15	—	—
教学建筑	单、多层		35	30	25	22	20	10
	高层		30	—	—	15	—	—
高层旅馆、展览建筑			30	—	—	15	—	—
其他建筑	单、多层		40	35	25	22	20	15
	高层		40	—	—	20	—	—

注：1. 建筑内开向敞开式外廊的房间疏散门至最近安全出口的直线距离可按本表的规定增加 5m。

2. 直通疏散走道的房间疏散门至最近敞开楼梯间的直线距离。当房间位于两个楼梯间之间时，应按本表的规定减少 5m；当房间位于袋形走道两侧或尽端时，应按本表的规定减少 2m。

3. 建筑物内全部设置自动喷水灭火系统时。其安全疏散距离可按本表的规定增加 25%。

对教学楼、旅馆以及展览馆等建筑的安全疏散距离，规定在 25～30m，因为这些建筑内的人员较集中，对疏散路线不熟悉。若有袋形走道，位于袋形走道两侧或者尽端的房间，安全疏散距离应控制在 12～15m。对于医院、疗养院以及康复中心等一类高层建筑，当其房间位于两个安全出口之间时，一般规定最大疏散距离为 24m；当其房间位于袋形走道两侧或尽端时，通常在 12m 以内。对于科研楼、办公楼、广播电视楼以及综合楼等高层建筑，当其房间位于两个安全出口之间时，一般规定最大疏散距离在 34～40m；当其房间位于袋形走道两侧或尽端时，通常在 16～20m。

高层工业厂房的安全疏散距离是依据火灾危险性与允许疏散时间确定的。火灾危险性越大，其允许疏散时间就越短，安全疏散距离就越小。

2.3.3 疏散出口

建筑安全出口是指供人员安全疏散用的楼梯间、室外楼梯的出入口或直通室内外安全区域的出口。为保证在火灾时能够迅速安全地疏散建筑内的人员和物资，建筑物应设置足够数量的安全出口。安全出口的数量与建筑本身的火灾危险性、建筑面积、现场人员多少等因素有关，原则上每个防火分区要设置至少 2 个安全出口。对于建筑面积较小且在同一时间内使用人数较少的建筑物，在满足特定条件时可只设一个安全出口。建筑物直通室外的安全出口上方，应设置宽度不小于 1.0m 的金属或钢筋混凝土的挑檐。

2.3.3.1 民用建筑安全出口的设置

民用建筑应根据建筑的高度、规模、使用功能和耐火等级等因素合理设置安全疏散和避难设施。安全出口、疏散出口的位置、数量、宽度及疏散楼梯的形式应满足人员安全疏散的要求。当建筑内需要设置多个安全出口时，安全出口应分散布置，并应符合双向疏散的要求。

① 公共建筑内每个防火分区或一个防火分区的每个楼层，其安全出口的数量应经计算确定，且不应少于 2 个。设置一个安全出口或一部疏散楼梯的公共建筑应符合下列条件之一。

a. 除托儿所、幼儿园外，建筑面积不大于 $200m^2$ 且人数不超过 50 人的单层公共建筑或多层公共建筑的首层。

b. 除医疗建筑，老年人照料设施建筑，托儿所、幼儿园的儿童用房，儿童游乐厅等儿童活动场所和歌舞娱乐放映游艺场所等外，符合表 2-7 规定的公共建筑。

表 2-7 可设置一部疏散楼梯的公共建筑

耐火等级	最多层数	每层最大建筑面积/m^2	人数
一、二级别	3 层	200	第二、三层的人数之和不超过 50 人
三级、木结构建筑	3 层	200	第二、三层的人数之和不超过 25 人
四级	2 层	200	第二层人数不超过 15 人

② 一、二级耐火等级公共建筑内的安全出口全部直通室外确有困难的防火分区，可利用通向相邻防火分区的甲级防火门作为安全出口，但应符合下列要求。

a. 利用通向相邻防火分区的甲级防火门作为安全出口时，应采用防火墙与相邻防火分区进行分隔。

b. 建筑面积大于 $1000m^2$ 的防火分区，直通室外的安全出口不应少于 2 个；建筑面积不大于 $1000m^2$ 的防火分区，直通室外的安全出口不应少于 1 个。

c. 该防火分区通向相邻防火分区的疏散净宽度不应大于其按《建筑设计防火规范》（2018 年版）（GB 50016—2014）第 5.5.21 条规定计算所需疏散总净宽度的 30%，建筑各层直通室外的安全出口总净宽度不应小于按照《建筑设计防火规范》(2018 年版)(GB 50016—2014) 第 5.5.21 条规定计算所需疏散总净宽度。

③ 设置不少于两部疏散楼梯的一、二级耐火等级多层公共建筑，如顶层局部升高，当高出部分的层数不超过 2 层、人数之和不超过 50 人且每层建筑面积不大于 $200m^2$ 时，高出部分可设置一部疏散楼梯，但至少应另外设置一个直通建筑主体上人平屋面的安全出口，且上人屋面应符合人员安全疏散的要求。

④ 建筑高度大于 32m 的老年人照料设施建筑，宜在 32m 以上部分增设能连通老年人居室和公共活动场所的连廊，各层连廊应直接与疏散楼梯、安全出口或室外避难场地连通。

⑤ 住宅建筑安全出口的设置应符合下列规定。

a. 建筑高度不大于 27m 的住宅建筑，当每个单元任一层的建筑面积大于 $650m^2$，或任一户门至最近安全出口的距离大于 15m 时，每个单元每层的安全出口不应少于 2 个。

b. 建筑高度大于 27m、不大于 54m 的住宅建筑，当每个单元任一层的建筑面积大于 $650m^2$，或任一户门至最近安全出口的距离大于 10m 时，每个单元每层的安全出口不应少于 2 个。

c. 建筑高度大于 54m 的住宅建筑，每个单元每层的安全出口不应少于 2 个。

⑥ 建筑高度大于 27m，但不大于 54m 的住宅建筑，每个单元设置一座疏散楼梯时，疏散楼梯应通至屋面，且单元之间的疏散楼梯应能通过屋面连通，户门应采用乙级防火门。当不能通至屋面或不能通过屋面连通时，应设置 2 个安全出口。

2.3.3.2 厂房安全出口的设置

① 厂房的安全出口应分散布置。每个防火分区或一个防火分区的每个楼层，其相邻两个安全出口最近边缘之间的水平距离不应小于 5m。

② 厂房中符合下列条件的每个防火分区或一个防火分区的每个楼层，安全出口不应少于 2 个。

a. 甲类地上生产场所，一个防火分区或楼层的建筑面积大于 $100m^2$ 或同一时间的使用人数大于 5 人。

b. 乙类地上生产场所，一个防火分区或楼层的建筑面积大于 $150m^2$ 或同一时间的使用人数大于 10 人。

c. 丙类地上生产场所，一个防火分区或楼层的建筑面积大于 $250m^2$ 或同一时间的使用人数大于 20 人。

d. 丁、戊类地上生产场所，一个防火分区或楼层的建筑面积大于 $400m^2$ 或同一时间的使用人数大于 30 人。

e. 丙类地下或半地下生产场所，一个防火分区或楼层的建筑面积大于 $50m^2$ 或同一时间的使用人数大于 15 人。

f. 丁、戊类地下或半地下生产场所，一个防火分区或楼层的建筑面积大于 $200m^2$ 或同一时间的使用人数大于 15 人。

③ 地下或半地下厂房(包括地下或半地下室)，当有多个防火分区相邻布置，并采用防火墙分隔时，每个防火分区可利用防火墙上通向相邻防火分区的甲级防火门作为第二安全出口，但每个防火分区必须至少有一个直通室外的独立安全出口。

④ 厂房内任一点至最近安全出口的直线距离不应大于表 2-8 的规定。

表 2-8　厂房内任一点至最近安全出口的直线距离　单位：m

生产的火灾危险性类别	耐火等级	单层厂房	多层厂房	高层厂房	地下或半地下厂房（包括地下或半地下室）
甲	一、二级	30	25	—	—
乙	一、二级	75	50	30	—
丙	一、二级	80	60	40	30
	三级	60	40	—	—
丁	一、二级	不限	不限	50	45
	三级	60	50	—	—
	四级	50	—	—	—
戊	一、二级	不限	不限	75	60
	三级	100	75	—	—
	四级	60	—	—	—

⑤ 厂房内疏散楼梯、走道、门的各自总净宽度，应根据疏散人数按每 100 人的最小疏散净宽度不小于表 2-9 的规定计算确定。但疏散楼梯的最小净宽度不宜小于 1.10m，疏散走道的最小净宽度不宜小于 1.40m，门的最小净宽度不宜小于 0.90m。当每层疏散人数不相等时，疏散楼梯的总净宽度应分层计算，下层楼梯总净宽度应按该层及以上疏散人数最多一层的疏散人数计算。

首层外门的总净宽度应按该层及以上疏散人数最多一层的疏散人数计算，且该门的最小净宽度不应小于 1.20m。

表 2-9　厂房内疏散楼梯、走道和门的每 100 人最小疏散净宽度

厂房层数/层	1～2	3	≥4
最小疏散净宽度/(m/百人)	0.60	0.80	1.00

⑥ 高层厂房和甲、乙、丙类多层厂房的疏散楼梯应采用封闭楼梯间或室外楼梯。建筑高度大于 32m 且任一层人数超过 10 人的厂房，应采用防烟楼梯间或室外楼梯。

2.3.3.3　仓库安全出口的设置

① 仓库的安全出口应分散布置。每个防火分区或一个防火分区的每个楼层，其相邻两个安全出口最近边缘之间的水平距离不应小于 5m。

② 每座仓库的安全出口不应少于 2 个，当一座仓库的占地面积不大于 300m^2 时，可设置 1 个安全出口。仓库内每个防火分区通向疏散走道、楼梯或室外的出口不宜少于 2 个，当防火分区的建筑面积不大于 100m^2 时，可设置 1 个出口。通向疏散走道或楼梯的门应为乙级防火门。

③ 地下或半地下仓库（包括地下或半地下室）的安全出口不应少于 2 个；当建筑面积不大于 100m^2 时，可设置 1 个安全出口。

地下或半地下仓库（包括地下或半地下室），当有多个防火分区相邻布置并采用防火墙分隔时，每个防火分区可利用防火墙上通向相邻防火分区的甲级防火门作为第二安全出口，但每个防火分区必须至少有 1 个直通室外的安全出口。

④ 冷库、粮食筒仓、金库的安全疏散设计应分别符合现行国家标准《冷库设计标准》(GB 50072—2021) 和《粮食钢板筒仓设计规范》(GB 50322—2011) 等标准的规定。

⑤ 粮食筒仓上层面积小于 $1000m^2$，且作业人数不超过 2 人时，可设置 1 个安全出口。

⑥ 仓库、筒仓中符合《建筑设计防火规范》(2018 年版)(GB 50016—2014) 第 6.4.5 条规定的室外金属梯，可作为疏散楼梯，但筒仓室外楼梯平台的耐火极限不应低于 0.25h。

⑦ 高层仓库的疏散楼梯应采用封闭楼梯间或室外楼梯。

⑧ 除一、二级耐火等级的多层戊类仓库外，其他仓库内供垂直运输物品的提升设施宜设置在仓库外，确需设置在仓库内时，应设置在井壁的耐火极限不低于 2.00h 的井筒内。室内外提升设施通向仓库的入口应设置乙级防火门或符合《建筑设计防火规范》(2018 年版)(GB 50016—2014) 第 6.5.3 条规定的防火卷帘。

2.3.3.4 汽车库、修车库安全出口的设置

① 汽车库、修车库的人员安全出口和汽车疏散出口应分开设置。设置在工业与民用建筑内的汽车库，其车辆疏散出口应与其他场所的人员安全出口分开设置。

② 除室内无车道且无人员停留的机械式汽车库外，汽车库、修车库内每个防火分区的人员安全出口不应少于 2 个，Ⅳ类汽车库和Ⅲ、Ⅳ类修车库可设置 1 个。

③ 汽车库内任一点至最近人员安全出口的疏散距离应符合下列规定。

a. 单层汽车库、位于建筑首层的汽车库，无论汽车库是否设置自动灭火系统，均不应大于 60m。

b. 其他汽车库，未设置自动灭火系统时，不应大于 45m；设置自动灭火系统时，不应大于 60m。

④ 除《汽车库、修车库、停车场设计防火规范》(GB 50067—2014) 另有规定外，汽车库、修车库的汽车疏散出口总数不应少于 2 个，且应分散布置。

⑤ 当符合下列条件之一时，汽车库、修车库的汽车疏散出口可设置 1 个。

a. Ⅳ类汽车库。

b. 设置双车道汽车疏散出口的Ⅲ类地上汽车库。

c. 设置双车道汽车疏散出口、停车数量小于或等于 100 辆且建筑面积小于 $4000m^2$ 的地下或半地下汽车库。

d. Ⅱ、Ⅲ、Ⅳ类修车库。

⑥ Ⅰ、Ⅱ类地上汽车库和停车数量大于 100 辆的地下、半地下汽车库，当采用错层或斜楼板式，坡道为双车道且设置自动喷水灭火系统时，其首层或地下一层至室外的汽车疏散出口不应少于 2 个，汽车库内其他楼层的汽车疏散坡道可设置 1 个。

⑦ Ⅳ类汽车库设置汽车坡道有困难时，可采用汽车专用升降机作汽车疏散出口，升降机的数量不应少于 2 台，停车数量少于 25 辆时可设置 1 台。

⑧ 停车场的汽车疏散出口不应少于 2 个；停车数量不大于 50 辆时，可设置 1 个。

2.3.3.5 人防工程安全出口的设置

① 每个防火分区的安全出口数量不应少于 2 个。

② 当有 2 个或 2 个以上防火分区相邻，且将相邻防火分区之间防火墙上设置的防火门作为安全出口时，防火分区安全出口应符合下列规定。

a. 防火分区建筑面积大于 $1000m^2$ 的商业营业厅、展览厅等场所，设置通向室外、直通室外的疏散楼梯间或避难走道的安全出口个数不得少于 2 个。

b. 防火分区建筑面积不大于 $1000m^2$ 的商业营业厅、展览厅等场所，设置通向室外、直通室外的疏散楼梯间或避难走道的安全出口个数不得少于 1 个。

c. 在一个防火分区内，设置通向室外、直通室外的疏散楼梯间或避难走道的安全出口宽度之和，不宜小于《人民防空工程设计防火规范》（GB 50098—2009）第 5.1.6 条规定的安全出口总宽度的 70%。

③ 建筑面积不大于 $500m^2$，且室内地面与室外出入口地坪高差不大于 10m，容纳人数不大于 30 人的防火分区，当设置有仅用于采光或进风用的竖井，且竖井内有金属梯直通地面、防火分区通向竖井处设置有不低于乙级的常闭防火门时，可只设置一个通向室外、直通室外的疏散楼梯间或避难走道的安全出口；也可设置一个与相邻防火分区相通的防火门。

④ 建筑面积不大于 $200m^2$，且经常停留人数不超过 3 人的防火分区，可只设置一个通向相邻防火分区的防火门。

⑤ 房间建筑面积不大于 $50m^2$，且经常停留的人数不超过 15 人的房间，可设置一个疏散出口。

2.3.4 疏散楼梯和楼梯间

作为竖向疏散通道的室内外楼梯，是建筑物中的主要垂直交通空间，是安全疏散的重要通道。楼梯间防火和疏散能力的大小，直接影响着火灾中被困人员的生命安全与消防队员的灭火救援工作。因此应根据建筑物的使用性质、高度、层数，正确选择符合防火要求的疏散楼梯及楼梯间，为安全疏散创造有利条件。根据防火要求，可将楼梯间分为敞开楼梯间、封闭楼梯间、防烟楼梯间和室外楼梯间 4 种形式。

2.3.4.1 基本要求

① 楼梯间应能天然采光和自然通风，并宜靠外墙设置。疏散楼梯间及其前室上的开口与建筑外墙上的其他相邻开口最近边缘之间的水平距离不应小于 1.0m。当距离不符合要求时，应采取防止火势通过相邻开口蔓延的措施。

② 楼梯间内不应设置烧水间、可燃材料储藏室、垃圾道。

③ 楼梯间内不应有影响疏散的凸出物或其他障碍物。

④ 封闭楼梯间、防烟楼梯间及其前室，不应设置卷帘。

⑤ 楼梯间内不应设置甲、乙、丙类液体管道。

⑥ 封闭楼梯间、防烟楼梯间及其前室内禁止穿过或设置可燃气体管道。敞开楼梯间内不应设置可燃气体管道，当住宅建筑的敞开楼梯间内确需设置可燃气体管道和可燃气体计量表时，应采取防止燃气泄漏的防护措施。

⑦ 除通向避难层的疏散楼梯外，疏散楼梯间在各层的平面位置不应改变或应能使人员的疏散路线保持连续。除住宅建筑套内的自用楼梯外，建筑的地下或半地下室、平时使用的人民防空工程、其他地下工程的疏散楼梯间应符合下列规定。

a. 当埋深不大于 10m 或层数不大于 2 层时，应为封闭楼梯间。

b. 当埋深大于 10m 或层数不小于 3 层时，应为防烟楼梯间。

c. 地下楼层的疏散楼梯间与地上楼层的疏散楼梯间，应在直通室外地面的楼层采用耐火极限不低于 2.00h 且无开口的防火隔墙分隔。

d. 在楼梯的各楼层入口处均应设置明显的标识。

⑧ 疏散用楼梯和疏散通道上的阶梯不宜采用螺旋楼梯和扇形踏步；确需采用时，踏步上、下两级所形成的平面角度不应大于 10°，且每级离扶手 250mm 处的踏步深度不应小于 220mm。

⑨ 建筑内的公共疏散楼梯，其两梯段及扶手间的水平净距不宜小于 150mm。

2.3.4.2 敞开楼梯间

敞开楼梯间是指建筑物内由墙体等围护构件构成的无封闭防烟功能，且与其他使用空间相通的楼梯间，敞开楼梯间在低层建筑中广泛采用。由于敞开楼梯间的楼梯间与走道之间无任何防火分隔措施，一旦发生火灾就会成为烟火竖向蔓延的通道，因此，在高层建筑和地下建筑中不允许采用。敞开楼梯间除应满足疏散楼梯间的一般要求外，还应符合下列要求。

① 房间门至最近的楼梯间的距离应满足安全疏散距离的要求。

② 楼梯间在首层处应设直接对外的出口。当一般建筑层数不超过 4 层时，可将对外出口设置在距楼梯间不超过 15m 处。

③ 公共建筑的疏散楼梯两段之间的水平净距不宜小于 150mm。

④ 除公共走道外，其他房间的门、窗不应开向楼梯间。

2.3.4.3 封闭楼梯间

封闭楼梯间是指在楼梯间入口处设有防火分隔设施，以防止烟和热气进入的楼梯间。

(1) 应当设置封闭楼梯间的楼梯　为了保证人员的安全疏散，根据建筑物的危险性大小和重要程度，下列建筑物应当设置封闭楼梯间（包括首层扩大的封闭楼梯间）或室外疏散楼梯。

① 下列公共建筑中与敞开式外廊不直接连通的室内疏散楼梯均应为封闭楼梯间。

a. 建筑高度不大于 32m 的二类高层公共建筑。

b. 多层医疗建筑、旅馆建筑、老年人照料设施及类似使用功能的建筑。

c. 设置歌舞娱乐放映游艺场所的多层建筑。

d. 多层商店建筑、图书馆、展览建筑、会议中心及类似使用功能的建筑。

e. 6 层及 6 层以上的其他多层公共建筑。

② 建筑高度不大于 21m 的住宅建筑与电梯井相邻布置的疏散楼梯。

③ 建筑高度大于 21m、不大于 33m 的住宅建筑。

④ 地上修车库和建筑高度不大于 32m 的汽车库。

⑤ 人防工程当地下为两层，且地下第 2 层的地坪与室外出入口地面高度差不大于 10m 时的电影院、礼堂；建筑面积大于 $500m^2$ 的医院、旅馆；建筑面积大于 $1000m^2$ 的商场、餐厅、展览厅、公共娱乐场所、小型体育场所等的疏散楼梯。

⑥ 高层厂房和甲、乙、丙类多层厂房的疏散楼梯。

⑦ 高层仓库的疏散楼梯。

(2) 封闭楼梯间的设置要求　封闭楼梯间除应符合 2.3.4.1 的规定外，尚应符合下列规定。

① 不能自然通风或自然通风不能满足要求时，应设置机械加压送风系统或采用防烟楼梯间。

② 除楼梯间的出入口和外窗外，楼梯间的墙上不应开设其他门、窗、洞口。

③ 高层建筑、人员密集的公共建筑、人员密集的多层丙类厂房、甲乙类厂房，其封闭楼梯间的门应采用乙级防火门，并应向疏散方向开启；其他建筑，可采用双向弹簧门。

④ 楼梯间的首层可将走道和门厅等包括在楼梯间内形成扩大的封闭楼梯间，但应采用乙级防火门等与其他走道和房间分隔。

2.3.4.4 防烟楼梯间

防烟楼梯间是指在楼梯间入口处采取设置防烟前室等防烟措施，以防止烟和热气进入的楼梯间。其形式一般有带封闭前室或合用前室的防烟楼梯间，用阳台作前室的防烟楼梯间，用凹廊作前室的防烟楼梯间等。

① 应当设置防烟楼梯间的楼梯根据建筑物的危险性大小和重要程度，下列建筑的疏散楼梯应当设置防烟楼梯间。

a. 一类高层公共建筑和建筑高度大于 32m 的二类高层公共建筑的疏散楼梯。

b. 建筑高度大于 24m 的老年人照料设施的室内疏散楼梯。

c. 建筑高度大于 33m 的住宅建筑。

d. 建筑高度大于 32m 的高层汽车库、室内地面与室外出入口地坪的高差大于 10m 的地下汽车库。

e. 人防工程：当底层室内地坪与室外出入口地面高度差大于 10m 的电影院、礼堂的疏散楼梯；建筑面积大于 500m^2 的医院、旅馆；建筑面积大于 1000m^2 的商场、餐厅、展览厅、公共娱乐场所、小型体育场所等的疏散楼梯。

f. 建筑高度大于 32m 且任一层人数超过 10 人的厂房。

② 防烟楼梯间除应符合 2.3.4.1 的规定外，尚应符合下列规定。

a. 应设置防烟设施。

b. 前室可与消防电梯间前室合用。

c. 前室的使用面积：公共建筑、高层厂房（仓库）、平时使用的人民防空工程及其他地下工程，不应小于 6.0m^2；住宅建筑，不应小于 4.5m^2。

与消防电梯间前室合用时，合用前室的使用面积：公共建筑、高层厂房（仓库）、平时使用的人民防空工程及其他地下工程，不应小于 10.0m^2；住宅建筑，不应小于 6.0m^2。

d. 疏散走道通向前室以及前室通向楼梯间的门应采用乙级防火门。

e. 除住宅建筑的楼梯间前室外，防烟楼梯间和前室内的墙上不应开设除疏散门和送风口外的其他门、窗、洞口。

f. 楼梯间的首层可将走道和门厅等包括在楼梯间前室内形成扩大的前室，但应采用乙级防火门等与其他走道和房间分隔。

2.3.4.5 室外疏散楼梯

室外疏散楼梯是指用耐火结构与建筑物分隔，设在墙外的楼梯。室外疏散楼梯主要用于应急疏散。可作为辅助防烟楼梯使用。为确保安全疏散，室外楼梯的设置应当满足以下要求。

① 栏杆扶手的高度不应小于 1.10m，楼梯的净宽度不应小于 0.80m。

② 倾斜角度不应大于 45°。

③ 除 3 层及 3 层以下建筑的室外疏散楼梯可采用难燃性材料或木结构外，室外疏散楼梯的梯段和平台均应采用不燃材料。

④ 通向室外楼梯的门应采用乙级防火门，并应向外开启。

⑤ 除疏散门外，楼梯周围 2m 内的墙面上不应设置门、窗、洞口。疏散门不应正对梯段。

2.3.4.6 剪刀楼梯

剪刀楼梯又称叠合楼梯或套梯，是指在同一楼梯间设置一对相互重叠、又互不相通，具有两条垂直方向疏散通道的楼梯。

① 高层公共建筑的疏散楼梯，当分散设置确有困难且从任一疏散门至最近疏散楼梯间

入口的距离不大于 10m 时，可采用剪刀楼梯间，但应符合下列规定。

a. 楼梯间应为防烟楼梯间。

b. 梯段之间应设置耐火极限不低于 1.00h 的防火隔墙。

c. 楼梯间的前室应分别设置。

② 住宅单元的疏散楼梯，当分散设置确有困难且任一户门至最近疏散楼梯间入口的距离不大于 10m 时，可采用剪刀楼梯间，但应符合下列规定。

a. 应采用防烟楼梯间。

b. 梯段之间应设置耐火极限不低于 1.00h 的防火隔墙。

c. 楼梯间的前室不宜共用；共用时，前室的使用面积不应小于 $6.0m^2$。

d. 楼梯间的前室或共用前室不宜与消防电梯的前室合用；楼梯间的共用前室与消防电梯的前室合用时，合用前室的使用面积不应小于 $12.0m^2$，且短边不应小于 2.4m。

2.3.5 安全疏散的其他设施

2.3.5.1 疏散走道和避难走道

疏散走道是疏散时人员从房间内至房间门，再从房间门至疏散楼梯或外部出口等安全出口的室内走道。避难走道，是走道两侧采用实体防火墙分隔，并设置有防烟设施等，用于人员安全通行的走道。在火灾情况下，人员要从房间等部位向外疏散，首先通过疏散走道或避难走道，所以，无论是疏散走道还是避难走道，都是人员安全疏散的必经之路。

(1) 一般要求

① 走道要简明直接，尽量避免弯曲，尤其不要往返转折，否则会造成疏散困难和产生不安全感。

② 疏散走道内不应设置阶梯、门槛、门垛、管道等突出物，以免影响疏散。

③ 走道是火灾时必经之路，所以必须保证它的耐火性能。走道中墙面、顶棚、地面的装修应符合《建筑内部装修设计防火规范》(GB 50222—2017) 的要求。同时，走道与房间隔墙应砌至梁、楼板底部并全部填实所有空隙。

(2) 人防工程避难走道的设置要求

① 避难走道直通地面的出口不应少于 2 个，并应设置在不同方向；当避难走道只与一个防火分区相通时，避难走道直通地面的出口可设置一个，但该防火分区至少应有一个不通向该避难走道的安全出口。

② 通向避难走道的各防火分区人数不等时，避难走道的净宽不应小于设计容纳人数最多时一个防火分区通向避难走道各安全出口最小净宽之和。

③ 避难走道的装修材料燃烧性能等级应为 A 级。

④ 防火分区至避难走道入口处应设置前室，前室面积不应小于 $6m^2$，前室的门应为甲级防火门。

⑤ 避难走道的防烟、消火栓设置和火灾应急照明应符合《人民防空工程设计防火规范》(GB 50098—2009) 的规定。

⑥ 避难走道应设置应急广播和消防专线电话。

(3) 疏散走道、楼梯和前室，不应有影响疏散的突出物；疏散走道应减少曲折，走道内不宜设置门槛、阶梯；疏散楼梯的阶梯不宜采用螺旋楼梯和扇形踏步，但踏步上下两级所形成的平面角小于 10°，且每级离扶手 0.25m 处的踏步宽度大于 0.22m 时，可不受此限。

(4) 疏散楼梯间在各层的位置不应改变；各层人数不等时，其宽度应按该层及以下层中通过人数最多的一层计算。

2.3.5.2 疏散门

（1）建筑内的疏散门应符合下列规定。

① 民用建筑和厂房的疏散门，应采用向疏散方向开启的平开门，不应采用推拉门、卷帘门、吊门、转门和折叠门。除甲乙类生产车间外，人数不超过60人且每樘门的平均疏散人数不超过30人的房间，其疏散门的开启方向不限。

② 仓库的疏散门应采用向疏散方向开启的平开门，但丙、丁、戊类仓库首层靠墙的外侧可采用推拉门或卷帘门。

③ 疏散出口门应能在关闭后从任何一侧手动开启。开向疏散楼梯（间）或疏散走道的门在完全开启时，不应减少楼梯平台或疏散走道的有效净宽度。除住宅的户门可不受限制外，建筑中控制人员出入的闸口和设置门禁系统的疏散出口门应具有在火灾时自动释放的功能，且人员不需使用任何工具即能容易地从内部打开，在门内一侧的显著位置应设置明显的标识。

（2）人员密集的公共场所、观众厅的疏散门不应设置门槛，其净宽度不应小于1.40m，且紧靠门口内外各1.40m范围内不应设置踏步。

（3）高层建筑直通室外的安全出口上方，应设置挑出宽度不小于1.0m的防护挑檐。

（4）公共建筑内每个房间的疏散门不应少于2个；儿童活动场所、老年人照料设施中的老年人活动场所、医疗建筑中的治疗室和病房、教学建筑中的教学用房，当位于走道尽端时，疏散门不应少于2个；公共建筑内仅设置1个疏散门的房间应符合下列条件之一。

① 对于儿童活动场所、老年人照料设施中的老年人活动场所，房间位于两个安全出口之间或袋形走道两侧且建筑面积不大于$50m^2$。

② 对于医疗建筑中的治疗室和病房、教学建筑中的教学用房，房间位于两个安全出口之间或袋形走道两侧且建筑面积不大于$75m^2$。

③ 对于歌舞娱乐放映游艺场所，房间的建筑面积不大于$50m^2$且经常停留人数不大于15人。

④ 对于其他用途的场所，房间位于两个安全出口之间或袋形走道两侧且建筑面积不大于$120m^2$。

⑤ 对于其他用途的场所，房间位于走道尽端且建筑面积不大于$50m^2$。

⑥ 对于其他用途的场所，房间位于走道尽端且建筑面积不大于$200m^2$、房间内任一点至疏散门的直线距离不大于15m、疏散门的净宽度不小于1.40m。

（5）剧场、电影院、礼堂和体育馆的观众厅或多功能厅的疏散门不应少于2个，且每个疏散门的平均疏散人数不应大于250人；当容纳人数大于2000人时，其超过2000人的部分，每个疏散门的平均疏散人数不应大于400人。

2.3.5.3 消防电梯

高层建筑由于其竖直高度大，火灾扑救时的难点多、困难大，因此根据《建筑设计防火规范》(2018年版)(GB 50016—2014)的要求，必须设置消防电梯。

（1）设置范围

① 除城市综合管廊、交通隧道和室内无车道且无人员停留的机械式汽车库可不设置消防电梯外，下列建筑均应设置消防电梯，且每个防火分区可供使用的消防电梯不应少于1部。

a. 建筑高度大于 33m 的住宅建筑。

b. 一类高层公共建筑和建筑高度大于 32m 的二类高层公共建筑、5 层及以上且总建筑面积大于 $3000m^2$（包括设置在其他建筑内五层及以上楼层）的老年人照料设施建筑。

c. 建筑高度大于 32m 的丙类高层厂房、建筑高度大于 32m 的封闭或半封闭汽车库。

d. 除轨道交通工程外，埋深大于 10m 且总建筑面积大于 $3000m^2$ 的地下或半地下建筑（室）。

② 建筑高度大于 32m 且设置电梯的高层厂房（仓库），每个防火分区内宜设置 1 台消防电梯，但符合下列条件的建筑可不设置消防电梯。

a. 建筑高度大于 32m 且设置电梯，任一层工作平台上的人数不超过 2 人的高层塔架。

b. 局部建筑高度大于 32m，且局部高出部分的每层建筑面积不大于 $50m^2$ 的丁、戊类厂房。

③ 符合消防电梯要求的客梯或货梯可兼作消防电梯。

（2）消防电梯的功能要求　消防电梯可与客梯或工作电梯兼用，但应满足消防电梯的功能要求。

① 除设置在仓库连廊、冷库穿堂或谷物筒仓工作塔内的消防电梯外，消防电梯应设置前室，并应符合下列规定。

a. 前室宜靠外墙设置，并应在首层直通室外或经过长度不大于 30m 的通道通向室外。

b. 前室的使用面积不应小于 $6.0m^2$，前室的短边不应小于 2.4m；合用前室的使用面积应符合《建筑防火通用规范》(GB 55037—2022) 第 7.1.8 条的规定。

c. 除前室的出入口、前室内设置的正压送风口和《建筑设计防火规范》(2018 年版)(GB 50016—2014) 第 5.5.27 条规定的户门外，前室内不应开设其他门、窗、洞口。

d. 前室或合用前室应采用防火门和耐火极限不低于 2.00h 的防火隔墙与其他部位分隔。除兼作消防电梯的货梯前室无法设置防火门的开口可采用防火卷帘分隔外，不应采用防火卷帘或防火玻璃墙等方式替代防火隔墙。

② 消防电梯井、机房与相邻电梯井、机房之间应设置耐火极限不低于 2.00h 的防火隔墙，隔墙上的门应采用甲级防火门。

③ 消防电梯的井底应设置排水设施，排水井的容量不应小于 $2m^3$，排水泵的排水量不应小于 10L/s。消防电梯间前室的门口宜设置挡水设施。

④ 消防电梯应符合下列规定。

a. 应能每层停靠。

b. 电梯的载重量不应小于 800kg。

c. 电梯从首层至顶层的运行时间不宜大于 60s。

d. 电梯的动力和控制电缆与控制面板的连接处、控制面板的外壳防水性能等级不应低于 IPX5。

e. 在首层的消防电梯入口处应设置供消防队员专用的操作按钮。

f. 电梯轿厢内部装修材料的燃烧性能应为 A 级。

g. 电梯轿厢内部应设置专用消防对讲电话和视频监控系统的终端设备。

2.3.5.4　屋顶直升机停机坪

高层建筑特别是超高层建筑，在屋顶设置直升机停机坪是非常重要的，这样可以确保楼内人员安全撤离，争取外部的援助，以及为空运消防人员和空运必要的消防器材提供条件。

我国上海的希尔顿饭店、南京的金陵饭店、北京国际贸易中心以及北京消防调度指挥楼等高层建筑都设置了屋顶直升机停机坪。

设置停机坪的技术要求如下。

① 停机坪的平面形状可以是圆形、方形或矩形。当采用圆形或者方形平面时，其尺寸大小应为直升机旋翼直径的1.5倍；当采用矩形时，停机坪短边宽度应不小于直升机的全长。

② 停机坪设置位置。一种是直接设于屋顶层，另一种是设在屋顶设备机房的上部。前者要注意停机坪的位置应与屋顶障碍物（如楼梯间、水箱间以及避雷针等）保持不小于5m的距离，后者要注意在停机坪周围设置高度为80～100cm的护栏，由于停机坪面积有限，再加上慌乱的人群争相逃命，容易造成伤亡事故。

③ 通向停机坪的出口不应小于2个，并且每个出口的宽度不宜小于0.9m。出口处若加盖加锁，则应采取妥善的管理措施。

④ 停机坪的荷重计算。以直升机三点同时作用在停机坪上的重量W来考虑，则停机坪承受的等效均布静载$G=W/3K$，其中K为动荷载系数，取2～2.25。

⑤ 为确保避难人员和飞机的安全，在停机坪的适当位置设1～2只消火栓。为了确保在夜间的使用，应设置照明灯。当停机坪是圆形时，周边灯不应少于8个；当停机坪为矩形或方形时，则其任何一边的周边灯不应少于5个，周边灯的间距不应大于3m。导航灯设置在停机坪的两个方向，每个方向不少于5个，间距可为0.6～4.0m。泛光灯设在相反于导航灯的方向。

2.3.5.5 避难层

避难层是超高层建筑中专供发生火灾时人员临时避难使用的楼层。如果作为避难使用的只有几个房间，则这几个房间称为避难间。

（1）避难层应符合下列规定。

① 避难区的净面积应满足该避难层与上一避难层之间所有楼层的全部使用人数避难的要求。

② 除可布置设备用房外，避难层不应用于其他用途。设置在避难层内的可燃液体管道、可燃或助燃气体管道应集中布置，设备管道区应采用耐火极限不低于3.00h的防火隔墙与避难区及其他公共区分隔。管道井和设备间应采用耐火极限不低于2.00h的防火隔墙与避难区及其他公共区分隔。设备管道区、管道井和设备间与避难区或疏散走道连通时，应设置防火隔间，防火隔间的门应为甲级防火门。

③ 避难层应设置消防电梯出口、消火栓、消防软管卷盘、灭火器、消防专线电话和应急广播。

④ 在避难层进入楼梯间的入口处和疏散楼梯通向避难层的出口处，均应在明显位置设置标示避难层和楼层位置的灯光指示标识。

⑤ 避难区应采取防止火灾烟气进入或积聚的措施，并应设置可开启外窗。

⑥ 避难区应至少有一边水平投影位于同一侧的消防车登高操作场地范围内。

（2）避难间应符合下列规定。

① 避难区的净面积应满足避难间所在区域设计避难人数避难的要求。

② 避难间兼作其他用途时，应采取保证人员安全避难的措施。

③ 避难间应靠近疏散楼梯间，不应与可燃物库房、锅炉房、发电机房、变配电站等火灾危险性大的场所的正下方、正上方或贴邻。

④ 避难间应采用耐火极限不低于 2.00h 的防火隔墙和甲级防火门与其他部位分隔。

⑤ 避难间应采取防止火灾烟气进入或积聚的措施，并应设置可开启外窗，除外窗和疏散门外，避难间不应设置其他开口。

⑥ 避难间内不应敷设或穿过输送可燃液体、可燃或助燃气体的管道。

⑦ 避难间内应设置消防软管卷盘、灭火器、消防专线电话和应急广播。

⑧ 在避难间入口处的明显位置应设置标示避难间的灯光指示标识。

(3) 医疗建筑的避难间设置应符合下列规定。

① 高层病房楼应在第二层及以上的病房楼层和洁净手术部设置避难间。

② 楼地面距室外设计地面高度大于 24m 的洁净手术部及重症监护区，每个防火分区应至少设置 1 间避难间。

③ 每间避难间服务的护理单元不应大于 2 个，每个护理单元的避难区净面积不应小于 $25.0m^2$。

④ 避难间的其他防火要求，应符合上述 (2) 的规定。

(4) 3 层及 3 层以上总建筑面积大于 $3000m^2$（包括设置在其他建筑内三层及以上楼层）的老年人照料设施建筑，应在二层及以上各层老年人照料设施部分的每座疏散楼梯间的相邻部位设置 1 间避难间；当老年人照料设施设置与疏散楼梯或安全出口直接连通的开敞式外廊、与疏散走道直接连通且符合人员避难要求的室外平台等时，可不设置避难间。避难间内可供避难的净面积不应小于 $12m^2$，避难间可利用疏散楼梯的前室或消防电梯的前室，其他要求应符合 (3) 的规定。

供失能老年人使用且层数大于 2 层的老年人照料设施，应按核定使用人数配备简易防毒面具。

2.4 施工现场安全防火

2.4.1 施工现场防火基本要求

2.4.1.1 防火防爆的基本规定

① 重点工程及高层建筑应编制防火防爆技术措施并履行报批手续，一般工程在拟定施工组织设计的同时，要拟定现场防火防爆措施。

② 按照规定施工现场配置消防器材、设施和用品，并设立消防组织。

③ 施工现场明确划分用火和禁火区域，并设置明显安全标志。

④ 现场动火作业必须履行审批制度，动火操作人员必须经考试合格后持证上岗。

⑤ 施工现场应定期进行防火检查，及时将火灾隐患消除。

2.4.1.2 施工现场火源的来源

(1) 施工人员在现场吸烟不慎失火　烟头虽然不大，但是烟头的表面温度为 200～300℃，中心温度可达 700～800℃，一支香烟点燃延续时间为 5～15min。若剩下的烟头长度为香烟长度的 1/5～1/4，那么可延续燃烧 1～4min。

通常来说，多数可燃物质的燃点低于烟头的表面温度，比如纸张为 130℃，麻绒为 150℃，布匹为 200℃，松木为 250℃。在自然通风的条件下试验可证实，燃烧的烟头扔进深 50mm 的锯末中，经过 70～90min 的阴燃，便开始出现火焰；燃烧的烟头扔进深 50～

100mm 的刨花中，有 75％的机会经过 60～100min 开始燃烧；把燃烧的烟头放在甘蔗板上，60min 后燃烧面积扩展到直径 150mm 范围，170min 后则发生火焰燃烧。可见，不能忽视施工人员现场吸烟这一现象。要采取必要的措施来防止吸烟引发的火灾。如设置专门的吸烟室，加强对施工人员的消防安全教育等。另外，烟头的烟灰在弹落时，有一部分呈不规则的颗粒，带有火星，如果落在比较干燥、疏松的可燃物上，也极有可能会造成燃烧，对于这一点也要引起高度重视。

（2）施工现场的锅炉运行失控也易引起火灾　建筑施工工地常常使用小型锅炉，若锅炉的烟囱靠近易燃的工棚，由于烟囱有飞火，易燃物质着火易导致火灾；锅炉燃烧系统的化学性爆炸，有时也会引起锅炉房着火；在建筑施工工地上，由于使用的是小型锅炉，人们在思想认识上容易麻痹，且往往是锅炉工没有经过严格而正规的安全教育培训，操作不当也容易引发锅炉发生爆炸和火灾事故。

（3）施工现场焊接、切割的明火源　焊接与切割均属于明火作业。焊接或切割金属时，大量高温的熔渣四处飞溅；并且使用的能源丙烷、乙炔、氢气等均为易燃、易爆的气体；而氧气瓶、乙炔气瓶以及其他液化石油气瓶、乙炔发生器等又均是压力容器。

在建筑施工工地上又存放和使用大量易燃材料，如木草席、板以及油毡等。如果施工人员在焊接、切割作业过程中违反操作规程就潜伏着发生火灾和爆炸的可能性及危险性。因此，对施工现场的焊接、切割作业要严加管理，必要时要有专人监护，以保证焊接、切割的作业安全。

（4）变压器、电气线路起火引发火灾　建筑施工现场的用电大多数属于临时供电线路，往往存在着不规范的行为，极易造成火灾事故。对于施工现场的用电，不管是正式永久性供电，还是临时性供电，都必须按照国家规范的要求进行。该设置安全电压的必须设置安全电压，该绝缘的必须绝缘，该屏护的必须屏护，该保护接地或接零的必须保护接地或接零，该装漏电保护装置的必须装设漏电保护装置。这样，才能有效地预防或控制变压器、电气线路或一些用电设备引发的火灾事故。

（5）熬制沥青作业用火不慎起火　建筑施工中经常熬制沥青，沥青在加热熔融过程中，常常由于温度过高或因加料过多，使沥青沸腾外溢冒槽或产生易燃性蒸气，接触炉火而发生火灾。

（6）石灰受潮或遇水发热起火　建筑施工工地储存的石灰，一旦遇到水或受潮湿的空气影响时，就会起化学变化，由氧化钙生成氢氧化钙（熟石灰）。在化学反应过程中，放出大量的热量，温度高达 800℃，此时如果接触到可燃材料，极易发生起火造成火灾。例如，用竹子、芦席以及木板等可燃材料搭建的石灰棚，当石灰受潮或者遇水发热的温度达到 170～230℃时就会引燃起火。

（7）木屑自燃起火　在建筑施工工地上，大量木屑（锯末）堆积在一起，当含有一定的水分时，因为存在一定的微生物，并生长繁殖产生热量。又由于木屑的导热性很差，热量不易散发，使温度逐渐升高到 70℃左右时，此时微生物会死亡，积热不散。同时木屑中的有机化合物开始分解，生成多孔炭，并且能吸收气体，同时放热，继续升温，又引起新的化合物的分解、炭化，使温度持续上升，当温度升到 150～200℃时，木屑中心的纤维素开始分解，进入氧化过程，温度继续上升，反应迅速加快，热量不断增大，在积热不散的条件下就会引起自燃。

2.4.1.3　施工现场防火的规定

① 施工单位的负责人应全面负责施工现场的防火安全工作，履行《中华人民共和国消

防法》规定的主要职责。

② 施工现场都要建立、健全防火检查制度，发现火险隐患，必须立即将其消除；一时难以消除的隐患要定项目、定人员、定措施，限期进行整改。

③ 施工现场发生火警或火灾，应立即报告公安消防部门，并组织力量扑救。

④ 依据“四不放过”的原则（事故原因未查清不放过；事故责任人未受到处理不放过；事故责任人和相关人员没有受到教育不放过；未采取防范措施不放过），在火灾事故发生后，施工单位和建设单位应共同做好现场保护及会同消防部门进行现场勘察的工作。对火灾事故的处理提出建议，并积极落实防范措施。

⑤ 施工单位在承建工程项目签订的“工程合同”或者安全协议中，必须要有防火安全的内容，会同建设单位搞好防火工作。

⑥ 各单位在编制施工组织设计时，施工总平面图、施工方法以及施工技术都要符合消防安全要求。

⑦ 施工现场应明确划分用火作业区，例如易燃可燃材料堆场、仓库以及易燃废品集中站和生活区等区域。

⑧ 施工现场夜间应有照明设备；保持消防车通道畅通无阻，并且要安排力量加强值班巡逻。

⑨ 施工现场应配备足够的消防器材，指定专人维护、管理，定期更新，保证完整好用。

⑩ 在土建施工时，应先将消防器材和设施配备好，有条件的，应铺设好室外消防水管与消防栓。

⑪ 施工现场用电，应严格执行《施工现场临时用电安全技术规范》（JGJ 46—2005），加强用电管理，防止发生电气火灾。

⑫ 施工现场的动火作业，必须依照不同等级动火作业执行审批制度。

⑬ 古建筑和重要文物单位等场所的动火作业，按照一级动火手续上报审批。

2.4.1.4 防止火灾的基本技术措施

（1）消除火源　防火的基本原则主要应建立在消除火源的基础上。建筑施工现场随处都是可燃物质，而且不缺乏助燃的空气，只有将火源消除，才能有效地预防火灾的发生。

火灾发生后的原因调查，重点也是查清是哪种火源引发的火灾。

（2）控制可燃物　对于工地上容易燃烧的可燃物，进行严格控制和管理，是避免火灾发生的重要措施。具体措施分为及时清理运走、库存以及隔离三种。对易燃的木屑、刨花、木模板等应及时清理运走或运到安全地点存放；对煤油、汽油以及炸药等危险品应存放到安全防燃、防爆的专用库房内，严格控制和管理；对于那些相互作用能产生可燃气体的物品，应加以隔离，分开存，各存放点之间的距离应满足安全要求。

（3）隔绝空气　可燃物与周围的空气隔开，就能马上使燃烧停止。常用的措施有：将灭火剂（四氯化碳、二氧化碳等）、泡沫等不燃气体或者液体覆盖、喷洒在燃烧物体表面，使之与空气隔绝，可达到灭火的目的。

（4）冷却　将燃烧物的温度降至着火点（燃点）以下，燃烧即可停止。常用水或干冰进行降温灭火。

（5）隔绝火源与可燃物　采取措施将火源和可燃物隔离开来，避免产生新的燃烧条件，可阻止火灾的扩大。例如：建筑物之间留防火间距；在仓库里修建防火墙；在火场临近可燃物之间形成一道“冰墙”；将火场临近的建筑物拆除等，均可有效地阻止火灾的蔓延。

2.4.1.5　施工区和非施工区的防火要求

既有建筑进行扩建、改建施工时，必须明确划分施工区与非施工区。施工区不得营业、使用和居住；非施工区继续营业、使用和居住时，应符合以下规定。

① 施工区和非施工区之间应采用不开设门、窗、洞口的耐火极限不低于 3.0h 的不燃烧体隔墙进行防火分隔。

② 非施工区内的消防设施应完好和有效。应保持疏散通道畅通，并应落实日常值班及消防安全管理制度。

③ 施工区的消防安全应配有专人值守，发生火情应能够立即处置。

④ 施工单位应向居住和使用者进行消防宣传教育。告知建筑消防设施、疏散通道的位置及使用方法，同时应组织进行疏散演练。

⑤ 外脚手架搭设不应影响安全疏散、消防车正常通行及灭火救援操作，外脚手架搭设长度不应超过该建筑物外立面周长的 1/2。

2.4.1.6　防火检查的内容

防火检查涉及面广，技术性强。这就要求我们防火管理部门及人员必须熟悉了解防火对象和设施的特点，学习掌握防火业务知识和提高技术水平，要善于发现火险隐患，提出解决问题的措施和办法。

防火检查的内容，从施工单位来说主要有下列几个方面。

① 检查用火、用电和易燃易爆物品及其他重点部位生产储存、运输过程中的防火安全情况和建筑结构、平面布局、水源以及道路是否符合防火要求。

② 检查火险隐患整改情况。

③ 检查义务和专职消防队组织及活动情况。

④ 检查各级防火责任制、岗位责任制、八大工种责任书以及各项防火安全制度执行情况。

⑤ 检查三级动火审批及操作证、动火证、消防设施、器材管理及使用情况。

⑥ 检查防火安全宣传教育，外包工管理等情况。

⑦ 检查十项标准是否落实，基础管理健全与否，防火档案资料是否齐全，发生事故是否按“三不放过”原则进行处理。

2.4.1.7　火险隐患整改的要求

火险隐患是指在施工中、生产中、生活中有可能造成火灾危害的不安全因素。整改火险隐患，要本着既要保证安全又要便利生产的原则。总之，目的是确保防火安全。

火险隐患，一般都是客观存在的既成事实，只有及时认真整改，才能保证施工安全。对有些火险隐患的整改，往往受经费、设备、人员、场地的条件限制，因而存在一定的困难。但是为了确保施工安全，必须提请有关领导批准，坚决进行整改。事实证明，只要有关领导坚持“预防为主”的指导思想，下定决心，问题并不难解决。

① 提请领导重视，火险隐患能不能及时进行整改，关键在于领导。有些重大火险隐患，之所以成了“老检查、老问题、老不改”的“老大难”问题，是与有的领导不够重视防火安全分不开的。大量的事实证明，光检查不整改，就势必养患成灾，届时想改也来不及了。一旦发生了火灾事故。同整改隐患比较起来，在人力、物力以及财力等各个方面所付出的代价不知要高出多少倍。所以，迟改不如早改。这方面的教训很多，必须引以为戒。

② 边查边改，对检查出来的火险隐患，要求施工单位能立即整改的，就立即整改，不

要拖延。

③ 对一时解决不了的火险隐患，检查人员应逐件登记、定项、定人及定措施，限期整改。并要建立档案、销案制度，改一件销一件。

④ 对一些重大的火险隐患，通过施工单位自身的努力仍得不到解决的，公安消防监督机关应该督促他们及时向上级主管机关请示报告，求得解决，同时采取可靠的临时性措施。对能够整改但又不认真整改的部门、单位，公安消防监督机关要向其发出“重大火险隐患通知书”。如单位在接到“重大火险通知书”后，仍置之不理，拖延不改的，公安消防监督机关应根据有关法规，严肃处理。

⑤ 对遗留下来的建筑布局、消防通道以及水源等方面的问题，一时确实无法解决的，公安消防监督机关应提请有关部门纳入建设规划，逐步加以解决。在没有解决之前，要采取一些必要的、临时性的补救措施，以确保安全。

2.4.2 施工现场重点部位防火

2.4.2.1 料场仓库的防火要求

① 易着火的仓库应设在工地下风方向、水源充足以及消防车能驶到的地方。

② 易燃露天仓库四周应设有 6m 宽平坦空地的消防通道，严禁堆放障碍物。

③ 贮存量大的易燃仓库应设两个以上的大门，并将堆放区与有明火的生活区、生活辅助区分开布置，至少应保持 30m 防火距离，有飞火的烟囱应布置在仓库的下风方向。

④ 易燃仓库和堆料场应分组设置堆垛，堆垛之间应有 3m 宽的消防通道，每个堆垛的面积要求，稻草应不超过 $150m^2$；木材（板材）应不超过 $300m^2$；锯木应不超过 $200m^2$。

⑤ 库存物品应分类分堆储存编号，对危险物品应加强入库检验，易燃易爆物品应使用不发火的工具设备搬运及装卸。

⑥ 库房内防火设施齐全，应分组布置种类适合的灭火器，每组不少于 4 个，组间距不超过 30m，重点防火区应每 $25m^2$ 布置 1 个灭火器。

⑦ 库房内不得兼作加工、办公等其他用途。

⑧ 库房内禁止使用碘钨灯，电气线路和照明应符合安全规定。

⑨ 易燃材料堆垛应良好通风，应经常检查其温、湿度，避免自燃起火。

⑩ 拖拉机不得进入仓库和料场进行装卸作业。其他车辆进入易燃料场仓库时，应安装符合要求的火星熄灭器。

⑪ 露天油桶堆放场应有醒目的禁火标志与防火防爆措施，润滑油桶应双行并列卧放、桶底相对，出口向上，桶口朝外，轻质油桶应与地面成 75°鱼鳞相靠式斜放，各堆之间应保持防火安全距离。

⑫ 各种气瓶均应单独设库存放。

2.4.2.2 乙炔站的防火要求

① 乙炔属于甲类易燃易爆物品，乙炔站的建筑物应采用一、二级耐火等级，通常应为单层建筑，与有明火的操作场所应保持 30～50m 的间距。

② 乙炔站泄压面积与乙炔站容积的比值应为 $0.05\sim0.22m^2/m^3$。房间及乙炔发生器操作平台应有安全出口，应安装百叶窗和出气口，门应向外开启。

③ 乙炔房与其他建筑物及临时设施的防火间距，应符合《建筑设计防火规范》（2018 年版）（GB 50016—2014）的要求。

④ 乙炔房宜采用不发生火花的地面，金属平台应铺设橡皮垫层。

⑤ 有乙炔爆炸危险的房间与没有爆炸危险的房间（更衣室、值班室），不能直通。

⑥ 操作人员不应穿着带铁钉的鞋和易产生静电的服装进入乙炔站。

2.4.2.3 电石库的防火要求

① 电石库属于甲类物品储存仓库。电石库的建筑应采用一、二级耐火等级。

② 电石库应建在长年风向的下风方向，同其他建筑及临时设施的防火间距，应符合《建筑设计防火规范》（2018 年版）（GB 50016—2014）的有关规定。

③ 电石库不应建在低洼处，库内地面应高于库外地面 20cm，同时不能采用易发火花的地面，可用木板或橡胶等铺垫。

④ 应保持电石库通风、干燥，不漏雨水。

⑤ 电石库的照明设备应采用防爆型，应使用不发火花型的开启工具。

⑥ 电石渣及粉末应随时进行清扫。

2.4.2.4 油漆料库和调料间的防火要求

① 油漆料库与调料间应分开设置，油漆料库及调料间应与散发火花的场所保持一定的防火间距。

② 性质相抵触、灭火方法不同的品种，应分库进行存放。

③ 油漆和稀释剂的存放及管理，应符合相关规定。

④ 调料间应有良好的通风，并应采用防爆电气设备，室内严禁一切火源，调料间不能兼作更衣室和休息室。

⑤ 调料人员应穿不易产生静电的工作服，不带钉子的鞋。使用开启涂料及稀释剂包装的工具，应采用不易产生火花型的工具。

⑥ 调料人员应严格遵守操作规程，不应在调料间内存放超过当日加工所用的原料。

2.4.2.5 木工操作间的防火要求

① 操作间建筑应采用阻燃材料搭建。

② 操作间冬季宜采用暖气（水暖）供暖，如用火炉取暖时，必须在四周采取挡火措施。不应用燃烧刨花、劈柴代煤取暖。

③ 每个火炉均要有专人负责，下班时要将余火彻底熄灭。

④ 电气设备的安装要符合要求。抛光、电锯等部位的电气设备应采用密封式或者防爆式。应为刨花、锯末较多部位的电动机安装防尘罩。

⑤ 操作间内禁止吸烟和用明火作业。

2.4.2.6 易燃易爆品仓库的设置

对易引起火灾的仓库，应将库房内、外按 $500m^2$ 的区域分段设立防火墙，将建筑平面划分为若干个防火单元，方便在失火后能阻止火势的扩散。仓库应设在水源充足，消防车能驶到的地方，同时，根据季节风向的变化，应设在下风方向。

储量大的易燃仓库，应将生活区、生活辅助区与堆场分开布置，仓库应设至少三个的大门，大门应向外开启。固体易燃物品应当与易燃易爆的液体分间存放，在一个仓库内不得混合储存不同性质的物品。

2.4.2.7 石灰存储的防火要求

生石灰能与水发生化学反应，并产生大量热，足以引燃燃点较低的材料。因此，储存石灰的房间不宜用可燃材料搭设，最好用砖石砌筑。在石灰表面不得存放易燃材料，并且要有良好的通风条件。

2.4.2.8 亚硝酸钠存储的防火要求

亚硝酸钠作为混凝土的早强剂、防冻剂，广泛使用在建筑工程的冬期施工中。

亚硝酸钠这种化学材料与磷、硫及有机物混合时，经摩擦、撞击有引起燃烧或爆炸的危险，所以在储存使用时，要特别注意严禁与磷、硫、木炭等易燃物混放、混运。要与有机物及还原剂分库存放，库房要干燥通风。装运氧化剂的车辆，如有散漏，应将其清理干净。搬运时要轻拿轻放，要远离高温与明火，要设置灭火剂，灭火剂使用雾状水和砂子。

2.4.2.9 耐腐蚀性材料存储的防火要求

环氧树脂、呋喃、酚醛树脂、乙二胺等都是建筑工程常用的树脂类防腐材料，均为易燃液体材料。它们都具有燃点和闪点低、易挥发的共同特性。它们遇火种、高温、氧化剂都有引起燃烧爆炸的危险。与氨水、盐酸、氟化氢、硝酸、硫酸等反应强烈，有爆炸的危险。因此，在使用、储存、运输时，都要注意远离火种，禁止吸烟，温度不能过高，防止阳光直射。应与氧化剂、酸类分库存放，库内要保持阴凉通风。搬运时要轻拿轻放，避免包装破坏外流。

2.4.2.10 油漆稀释剂临时存放的防火要求

建筑工程施工使用的稀释剂，都是闪点低、挥发性强的一级易燃易爆化学流体材料，诸如汽油及松香水等易燃材料。

油漆工在休息室内不得存放油漆和稀释剂，油漆与稀释剂必须设库存放，容器必须加盖，刷油漆时涮刷子残留的稀释剂应当将其及时妥善处理掉，不能放在休息室内，也不能明露放在库内。

2.4.2.11 电石存储的防火要求

电石本身不会燃烧，但是遇水或受潮会迅速分解出乙炔气体。

在装箱搬运、开箱使用时要严格遵守以下要求：禁止雨天运输电石，必须在雨中运输或途中遇雨应采取可靠的防雨措施；搬运电石时，发现桶盖密封不严，要在宅外开盖放气后，再将盖盖严搬运；要轻搬轻放，严禁用滑板或在地面滚动、碰撞或者敲打电石桶；电石桶不要放在潮湿的地方；库房必须是耐火建筑，有良好的通风条件，库房周围 10m 内严禁明火；库内不准设水、气管道，以防室内潮湿；库内照明设备应用防爆灯，开关采用封闭式并安装在库房外；禁止用铁工具开启电石桶，应用铜制工具开启，开启时人站在侧面；空电石桶未经处理，不许接触明火；小颗粒精粉末电石要随时处理，集中倒在指定坑内，而且要远离明火，坑上不准加盖，上面不许有架空线路；电石不要同易燃易爆物质混合存放在一个库内；禁止穿带钉子的鞋进入库内，防止摩擦产生火花。

2.4.2.12 易燃易爆品存储的注意事项

① 易燃仓库堆料场与其他建筑物、道路、铁路、高压线的防火间距，应按《建筑设计防火规范》(2018 年版)(GB 50016—2014) 的有关规定执行。

② 易燃仓库堆料场物品应当分类、分堆、分组以及分垛存放，每个堆垛面积为：木材(板材) 不得超过 300m^2；稻草不得超过 150m^2；锯末不得超过 200m^2；堆垛与堆垛之间应留 3m 宽的消防通道。

③ 易燃露天仓库的四周内，应有宽度不小于 6m 的平坦空地作为消防通道，禁止在通

道上堆放障碍物。

④ 有明火的生产辅助区和生活用房与易燃堆垛之间，应保持至少 30m 的防火间距。有飞火的烟囱应布置在仓库的下风地带。

⑤ 贮存的稻草、锯末以及煤炭等物品的堆垛，应保持良好通风，注意堆垛内的温、湿度变化；发现温度超过 380℃，或水分过低时，应及时采取措施，避免其自燃起火。

⑥ 在建的建筑物内不得存放易燃易爆物品，特别是不得将木工加工区设在建筑物内。

⑦ 仓库保管员应当熟悉储存物品的性质、分类、保管业务知识和防火安全制度，掌握防火器材的操作使用和维护保养方法，做好本岗位的防火工作。

2.4.2.13　易燃物品的装卸管理的注意事项

① 物品入库前应当有专人负责检查，确定没有火种等隐患后才能装卸物品。

② 拖拉机不推进入仓库、堆料场进行装卸作业，其他车辆进入仓库或露天堆料场装卸时，应安装符合要求的火星熄灭防火罩。

③ 在仓库或堆料场内进行吊装作业时，其机械设备必须满足防火要求，严防产生火星，引发火灾。

④ 装过化学危险物品的车，必须清洗干净后方准装运易燃和可燃物品。

⑤ 装卸作业结束后，应当对库区、库房进行检查，待确认安全后，人员方可离开。

2.4.2.14　易燃仓库的用电管理的要求

① 仓库或堆料内通常应使用地下电缆，若有困难需设置架空电力线路，架空电力线与露天易燃物堆垛的最小水平距离，不应低于电线杆高度的 1.5 倍。库房内设的配电线路，需穿金属管或用非燃硬塑料管保护。

② 仓库或堆料场所禁止使用碘钨灯和超过 60W 以上的白炽灯等高温照明灯具；当使用日光灯等低温照明灯具及其他防燃型照明灯具时，应当对镇流器采取隔热、散热等防火保护措施。照明灯具与易燃堆垛间至少保持 1m 的距离，安装的开关箱、接线盒，距离堆垛外缘应不小于 1.5m，不准乱拉临时电气线路。储存大量易燃物品的仓库场地应设置独立的避雷装置。

③ 不准在库房内设置移动式照明灯具。照明灯具下方不准堆放物品，其垂点下方与储存物品水平间距离不得小于 0.5m。

④ 库房内不准使用电炉、电熨斗以及电烙铁等电热器具和电视机、电冰箱等家用电器。

⑤ 库区的每个库房应当在库房外单独安装开关箱，保管人员离库时，必须拉闸断电。严禁使用不合规格的电气保险装置。

2.4.2.15　施工现场材料、半成品堆场的布置要求

① 堆场的位置应选择适当，应做到便于运输及装卸，尽量做到减少二次搬运。

② 地势选取在较高、坚实、平坦的地方，对回填土应分层夯实，必须设有排水措施。

③ 材料的堆放要留有通道，满足安全、防火的各项要求。对易燃材料应布置在建房屋的下风向，并且要保持一定的安全距离；混凝土构建的堆放场地必须坚固、坚实、平整。按照规格、型号堆放，垫木位置要正确，对于多层构件的垫木，要求上下对齐，垛位不准超高；混凝土墙板宜设置插放架，插放架最好是焊接或牢固绑扎，避免倒塌；砖堆要码放整齐，不准超高，距槽沟要保持一定的安全距离；怕日晒雨淋、怕潮湿的材料，应放入库房，并注意通风。

④ 单个建筑施工工程的施工现场比较窄小，对材料、半成品的堆放要结合各个不同的

施工阶段。在同一地点要堆放不同阶段使用的材料，以充分利用施工场地，这样便于安全生产。

⑤ 施工材料的堆放应根据施工现场的变化及时地调整，并且保持道路畅通，不能由于材料的堆放而影响施工的通道。

2.4.2.16 施工现场宿舍及办公用房的防火要求

宿舍、办公用房的防火设计应符合以下规定：

① 建筑构件的燃烧性能等级应为 A 级。当采用金属夹芯板材时，其芯材的燃烧性能等级应为 A 级。

② 建筑层数不应超过 3 层，每层的建筑面积不应大于 $300m^2$。

③ 层数为 3 层或者每层建筑面积大于 $200m^2$ 时，应设置至少两部疏散楼梯，房间疏散门至疏散楼梯的最大距离不应大于 25m。

④ 单面布置用房时，疏散走道的净宽度不应小于 1.0m；双面布置用房时，疏散走道的净宽度不应小于 1.5m。

⑤ 疏散楼梯的净宽度不应小于疏散走道的净宽度。

⑥ 宿舍房间的建筑面积不应大于 $30m^2$，而其他房间的建筑面积不宜大于 $100m^2$。

⑦ 房间内任一点至最近疏散门的距离不应大于 15m，房门的净宽度不应小于 0.8m；房间建筑面积超过 $50m^2$ 时，房门的净宽度不应小于 1.2m。

⑧ 隔墙应从楼地面基层隔断到顶板基层底面。

2.4.3 施工现场重点工种防火

2.4.3.1 电焊工、气焊工防火防爆的一般规定

① 从事气割、电焊操作人员，必须进行专门培训，掌握焊割的安全技术、操作规程，经过考试合格，取得操作合格证后方准操作。操作时应持证上岗。徒工学习期间，不能单独操作，必须在师傅的监护之下进行操作。

② 严格执行用火审批程序和制度。操作之前必须办理用火申请手续，经本单位领导同意和消防保卫或安全技术部门检查批准，领取用火许可证之后方可进行操作。

③ 用火审批人员要认真负责，严格把关。审批前要深入用火地点查看，确认没有火险隐患后再行审批。批准用火应采取定时（时间）、定位（层、段、档）、定人（操作人、看火人）、定措施（应采取的具体防火措施），部位变动或者仍需继续操作，应事先更换用火证。用火证只限当日本人使用，并要随身携带，以备消防保卫人员检查。

④ 进行电焊、气割工作前，应由施工员或班组长向操作、看火人员进行消防安全技术措施交底，任何领导不能以任何借口纵容电、气焊工人进行冒险操作。

⑤ 装过或者有易燃、可燃液体、气体及化学危险物品的容器、管道和设备，在未将其彻底清洗干净前，不得进行焊割。

⑥ 严禁在有可燃蒸气、气体、粉尘或严禁明火的危险性场所焊割。在这些场所附近进行焊割时，应按有关规定，保持一定的防火距离。

⑦ 遇有 5 级以上大风气候时，施工现场的高空及露天焊割作业应停止。

⑧ 领导及生产技术人员，要合理安排工艺和编排施工进度程序，在有可燃材料保温的部位，不准进行焊割作业。必要时，应在工艺安排和施工方法上采取严格的防火措施。焊割作业不准与涂装、脱漆、喷漆、木工等易燃操作同时间、同部位上下交叉作业。

⑨ 焊割结束或离开操作现场时，必须将电源、气源切断。赤热的焊嘴、焊钳以及焊条头等，禁止放在易燃、易爆物品和可燃物上。

⑩ 禁止使用不合格的焊割工具和设备。电焊的导线不能与装有气体的气瓶接触，也不能与气焊的软管或气体的导管放在一起。焊把线及气焊的软管不得从生产、使用、储存易燃、易爆物品的场所或者部位穿过。

⑪ 焊割现场必须配备灭火器材，危险性较大的应有专人现场监护。

2.4.3.2 电焊工的防火要求

① 电焊工在操作前，要严格检查所用工具（包括电焊机设备、线路敷设以及电缆线的接点等），使用的工具均应符合标准，保持完好状态。

② 电焊机应有单独开关，装在防火、防雨的闸箱内，电焊机应设防雨棚（罩）。开关的保险丝容量应为该机的1.5倍。保险丝不准用铜丝或者铁丝代替。

③ 焊割部位必须与氧气瓶、乙炔瓶、乙炔发生器及各种易燃、可燃材料隔离，两瓶之间不得小于5m，同明火之间不得小于10m。

④ 电焊机必须设有专用接地线，直接放在焊件上，接地线不准接在建筑物、机械设备、各种管道、避雷引下线和金属架上借路使用，避免接触火花，造成起火事故。

⑤ 电焊机一、二次线应用线鼻子压接牢固，同时应加装防护罩，避免松动、短路放弧，引燃可燃物。

⑥ 严格执行防火规定及操作规程，操作时采取相应的防火措施，与看火人员密切配合，防止引起火灾。

2.4.3.3 气焊工的防火要求

① 乙炔发生器、乙炔瓶、氧气瓶以及焊割具的安全设备必须齐全有效。

② 乙炔发生器、乙炔瓶、液化石油气罐和氧气瓶在新建、维修工程内存放，应设置专用房间单独分开存放并有专人管理，要有灭火器材及防火标志。

③ 乙炔发生器和乙炔瓶等与氧气瓶应保持距离。在乙炔发生器旁禁止一切火源。夜间添加电石时，应使用防爆手电筒照明，禁止用明火照明。

④ 不准将乙炔发生器、乙炔瓶和氧气瓶放在高低压架空线路下方或变压器旁。在高空焊割时，也不要放在焊割部位的下方，应保持一定的水平距离。

⑤ 乙炔瓶氧气瓶应直立使用，严禁平放卧倒使用，以防止油类落在氧气瓶上。油脂或沾油的物品，不要接触氧气瓶、导管及其零部件。

⑥ 氧气瓶、乙炔瓶严禁暴晒、撞击，避免受热膨胀。开启阀门时要缓慢开启，防止升压过速产生高温、产生火花引起爆炸和火灾。

⑦ 乙炔发生器、回火阻止器及导管发生冻结时，只能用蒸气、热水等解冻，禁止使用火烤或金属敲打。测定气体导管及其分配装置有无漏气现象时，应用气体探测仪或者用肥皂水等简单方法测试，严禁用明火测试。

⑧ 操作乙炔发生器和电石桶时，应使用不产生火花的工具，在乙炔发生器上不能装有纯铜的配件。加入乙炔发生器的水，不能含油脂，防止油脂与氧气接触发生反应，引起燃烧或爆炸。

⑨ 防爆膜失去作用后，要按照规定规格型号进行更换，禁止任意更换防爆膜规格、型号，禁止使用胶皮等代替防爆膜。不准在浮桶式乙炔发生器上面堆压其他物品。

⑩ 电石应存放在电石库内，不准在潮湿场所和露天存放。

⑪ 焊割时要严格执行操作规程和程序。焊割操作时先开乙炔气点燃，然后再开氧气进行调火。操作完毕时按相反程序关闭。瓶内气体不能用尽，必须留有余气。

⑫ 工作完毕，应将乙炔发生器内电石、污水及其残渣清除干净，倒在指定的安全地点，并要排除内腔和其他部分的气体。严禁电石、污水到处乱放乱排。

2.4.3.4 涂漆、喷漆和油漆工的防火要求

① 喷漆、涂漆的场所应有良好的通风，以防形成爆炸极限浓度，造成火灾和爆炸。

② 喷漆、涂漆的场所内严禁一切火源，应采用防爆的电气设备。

③ 禁止与焊工同时间、同部位的上下交叉作业。

④ 油漆工不能穿易产生静电的工作服。接触油漆、稀释剂的工具应采用防火花型的。

⑤ 浸有油漆、稀释剂的纱团、破布、手套以及工作服等，应及时清理，不能随意堆放，防止因化学反应而生热，发生自燃。

⑥ 在维修工程施工中，使用脱漆剂的，应使用不燃性脱漆剂（如 TQ-2 或 840 脱漆剂）。如果因工艺或技术上的要求，使用易燃性脱漆剂的，一次涂刷脱漆剂量不宜过多，控制在能使漆膜起皱膨胀为宜，及时妥善处理清除掉的漆膜。

⑦ 对使用中能分解、发热自燃的物料，要妥善进行管理。

2.4.3.5 电工的防火要求

① 电工应经过专门培训，掌握安装及维修的安全技术，并经过考试合格后，才允许独立操作。

② 施工现场暂设线路、电气设备的安装与维修应执行《施工现场临时用电安全技术规范》(JGJ 46—2005)。

③ 新设、增设的电气设备，必须经主管部门或者人员检查合格后，方可通电使用。

④ 各种电气设备或线路，不应超过安全负荷，并要牢靠。绝缘良好和安装合格的保险设备，禁止用铜丝、铁丝等代替保险丝。

⑤ 放置及使用易燃气体、液体的场所，应采用防爆型电气设备及照明灯具。

⑥ 定期检查电气设备的绝缘电阻是否满足“不低于 1kΩ/V（如对地 220V 绝缘电阻应不低于 0.22MΩ）”的规定，如果发现隐患，应及时排除。

⑦ 不可用布、纸或者其他可燃材料做无骨架的灯罩，灯泡距可燃物应保持一定距离。

⑧ 变（配）电室应保持清洁、干燥。变电室要有良好的通风。禁止在配电室内吸烟、生火及存放与配电无关的物品（如食物等)。

⑨ 严禁施工现场私自使用电炉、电热器具。

⑩ 当电线穿过墙壁、苇席或与其他物体接触时，应当在电线上套有磁管等非燃材料加以隔绝。

⑪ 应经常检查电气设备和线路，发现可能引起火花、短路、发热以及绝缘损坏等情况时，必须立即修理。

⑫ 各种机械设备的电闸箱内，必须保持清洁，并且不得存放其他物品，电闸箱应配锁。

⑬ 电气设备应安装在干燥处，各种电气设备应有妥善的防潮、防雨设施。

⑭ 每年雨季前要检查避雷装置，避雷针接点要牢固，并且电阻不应大于 10Ω。

2.4.3.6 木工的防火要求

① 操作间只能存放当班的用料，成品及半成品要及时运走。木工应做到活完场地清，刨花和锯末每班都打扫干净，倒在指定地点。

② 严格遵守操作规程，对旧木料一定要经过检查，起出铁钉等金属之后，方可上锯锯料。

③ 配电盘、刀闸下方不能堆放成品、半成品及废料。

④ 工作完毕应拉闸断电，并经检查确无火险之后方可离开。

2.4.3.7 熬炼工的防火要求

① 熬沥青灶应设在工程的下风方向，不能设在电线垂直下方，距离新建工程、库房、料场和临时工棚等应在 25m 以外。现场窄小的工地有困难时，应采取相应的防火措施或尽量采用冷防水施工工艺。

② 沥青灶必须坚固、没有裂缝，靠近火门上部的锅台，应砌筑 18～24cm 的砖沿，以防沥青溢出引燃。火口和锅边应有 70cm 的隔离设施，锅与烟囱的距离应大于 80cm，锅与锅的距离应大于 2m。锅灶高度不宜超过地面 60cm。

③ 熬沥青应由熟悉此项操作的技工进行，操作人员不能擅离岗位。

④ 不准使用铸铁锅或劣质铁锅熬制沥青，锅内的沥青通常不应多于锅容量的 3/4，不准向锅内投入有水分的沥青。配制冷底子油，不得超过锅容量的 1/2。温度不得超过 80℃。熬沥青的温度应控制在 275℃以下（沥青在常温下呈固态，其闪点是 200～230℃，自燃点是 270～300℃）。

⑤ 降雨、雪或刮 5 级以上大风时，禁止露天熬制沥青。

⑥ 使用燃油灶具时，必须先熄灭火后再加油。

⑦ 沥青锅处要备有铁质锅盖或铁板，并配备相适应的消防器材或设备。

⑧ 沥青熬制完毕后，要彻底熄灭余火，盖好锅盖后（防止雨、雪浸入，熬油时产生溢锅引起着火），方可离开。

⑨ 沥青锅要随时进行检查，防止漏油。

⑩ 向熔化的沥青内添加汽油、苯等易燃稀释剂时，要离开锅灶及散发火花地点的下风方向 10m 以外，并应严格遵守操作程序。

⑪ 熬炼场所应配备测温仪或温度计。

⑫ 施工人员应穿不易产生静电的工作服及不带钉子的鞋。

⑬ 施工区域内严禁一切火源，不准与电、气焊同部位、同时间、上下交叉作业。

⑭ 施工区域内应配备消防器材。

⑮ 严禁在屋顶用明火熔化柏油。

2.4.3.8 煅炉工的防火要求

煅炉工是施工现场不可缺少的一个工种，这项工作主要是进行钎子的加工及淬火。工作过程中使用明火和淬火液。如工作完毕后未将余火熄灭或者工作时违反规定，也易引起着火，所以存在着一定的火灾危险性。

① 煅炉应独立设置，并应选择在距可燃建筑及可燃材料堆场 50m 以外的地点。

② 煅炉不宜设在电源线的下方，其建筑应采用不燃或者难燃材料修建。

③ 煅炉建造好后，需经工地消防保卫或者安全技术部门检查合格，并取得用火审批合格证后，方准进行操作及使用。

④ 严禁使用可燃液体点火，工作完毕，应将余火彻底熄灭后，才能够离开。

⑤ 鼓风机等电气设备要安装合理，满足防火要求。

⑥ 加工完的钎子要码放整齐，与可燃材料的防火间距应不小于 4m。

⑦ 当遇有 5 级以上的大风天气时，应停止露天煅炉作业。

⑧ 使用可燃液体或硝石溶液淬火时，要控制好油温，以防由于液体加热而自燃。

⑨ 煅炉间应配备适量的灭火器材。

2.4.3.9 喷灯操作工的防火要求

（1）操作注意事项

① 喷灯加油时，要选择好安全地点，并认真检查喷灯有无漏油或渗油的地方，若发现有漏油或渗油，应禁止使用。由于汽油的渗透性和流散性极好，一旦加油不慎倒出油或喷灯渗油，点火时极易引起着火。

② 喷灯加油时，应将加油防爆盖旋开，用漏斗灌入汽油。若加油不慎，油洒在灯体上，则应将油擦干净，同时放置在通风良好的地方，使汽油挥发掉再点火使用。加油不能过满，加至灯体容积的 3/4 即可。

③ 喷灯在使用过程中需要添油时，应首先熄灭灯的火焰，随后慢慢地旋松加油防爆盖放气，待放尽气和灯体冷却以后再添油，严禁带火加油。

④ 喷灯点火后要先预热喷嘴。预热喷嘴应利用喷灯上的储油杯，不能图省事采取喷灯对喷灯的方法或用炉火烘烤的方法进行预热，以防导致灯内的油类蒸气膨胀，使灯体爆破伤人或引起火灾。放气点火时，要慢慢地旋开手轮，防止放气太急将油带出起火。

⑤ 喷灯作业时，应注意保持火焰与加工件适当的距离，防止高热反射造成灯体内气体膨胀而发生事故。

⑥ 高处作业使用喷灯时，应在地面上点燃喷灯之后，将火焰调至最小，再用绳子吊上去。不应携带点燃的喷灯攀高。作业点下面及周围不许堆放可燃物，防止金属熔渣及火花掉落在可燃物上发生火灾。

⑦ 在地下人井或地沟内使用喷灯时，应首先通风，排除该场所内的易燃、可燃气体，禁止在地下人井或地沟内进行点火，应在距离人井或地沟 1.5～2m 以外的地面点火，然后用绳子将喷灯吊下去使用。

⑧ 使用喷灯，严禁与喷漆、木工等工种同部位、同时间、上下交叉作业。

⑨ 喷灯连续使用时间不宜过长，发现灯体发烫时，应停止使用，进行冷却，禁止气体膨胀发生爆炸引起火灾。

（2）作业现场的防火安全管理　实践证明，如果选择不好安全用火的作业地点，不认真检查清理作业现场的易燃、可燃物，不采取隔热、降温、熄灭火星、冷却熔珠等安全措施，喷灯作业现场极易造成人员伤亡和火灾事故。因此，对喷灯作业的现场，务必加强防火安全管理，落实防火措施。

① 作业开始前，要将作业现场下方及周围的易燃、可燃物清理干净，清除不了的易燃、可燃物要采取浇湿、隔离等可靠的安全措施。作业结束后，要认真检查现场，在确认没有余热引起燃烧危险时才能离开。

② 在相互连接的金属工件上使用喷灯烘烤时，要避免由于热传导作用，将靠近金属工件上的易燃、可燃物烤着引起火灾。喷灯火焰与带电导线的距离为：10kV 及以下的 1.5m；20～35kV 的 3m；110kV 及以上的 5m，并应用石棉布等绝缘隔热材料将绝缘层、绝缘油等可燃物遮盖，防止烤着。

③ 电话电缆，常常需要干燥芯线，禁止用喷灯直接烘烤芯线，应在蜡中去潮，熔蜡不应在工程车上进行，烘烤蜡锅的喷灯周围应设三面挡风板，控制温度不要过高。熔蜡时，容器内放入的蜡不要超过容积的 3/4，禁止熔蜡渗漏，避免蜡液外溢遇火燃烧。

④ 在易燃易爆场所或者在其他的禁火区域使用喷灯烘烤时，事先必须制定相应的防火、灭火方案，办理动火审批手续，未经批准不得动用喷灯烘烤。

⑤ 作业现场要准备一定的灭火器材，一旦起火便能及时扑灭。

（3）其他要求

① 使用喷灯的操作人员，应经过专门训练，其他人员不应随便使用喷灯。

② 喷灯使用一段时间后应例行检查和保养。手动泵应保持清洁，不应有污物进入泵体内，手动泵内的活塞应经常加少量机油，保持润滑，防止活塞干燥碎裂。加油防爆盖上装有安全防爆器，在压力 600～800Pa 范围内能自动开启关闭，在一般情况下不应拆开，防止失效。

③ 煤油和汽油喷灯，应有明显的标志，煤油喷灯严禁使用汽油燃料。

④ 使用后的喷灯，应冷却后，将余气放掉，才能存放在安全地点，不应与绳子、废棉纱、手套等可燃物混放在一起。

2.4.4 不同工况施工现场防火

2.4.4.1 地下工程施工的防火要求

① 不宜将施工现场的临时电源直接敷设在墙壁或土墙上，应用绝缘材料架空安装。配电箱应采用防水措施，潮湿地段或渗水部位照明灯具应采取相应防潮措施或安装防潮灯具。

② 施工现场应至少有两个出入口或坡道，施工距离长，应适当增加出入口的数量。施工区面积不超过 $50m^2$，并且施工人员不超过 20 人时，可只设一个直通地上的安全出口。

③ 安全出入口、疏散走道和楼梯的宽度应按其通过人数每 100 人不小于 1m 的净宽计算。每个出入口的疏散人数不宜多于 250 人。安全出入口、疏散走道以及楼梯的最小净宽不应小于 1m。

④ 疏散走道、楼梯及坡道内，不宜设置突出物或堆放施工材料和机具。

⑤ 安全出入口、疏散走道、疏散马道（楼梯）以及操作区域等部位，应设置火灾事故照明灯。火灾事故照明灯在以上部位的最低照度应不低于 5lx（勒克斯）。

⑥ 疏散走道及其交叉口、安全出口处以及拐弯处应设置疏散指示牌或标志灯。疏散指示标志灯的间距不宜过大且距地面高度应为 1～1.2m，标志灯正前方 0.5m 处的地面照度不应低于 1lx。

⑦ 火灾事故照明灯和疏散指示灯工作电源断电之后，应能自动切换。

⑧ 地下工程施工区域内设置消防给水管道和消火栓，消防给水管道可以同施工用水管道合用。特殊地下工程不能设置消防用水时，应配备足够数量的轻便消防器材。

⑨ 大面积油漆粉刷和喷漆应在地面施工，局部的粉刷可以在地下工程内部进行，但一次粉刷的量不宜过多，同时在粉刷区域内禁止一切火源，加强通风。

⑩ 严禁在地下工程内部使用及存放中压式乙炔发生器。

⑪ 制定应急的疏散计划。

2.4.4.2 高层建筑施工的防火要求

① 不得封堵已建成的建筑物楼梯。施工脚手架内的作业层应畅通，并搭设至少两处与主体建筑内相衔接的通道口。

② 建筑施工脚手架外挂的密目式安全网，必须满足阻燃标准要求，严禁使用不阻燃的安全网。

③ 超过 30m 的高层建筑施工，应当设置加压水泵和消防水源管道，管道的大管直径不得小于 50mm、每层应设出水管口，并配备一定长度的消防水管。

④ 高层焊接作业，要根据作业高度、风力以及风力传递的次数，判断出火灾危险区域。并将区域内的易燃易爆物品移到安全地方，无法移动的要采取切实的防护措施。

⑤ 大雾天气与六级风时应当停止焊接作业。

⑥ 高层焊接作业应当办理动火证，动火处应当配备灭火器，并设专人监护，一旦发现险情，立刻停止作业，采取措施，及时扑灭火源。

⑦ 高层建筑施工临时用电线路应使用绝缘良好的橡胶电缆，禁止将线路绑在脚手架上。施工用电机具和照明灯具的电气连接处应当绝缘良好，保证用电安全。

⑧ 高层建筑应设立防火警示标志。不得在楼层内堆放易燃可燃物品。在易燃处施工的人员不得吸烟和随便焚烧废弃物。

2.4.4.3 古建筑修缮施工的防火要求

① 不应将电源线、照明灯具直接敷设在古建筑的梁、柱上。照明灯具应安装在支架上或吊装，同时加装防护罩。

② 古建筑的修缮如果在雨期（季）施工，应考虑安装避雷设备（由于修缮时原有的避雷设备拆除）对古建筑及架子进行保护。

③ 加强用火管理，对电、气焊实施一次动焊的审批制度和管理。

④ 在室内油漆彩画时，应逐项进行，每次安排油漆画量不宜过大，以不达到局部形成爆炸极限为前提。油漆彩画时应严禁一切火源。夏季时剩下的油皮子要及时处理，以防因高温造成自燃。施工中的油棉丝、油手套以及油抹布等不要乱扔，应集中进行处理。

⑤ 冬期（季）进行油漆彩画时，应尽量使用暖气采暖，不应使用火炉进行采暖。

⑥ 古建筑施工中，剩余的可燃材料（锯末、刨花、贴金纸）较多，应随时随地进行清理，做到活完脚下清。

⑦ 易燃、可燃材料不宜靠近树木等，应选择在安全地点存放。

⑧ 应考虑在施工现场设置消防给水设施、水池或消防水桶。

2.4.4.4 设备安装与调试施工的防火要求

① 在设备安装与调试施工之前，应进行详细的调查，根据设备安装与调试施工中的火灾危险性及特点，制定消防保卫工作方案，规定必要的制度和措施，判定调试进行过程中整体的和单项的调试进行工作计划或方案，做到定人、定岗以及定要求。

② 在有易燃、易爆液体与气体附近进行用火作业前，应先用测量仪器测试可燃气体的爆炸浓度，然后再进行动火作业。动火作业时间长，应设专人随时进行测试。

③ 调试过的可燃、易燃液体和气体的管道、设备、塔、容器等，在进行修理时，必须使用惰性气体或蒸汽进行置换与吹扫，用测量仪器测定爆炸浓度后方可进行修理。

④ 调试过程中，应组织一支专门的应急力量，以便随时处理一些紧急事故。

⑤ 在有可燃、易燃液体以及气体附近的用电设备，应采用与该场所相匹配防火等级的临时用电设备。

⑥ 调试过程中，应准备一定数量的填料、堵料及设备、工具，以应对跑、冒、滴、漏的发生，减少火灾及隐患。

2.4.4.5 冬季现场施工的防火要求

（1）供暖锅炉房及操作人员的防火要求

① 供暖锅炉房的要求。锅炉房宜远离在建工程，可燃、易燃建筑，露天可燃材料堆场、料库等建造在施工现场的下风方向；锅炉房应不低于二级耐火等级；锅炉房的门应向外开启；锅炉正面与墙的距离应不小于3m，锅炉与锅炉之间应保持至少1m的距离。锅炉房应有适当采光和通风，锅炉上的安全设备应有良好照明。应保持锅炉烟道和烟囱与可燃构件一定的距离，金属烟囱距可燃结构不小于100cm；已做防火保护层的可燃结构不小于70cm；砖砌的烟囱和烟道其内表面距可燃结构不小于50cm，其外表面不小于10cm。无采取消烟除尘措施的锅炉，其烟囱应设防火星帽。

② 司炉工的要求。严格执行值班检查制度，锅炉点火以后，司炉人员不允许离开工作岗位，值班时间绝不允许睡觉或者做无关的事。司炉人员下班时，应向下一班做好交接班，并记录锅炉运行情况。

严格执行操作程序，杜绝违章操作。炉灰倒在指定地点（不能带余火倒灰），随时观察水温及水位，严禁使用易燃、可燃液体点火。

（2）火炉安装与使用的防火要求　冬季施工的加热采暖应尽量用暖气，如果用火炉，必须事先提出方案和防火措施，获得消防保卫部门同意后才能点火。但在喷漆、油漆、油漆调料间，木工房、料库、使用高分子装修材料的装修阶段，严禁使用火炉采暖。

① 火炉安装的防火要求。各种金属与砖砌火炉，必须完整良好，不得有裂缝，各种金属火炉与模板支柱、拉杆以及斜撑等可燃物和易燃保温材料的距离不得小于1m，已做保护层的火炉距可燃物的距离不得小于70cm。各种砖砌火炉壁厚不得小于30cm。在没有烟囱的火炉上方不得有斜撑、拉杆等可燃物，在必要时应架设铁板等非燃材料隔热。其隔热板应比炉顶外围的每一边都多出15cm以上。在木地板上安装火炉，必须设置炉盘，无脚的火炉炉盘厚度不得小于18cm，有脚的火炉炉盘厚度不得小于12cm。炉盘应伸出炉门前50cm，伸出炉后左右各15cm。各种火炉应根据需要设置高出炉身的火挡。

金属烟囱一节插入另一节的尺寸不得小于烟囱的半径，衔接处要牢固。各种金属烟囱与板壁、支柱以及模板等可燃物的距离不得小于30cm，距离已做保护层的可燃物不得小于15cm。各种小型加热火炉的金属烟囱穿过板壁、挡风墙、窗户、暖棚等必须设铁板，从烟囱周边到铁板的尺寸，不得小于5cm。

各种火炉的炉身、烟囱以及烟囱出口等部分与电源线和电气设备应保持超过50cm的距离。

② 火炉使用和管理的防火要求。火炉必须由受过安全消防常识教育的专人来看守，每人看管火炉的数量不应过多。移动各种加热火炉时，必须先将火熄灭至后才可以移动。掏出的炉灰必须随时用水浇灭后倒在指定地点。严禁使用易燃、可燃液体点火。填的煤不应过多，以不超过炉口上沿为宜，避免热煤掉出引起可燃物起火。不准在火炉上熬炼油料、烘烤易燃物品。工程的每层都应配备灭火器材。

（3）易燃、可燃材料的使用及管理　冬季施工中，国家级重点工程、地区级重点工程、高层建筑工程及起火后不易扑救的工程，应采用不燃或难燃材料进行保温，严禁使用可燃材料作为保温材料。一般工程可采用可燃材料进行保温，但必须严格管理。

① 利用可燃材料进行保温的工程，必须设专人进行监护、巡逻检查。人员的数量应按照使用可燃材料量的数量、保温的面积而定。

② 合理安排施工工序及网络图，通常是把用火作业安排在前，保温材料安排在后。

③ 保温材料定位之后，禁止一切用火、用电作业，尤其禁止下层进行保温作业，上层进行用火、用电作业。

④ 照明线路、照明灯具应远离可燃的保温材料。

⑤ 保温材料使用完后，要随时进行清理，集中进行存放保管。

(4) 冬季消防器材的保温防冻

① 室外消火栓冬季施工工地（指北方），应尽量安装地下消火栓；在入冬前应进行一次试水，加少量润滑油，消火栓用草帘、锯末等覆盖，做好保温工作，避免冻结。

冬天下雪时，消火栓上的积雪应及时扫除，防止雪化后将消火栓井盖冻住。

高层临时消防竖管应进行保温或将水放空，消防水泵内应考虑采暖措施，防止冻结。

② 入冬前应做好消防水池的保温工作，随时进行检查，发现冻结时应进行破冻处理。一般方法是在水池上盖上木板，木板上再盖上不小于40～50cm厚的稻草、锯末等。

③ 入冬前应将清水灭火器、泡沫灭火器等放入有采暖的地方，并要套上保温套。

2.4.4.6 雨期和夏季施工的防火要求

① 雨期施工到来之前，应对每个配电箱、用电设备进行一次检查，每个配电箱、用电设备都必须采取相应的防雨措施，防止由于短路造成的起火事故。

在雨期要随时检查有树木的地方电线的情况，及时改变线路的方向或者砍掉离电线过近的树枝。

② 防雷设施的要求。防雷装置的组成部分必须符合规定，防雷装置的冲击接地电阻应不大于30Ω，每年雨期之前，应对防雷装置进行一次全面检查，如果发现问题及时解决，使防雷装置处于良好状态。

③ 雨期施工中对易燃、易爆物品的防火要求。电石、氧气瓶、乙炔气瓶、易燃液体等应在库内或棚内存放，禁止露天存放，以防由于受雷雨、日晒发生起火事故。

生石灰、石灰粉的堆放应远离可燃材料，以防由于受潮或雨淋产生高热引起周围可燃材料起火。

稻草、草帘、草袋等堆垛不宜过大，垛中应留通气孔，顶部应防雨，防止由于遇雨、受潮发生自燃。

2.5 电气防火

2.5.1 电气防火基础知识

由于电气方面原因产生火源而引起火灾，称为电气火灾；为了抑制电气火灾的产生而采取的各种技术措施和安全管理措施，称为电气防火。

2.5.1.1 电气防火检查的目的

发现和消除电气火灾隐患，超前控制电气火灾事故的发生。其本质是针对各行业和居民的电气防火现状，以有关法规、规范、规定为依据进行实地检验。

电气防火检查一般采取群众性的自检，企事业单位内部的自检、抽查和重点检查，消防监督机关的例行、季节性、专项、重点和夜间突击检查，以及各级政府及各级防火委员会组织的联合检查等组织形式督促火灾隐患的整改。

2.5.1.2 电气防火检查的内容

（1）电能生产、配合使用中的电气火灾隐患　如发电机、变压器、用电设备（电动机、照明灯具、电热器具等）、家用电器、开关保护装置、电线电缆等的安装敷设位置、耐火等级、防火间距、运行状况（过负荷、异常现象、故障史等）、绝缘老化等情况、导线连接接触状况、保护装置完好状况等。

（2）电气防火工程是否完整有效　如消防电源系统的电源数量、电源种类、配电方式、电源切换点、配线耐火性能及措施；火灾应急照明与疏散指示标志灯位置、照明、亮度、装置耐火性等。

（3）爆炸和火灾危险电气设备防火防爆措施　包括危险区域划分，易燃易爆物质的危险性，防爆电气设备的类型、性能、防护形式，配线防爆措施和接地、防雷装置、防静电等。

（4）建筑物防雷和工业防静电　包括防雷装置的类型、位置、数量、保护范围、完好状况、防静电措施等。

（5）其他　包括防火责任制的落实情况，各种防火规章制度建立情况，火灾隐患整改情况等。

2.5.1.3 电气火灾的原因

从电气防火角度看，电气火灾大都是因电气工程、电器产品质量以及管理等造成的。电气设备质量不高，安装使用不当，保养不良，雷击和静电是造成电气火灾的几个重要原因。

（1）过载　过载是指电气设备或导线的功率或电流值超过其额定值。

过载使导体中的电能转变为热能，当导体和绝缘物局部过热，达到一定温度时，就会引起火灾，造成过载的原因有以下几个方面。

① 设计、安装时选型不正确，使电气设备的额定容量小于实际负载容量。

② 设备或导线随意装接，增加负荷，造成超载运行。

③ 检修、维护不及时，使设备或导线长期处于带病运行状态。

（2）短路、电弧和火花　短路时电气设备最严重的一种故障状态，短路时，在短路点或导线连接松动的电气接头处，会产生电弧或火花。

电弧温度很高，可达6000℃以上，不但可引燃它本身的绝缘材料，还可将它附近的可燃材料、蒸气和粉尘引燃。电弧还可能是由于接地装置不良或电气设备与接地装置间距过小，过电压时击穿空气引起。切断或接通大电流电路时，或大截面熔断器熔断时，也能产生电弧。

短路的主要原因是载流部分绝缘破坏而致，如：

① 电气设备的使用和安装与使用环境不符，致使其绝缘在高温、潮湿、酸碱环境条件下受到破坏。绝缘导线由于拖拉、摩擦、挤压、长期接触坚硬物体等，绝缘层造成机械损伤。

② 电气设备使用时间过长，绝缘老化，耐压与机构强度下降。

③ 使用维护不当，长期带病运行，扩大了故障范围。

④ 过电压使绝缘击穿。

⑤ 错误操作或把电源投向故障线路。

⑥ 恶劣天气，如大风暴雨造成线路金属性连接。

（3）接触不良　接触不良，实际上是接触电阻过大，会形成局部过热，也会出现电弧、电火花，造成潜在点火源。接触电阻过大的基本原因是连接质量不好。

接触不良主要发生在导线与导线或导线与电气设备连接处，常见的原因有：

① 电气接头表面污损，接触电阻增加。

② 电气接头长期运行，产生导电不良的氧化膜，未及时清除。

③ 电气接头因震动或由于热的作用，使连接处发生松动，氧化。

④ 铜铝连接处未按规定方法处理，发生电化学腐蚀，也会造成接触电阻增大。

⑤ 接头没有按规定方法连接、连接不牢。

(4) 烘烤　电热器具（如电炉、电熨斗等）、照明灯具，在正常通电的状态下，就相当于一个货源或高温热源。当其安装不当或长期通电无人监护管理时，就可能使附近的可燃物受高温烘烤而起火。

(5) 摩擦　发电机和电动机等旋转电气设备，转子与定子相碰或轴承出现润滑不良、干枯产生干磨发热或虽润滑正常，但出现高速旋转时，都会引起火灾。

(6) 静电　静电火灾和爆炸事故的发生，是由于不同物体相互摩擦、接触、分离、喷溅、静电感应、人体带电等原因，逐渐累积静电荷形成高电位，在一定条件下，将周围空气介质击穿，对金属放点并产生足够能量的火花放点。火花放点过程主要是电能转变成热能，用火花热能引燃或引爆可燃物或爆炸性混合物。

2.5.2 消防用电防火

2.5.2.1 施工现场临时用电档案管理

① 施工现场临时用电必须建立安全技术档案，并应包括以下内容：

a. 用电组织设计的全部资料。

b. 修改用电组织设计的资料。

c. 用电工程检查验收表。

d. 用电技术交底资料。

e. 电气设备的试、检验凭单和调试记录。

f. 接地电阻、绝缘电阻和漏电保护器漏电动作参数测定记录表。

g. 定期检（复）查表。

h. 电工安装、巡检、维修以及拆除工作记录。

② 安全技术档案应由主管该现场的电气技术人员负责建立与管理。其中“电工安装、巡检、维修、拆除工作记录”可以指定电工代管，每周由项目经理审核认可，并应在临时用电工程拆除后统一归档。

③ 临时用电工程应定期检查。定期检查时，应复查接地电阻值与绝缘电阻值。检查周期最长可为：基层公司每季一次，施工现场每月一次。

④ 临时用电工程定期检查应按分部、分项工程进行，必须及时处理安全隐患，并应履行复查验收手续。

2.5.2.2 架空线路的安全管理

① 架空线必须采用绝缘导线。

② 架空线必须架设在专用电杆上，禁止架设在树木、脚手架及其他设施上。

③ 架空线导线截面的选择应符合以下要求：

a. 线路末端电压偏移不大于其额定电压的5%。

b. 导线中的计算负荷电流不大于其长期连续负荷允许载流量。

c. 三相四线制线路的 N 线与 PE 线截面不小于相线截面的 50%，单相线路的零线截面与相线截面相同。

d. 按照机械强度要求，绝缘铜线截面不小于 $10mm^2$，绝缘铝线截面不小于 $16mm^2$。

e. 在跨越铁路、公路、河流以及电力线路档距内，绝缘铜线截面不小于 $16mm^2$，绝缘铝线截面不小于 $25mm^2$。

④ 架空线在一个档距内，每层导线的接头数不得超过该层导线条数的 50%，并且一条导线应只有一个接头。

在跨越铁路、公路、河流、电力线路档距内，架空线不得有接头。

⑤ 架空线路相序排列应符合以下规定：

a. 动力、照明线在同一横担上架设时，导线相序排列是：面向负荷由左侧起依次为 L_1、N、L_2、L_3、PE。

b. 动力、照明线在二层横担上分别架设时，导线相序排列为：上层横担面向负荷从左侧起依次为 L_1、L_2、L_3。下层横担面向负荷由左侧起依次为 L_1（L_2、L_3）、N、PE。

⑥ 架空线路的线间距不得小于 0.3m，靠近电杆的两导线的间距不得小于 0.5m。

⑦ 架空线路的档距不得大于 35m。

⑧ 架空线路横担间的最小垂直距离不得小于表 2-10 所列数值。

表 2-10　横担间的最小垂直距离　　单位：m

排列方式	直线杆	分支或转角杆
高压与低压	1.2	1.0
低压与低压	0.6	0.3

横担宜采用角钢或方木，低压铁横担角钢应按表 2-11 选用，方木横担截面应按照 80mm×80mm 选用。

表 2-11　低压铁横担角钢选用

<table>
<tr><th rowspan="2">导线截面/mm²</th><th rowspan="2">直线杆</th><th colspan="2">分支或转角杆</th></tr>
<tr><th>二线及三线</th><th>四线及以上</th></tr>
<tr><td>16</td><td rowspan="4">∟50×5</td><td rowspan="4">2×∟50×5</td><td rowspan="4">2×∟63×5</td></tr>
<tr><td>25</td></tr>
<tr><td>35</td></tr>
<tr><td>50</td></tr>
<tr><td>70</td><td rowspan="3">∟63×5</td><td rowspan="3">2×∟63×5</td><td rowspan="3">2×∟70×6</td></tr>
<tr><td>95</td></tr>
<tr><td>120</td></tr>
</table>

横担长度应按表 2-12 选用。

表 2-12　横担长度选用　　单位：m

二线	三线、四线	五线
0.7	1.5	1.8

⑨ 架空线路与邻近线路或者固定物的距离应符合表 2-13 的规定。

表 2-13 架空线路与邻近线路或固定物的距离 单位：m

<table>
<tr><td>项目</td><td colspan="7">距离类别</td></tr>
<tr><td rowspan="2">最小净空距离/m</td><td colspan="2">架空线路的过引线、接下线与邻线</td><td colspan="2">架空线与架空线电杆外缘</td><td colspan="3">架空线与摆动最大时树梢</td></tr>
<tr><td colspan="2">0.13</td><td colspan="2">0.05</td><td colspan="3">0.50</td></tr>
<tr><td rowspan="3">最小垂直距离/m</td><td rowspan="2">架空线同杆架设下方的通信、广播线路</td><td colspan="3">架空线最大弧垂与地面</td><td rowspan="2">架空线最大弧垂与暂设工程顶端</td><td colspan="2">架空线与邻近电力线路交叉</td></tr>
<tr><td>施工现场</td><td>机动车道</td><td>铁路轨道</td><td>1kV 以下</td><td>1～10kV</td></tr>
<tr><td>1.0</td><td>4.0</td><td>6.0</td><td>7.5</td><td>2.5</td><td>1.2</td><td>2.5</td></tr>
<tr><td rowspan="2">最小水平距离/m</td><td colspan="2">架空线电杆与路基边缘</td><td colspan="2">架上线电针与铁路轨道边缘</td><td colspan="3">架空线边线与建筑物凸出部分</td></tr>
<tr><td colspan="2">1.0</td><td colspan="2">杆高(m)+3.0</td><td colspan="3">1.0</td></tr>
</table>

⑩ 架空线路宜采用钢筋混凝土杆或者木杆。钢筋混凝土杆不得有露筋、宽度大于0.4mm 的裂纹和扭曲。木杆不得腐朽，而其梢径不应小于 140mm。

⑪ 电杆埋设深度宜为杆长的 1/10 加 0.6m，回填土应分层夯实。在松软土质处宜加大埋入深度或者采用卡盘等加固。

⑫ 直线杆和 15°以下的转角杆，可以采用单横担单绝缘子，但是跨越机动车道时应采用单横担双绝缘子。15°～45°的转角杆应采用双横担双绝缘子。45°以上的转角杆，应采用十字横担。

⑬ 架空线路绝缘子应按以下原则选择：

a. 直线杆采用针式绝缘子。

b. 耐张杆采用蝶式绝缘子。

⑭ 电杆的拉线宜采用不少于 3 根 $D4.0$mm 的镀锌钢丝。拉线与电杆之间的夹角应在30°～45°。拉线埋设深度不得小于 1m。电杆拉线若从导线之间穿过，应在高于地面 2.5m 处装设拉线绝缘子。

⑮ 由于受地形环境限制不能装设拉线时，可采用撑杆替代拉线，撑杆埋设深度不得小于 0.8m 其底部应垫底盘或石块。撑杆与电杆的夹角宜为 30°。

⑯ 接户线在档距内不得有接头，而进线处离地高度不得小于 2.5m。接户线最小截面应符合表 2-14 的规定。接户线线间及与邻近线路间的距离应符合表 2-15 的要求。

表 2-14 接户线的最小截面

<table>
<tr><td rowspan="2">接户线架设方式</td><td rowspan="2">接户线长度/m</td><td colspan="2">接户线截面/mm²</td></tr>
<tr><td>铜线</td><td>铝线</td></tr>
<tr><td rowspan="2">架空或沿墙敷设</td><td>10～25</td><td>6.0</td><td>10.0</td></tr>
<tr><td>≤10</td><td>4.0</td><td>6.0</td></tr>
</table>

表 2-15 接户线线间及与邻近线路间的距离

<table>
<tr><td>接户线架设方式</td><td>接户线档距/m</td><td>接户线线间距离/mm</td></tr>
<tr><td rowspan="2">架空敷设</td><td>≤25</td><td>150</td></tr>
<tr><td>>25</td><td>200</td></tr>
</table>

续表

接户线架设方式	接户线档距/m	接户线线间距离/mm
沿墙敷设	≤6	100
	>6	150
架空接户线与广播电话线交叉时的距离/mm		接户线在上部，600
		接户线在下部，300
架空或沿墙敷设的接户线零线和相线交叉时的距离/mm		100

⑰ 架空线路必须有短路保护。采用熔断器做短路保护时，其熔体额定电流不应超过明敷绝缘导线长期连续负荷允许载流量的1.5倍。

当采用断路器做短路保护时，其瞬动过流脱扣器脱扣电流整定值应小于线路末段单项相短路电流。

⑱ 架空线路必须有过载保护。采用熔断器或者断路器做过载保护时，绝缘导线长期连续负荷允许载流量不应小于熔断器熔体额定电流或者断路器长延时过流脱扣器脱扣电流整定值的1.25倍。

2.5.2.3 电缆线路安全消防管理

① 电缆中必须包含全部工作芯线与用作保护零线或保护线的芯线。需要三相四线制配电的电缆线路必须采用五芯电缆。

五芯电缆必须包含淡蓝、绿/黄二种颜色绝缘芯线。淡蓝色芯线必须用作N线。绿/黄双色芯线必须用作PE线，禁止混用。

② 电缆截面的选择应符合《施工现场临时用电安全技术规范》（JGJ 46—2005）的有关规定，根据其长期连续负荷允许载流量和允许电压偏移确定。

③ 电缆线路应采用埋地或架空敷设，严禁沿地面明设，并应防止机械损伤和介质腐蚀。埋地电缆路径应设方位标志。

④ 电缆类型应依据敷设方式、环境条件选择。埋地敷设宜选用铠装电缆。当选用无铠装电缆时，应能防水、防腐。架空敷设宜选用无铠装电缆。

⑤ 电缆直接埋地敷设的深度不应小于0.7m，并应在电缆紧邻上、下、左、右侧均匀敷设不小于50mm厚的细砂，然后覆盖砖或者混凝土板等硬质保护层。

⑥ 埋地电缆在穿越建筑物、道路、构筑物、易受机械损伤、介质腐蚀场所及引出地面从2.0m高到地下0.2m处，必须加设防护套管，防护套管内径不应小于电缆外径的1.5倍。

⑦ 埋地电缆与其附近外电电缆与管沟的平行间距不得小于2m，交叉间距不得小于1m。

⑧ 埋地电缆的接头应设在地面上的接线盒内，接线盒应能防水、防尘以及防机械损伤，并应远离易燃、易爆、易腐蚀场所。

⑨ 架空电缆应沿电杆、支架或墙壁敷设，并且采用绝缘子固定，绑扎线必须采用绝缘线，固定点间距应保证电缆能承受自重所带来的荷载，敷设高度应满足《施工现场临时用电安全技术规范》（JGJ 46—2005）中第7.1节架空线路敷设高度的要求，但沿墙壁敷设时最大弧垂距地不得小于2.0m。架空电缆严禁沿脚手架、树木或者其他设施敷设。

⑩ 在建工程内的电缆线路必须采用电缆埋地引入，禁止穿越脚手架引入。电缆垂直敷设应充分利用在建工程的竖井、垂直孔洞等，并宜靠近用电负荷中心，固定点每楼层不得少于一处。电缆水平敷设宜沿墙或者门口刚性固定，最大弧垂距地不得小于2.0m，装饰装修工程或其他特殊阶段，应补充编制单项施工用电方案。电源线可沿墙角及地面敷设，但应采

取防机械损伤和电火措施。

⑪ 电缆线路必须有短路保护及过载保护，短路保护和过载保护电器与电缆的选配应符合《施工现场临时用电安全技术规范》（JGJ 46—2005）的有关要求。

2.5.3 施工现场消防照明防火

2.5.3.1 照明用电的安全防火要求

① 临时照明线路必须使用绝缘导线。户内（工棚）临时线路的导线必须安装于距离地面高度为2m以上的支架上；户外临时线路必须安装在离地高度为2.5m以上的支架上，零星照明线不允许使用花线，通常应使用软电缆线。

② 建设工程的照明灯具宜采用拉线开关。拉线开关距离地面的高度为2～3m，与出、入口的水平距离为0.15～0.2m。

③ 禁止在床头设立插座和开关。

④ 电器、灯具的相线必须经过开关控制。

不得将相线直接引入灯具，也不允许以电器插头替代开关。

⑤ 对于影响夜间飞机或者车辆通行的在建工程或机械设备，必须安装设置醒目的红色信号灯。其电源应设于施工现场电源总开关的前侧。

⑥ 使用行灯应符合以下要求：

a. 电源电压不超过36V。

b. 灯体与手柄应坚固可靠，绝缘良好，并且耐热防潮湿。

c. 灯头同灯体结合牢固可靠。

d. 灯泡外部有金属保护网。

e. 金属网、反光罩以及悬吊挂钩固定在灯具的绝缘部位上。

2.5.3.2 照明灯具引起火灾的预防

应按照环境场所的火灾危险性来选择不同类型的照明灯具，此外还应符合以下防火要求。

① 白炽灯、高压汞灯同可燃物、可燃结构的距离不应小于50cm，卤钨灯与可燃物之间的距离则应大于50cm。

② 卤钨灯灯管附近的导线应采用有石棉、玻璃丝以及瓷珠（管）等耐热绝缘材料制成的护套，而不应直接使用具有延燃性绝缘的导线，以免灯管的高温破坏绝缘层，引起短路。

③ 灯泡距离地面的高度通常不应低于2m。如必须低于此高度时，应采用必要的防护措施，可能会遇到碰撞的场所，灯泡应有金属或者其他网罩防护。

④ 严禁用布、纸或者其他可燃物遮挡灯具。

⑤ 灯泡的正下方不宜堆放可燃物品。

⑥ 室外或某些特殊场所的照明灯具应有防溅设施，防止水滴溅射到高温的灯泡表面，使灯泡炸裂，灯泡破碎后，应及时更换或者将灯泡的金属头旋出。

⑦ 在Q-1、G-1级场所。当选用定型照明灯具有困难时，可把开启型照明灯具做成嵌墙式壁龛灯。它的检修门应向墙外开启，并保证有良好的通风；向室内照射的一面应有双层玻璃严密封闭，其中至少有一层必须是高强度玻璃。其安装位置不应设在门、窗及排风口的正上方。距门框、窗框的水平距离应不小于3m；距排风口水平距离应不小于5m。

⑧ 镇流器安装时应注意通风散热，不允许把镇流器直接固定在可燃天花板、吊顶或者

墙壁上，应用隔热的不燃材料进行隔离。

⑨ 镇流器与灯管的电压与容量必须相同，配套使用。

⑩ 灯具的防护罩必须保持完好无损，在必要时应及时更换。

⑪ 可燃吊顶内暗装的灯具（全部或者大部分在吊顶内）功率不宜过大，并应以白炽灯或荧光灯为主。灯具上方应保持一定的空间，利于散热。

⑫ 明装吸顶灯具采用木制底台时，应在灯具与底台中间铺垫石棉板或者石棉布。附带镇流器的各式荧光吸顶灯，应在灯具与可燃材料之间加垫瓷夹板隔热，严禁直接安装在可燃吊顶上。

⑬ 暗装灯具及其发热附件，周围应用不燃材料（石棉布或石棉板）做好防火隔热处理。当安装条件不允许时，应将可燃材料刷以防火涂料。

⑭ 各种特效舞厅灯的电动机，不应直接接触可燃物，中间应铺垫防火隔热材料。

⑮ 可燃吊顶上所有暗装、明装灯具以及舞台暗装彩灯，舞池脚灯的电源导线，均应穿钢管敷设。舞台暗装彩灯泡、舞池脚灯彩灯灯泡，其功率都宜在 40W 以下，最大不应超过 60W。彩灯之间导线应焊接，所有导线不应与可燃材料直接接触。

⑯ 大型舞厅在轻钢龙骨上以线吊方式安装的彩灯。导线穿过龙骨处应穿胶圈保护，防止导线绝缘破损造成短路。

2.5.3.3 照明供电系统的防火措施

照明供电系统包括照明总开关、熔断器、照明线路、灯具开关、挂线盒、灯头线、灯座等。由于这些零件和导线的电压等级及容量如选择不当，都会由于超过负载、机械损坏等而导致火灾的发生。

① 电气照明的控制方式。照明和动力如合用同一电源时，照明电源不应接在动力总开关之后，而应分别有各自的分支回路，所有照明线路都应设有短路保护装置。

② 照明电压等级。照明电压通常采用 220V。

③ 负载及导线。电器照明灯具数和负载量一般要求是：一个分支回路内灯具数不应大于 20 个。照明电流量：工业用不应超过 20A，民用不应超过 15A。负载量应在严格计算后再确定导线规格，每一插座应以 2～3A 计入总负载量，持续电流应小于导线安全载流量。三相四线制照明电路，负载应均匀地分配在三相电源的各相。导线对地或者线间绝缘电阻一般不应小于 0.5MΩ。

④ 事故照明。由于工作照明中断，容易造成火灾、爆炸以及人员伤亡，或产生重大影响的场所，应设置事故照明。事故照明灯应设置在可能引起事故的材料、设备附近和主要通道、出入口处或控制室，并涂以带有颜色的明显标志。事故照明灯通常不应采用启动时间较长的电光源。

⑤ 照明灯具安装使用的防火要求

a. 各种照明灯具安装前，应对灯座、开关以及挂线盒等零件进行认真检查。发现松动、损坏的要及时修复或者更换。

b. 开关应装在相线上，螺口灯座的螺口必须接在零线上。开关、插座以及灯座的外壳均应完整无损，带电部分不得裸露在外面。

c. 功率在 150W 以上的开启式和 100W 以上的其他形式灯具，必须采用瓷质灯座，不准使用塑胶灯座。

d. 各零件必须满足电压、电流等级，不得过电压、过电流使用。

e. 灯头线在天棚挂线盒内应做保险扣，以防止接线端直接受力拉脱，产生火花。

f. 质量在 1kg 以上的灯具（吸顶灯除外），应用金属链吊装或者用其他金属物支持（如采用铸铁底座和焊接钢管），防止坠落。质量超过 3kg 时，应固定在预埋的吊钩或螺栓上。轻钢龙骨上安装的灯具，原则上不能加重钢龙骨的荷载，凡灯具质量在 3kg 及以下者，必须在主龙骨上安装；3kg 及 3kg 以上者必须以铁件做固定。

g. 灯具的灯头线不能有接头；需接地或者接零的灯具金属外壳，应有接地螺栓与接地网连接。

h. 各式灯具装在易燃结构部位或者暗装在木制吊平顶内时，在灯具周围应做好防火隔热处理。

⑥ 用可燃材料装修墙壁的场所，墙壁上安装的电源插座及灯具开关，电扇开关等应配金属接线盒，导线穿钢管敷设，要求相同于吊顶内导线敷设。

⑦ 特效舞厅灯安装前应进行检查：各部接线应牢固，通电试验所有灯泡没有接触不良现象，电机运转平稳，温升正常，旋转部分无异常响声。

⑧ 凡重要场所的暗装灯具（包括特制大型吊装灯具的安装），应在全面安装前做出同类型“试装样板”（包括防火隔热处理的全部装置），然后组织有关人员核定之后再全面安装。

2.5.3.4 消防应急照明的设置

设置火灾应急照明灯时需确保继续工作所需照度的场所，火灾应急照明灯的工作方式分为专用和混用两种。前者平时强行启点；后者同正常工作照明一样，平时即点亮作为工作照明的一部分，往往装有照明开关，在必要时需在火灾事故发生后强行启点。高层住宅的楼梯间照明一般兼作火灾应急及疏散照明，通常楼梯灯采用定时自熄开关，所以需要具有火灾时强行启点功能。

火灾应急照明的电源可以是柴油发电机组、蓄电池组或者电力网电源中任意两种组合，以满足双电源、双回路供电的要求。火灾应急照明在正常电源断电之后，其电源转换时间应满足以下要求：疏散照明≤15s；备用照明≤15s（其中金融商业交易所≤1.5s）；安全照明≤0.5s。

对火灾应急照明可以集中供电，也可以分散供电。大中型建筑多采用集中式供电，总配电箱设在建筑底层，以干线向各层照明配电箱供电，各层照明配电箱装于楼梯间或者附近，每回路干线上连接的配电箱数不大于 3 个，此时的火灾应急照明电源无论是从专用干线分配电箱取得，还是从与正常照明混合使用的干线分配电箱取得，在有应急备用电源的地方，都要从最末一级的分配电箱中进行自动切换。国家工程建设消防技术标准规定，火灾应急照明灯具及灯光疏散指示标志的备用电源连续供电时间不应少于 30min。

小型单元式火灾应急照明灯，蓄电池多为镍镉电池，或者小型密封铅蓄电池。优点是灵活、可靠、安装方便。缺点是费用高、检查维护不便。

火灾应急照明灯应设玻璃或者其他非燃烧材料制作的保护罩，通常除了透光部分设玻璃外，其外壳须用金属材料或难燃材料制成。通常，火灾应急照明灯平时不亮，当遇有火警时接受指令，按要求分区点亮或者全部点亮。国家工程建设消防技术标准规定，火灾应急照明灯具宜设置在墙面的上部、顶棚上或者出口的顶部。

2.5.4 施工现场电气设备防火

2.5.4.1 电动机引起火灾的原因

电动机引起火灾的原因，主要有下列几个方面。

（1）绕组短路　由于平时保养不善，小石子、螺母、垫圈等硬物不慎落入机体，损坏了绝缘；线圈受潮，绝缘能力下降；检修、安装时操作不慎，碰坏绝缘层等，这些都会形成匝间短路，使其迅速发热起火。

（2）过载　一定功率的电动机能带动的设备是有限度的，当带动超过允许负荷的范围，就会发生过载。电压过低也会产生过载。电动机发生过载，必然会造成绕组过热。甚至烧毁电动机，或者引燃周围的可燃物，发生火灾。

（3）单相运行　三相异步电动机在一相不通电情况下仍继续运行，则另外两相就流过了单相电流，此种状态叫作单相运行（即缺相运行）。三相异步电动机单相运行危害极大，轻则烧毁电动机，重则导致火灾。电动机在单相运行时，其中有的绕组电流就增大 1.73 倍。因熔断器保护装置上的熔丝是按额定电流的 2 倍选用，因此并不动作。所以带有负载的电动机发生单相运行后，如果不及时发现，采取相应措施，必然要烧毁电动机绕组，甚至起火。

（4）绝缘损害　电动机绕组通常都由漆、纱、丝包的铜（或铝）导线绕制而成。如导线绝缘损坏，会造成匝间或者相间短路，如绕组与机壳间绝缘损坏，还会造成对地短路。

（5）接触不良　连接线圈的各个接点或者引出线接点如有松动，接触电阻就增大，通过电流时就会发热。接点越热，氧化越迅速，接触电阻也就越大，如此反复循环，最后将该接点烧毁，产生火花、电弧，或者损坏周围导线的绝缘，引起短路，造成火灾。导线线端接触不良，可能会发生断路，使电动机发生单相运行。烧毁电动机，并由此引发火灾。

直流电动机转子绕组与整流子连接处脱焊，接触不良，出现断路现象，使电刷火花增大。还有更换新电刷后研磨不良，与滑环接触不好，电刷碎裂。都会造成较大的火花，增加火灾危险。

（6）转动不灵　因为轴承磨损、缺少润滑油，所以使机轴转动不灵，甚至被卡住，也会使电动机发热起火。

（7）机械摩擦　纤维、粉尘吸入电动机，通风槽被堵，定子与转子摩擦打出火花等，都可能引起燃烧。通常说来，电动机起火只是将绕组烧毁。但是，如果使用可燃物作底座，或者附近有可燃物，就可能引起火灾。

（8）接地装置不良　电动机在运行时必须装有保护接地，一方面可以保护人身安全，同时还能防止发生火灾，当电动机绕组对机壳发生短路时，如无可靠的保护接地，那机壳就带电，万一不慎触及机壳时，就会发生触电事故。若机壳周围堆有其他杂乱的易燃物质，电流就会由机壳通过这些物质流入大地，时间一长也会逐渐发热，有造成火灾的可能。

2.5.4.2　电动机的防火要求

① 要根据电动机使用环境的特征，同时考虑防潮、防尘以及防腐蚀等情况，选择相应的电动机。

② 对电动机要经常做好保养工作，暂时不用的，要放置于干燥、清洁的场所；重新使用前，要测量绝缘电阻，若低于标准阻值，不能投入使用。对转轴等要勤加润滑油，轴承磨损要及时更换，保持运转灵活。

③ 电动机的功率应略高于被拖动的机械设备，使其匹配相当，避免超负荷。

④ 要保持三相线路上的用电量均衡，电源线上的三只熔断器必须采用相同规格的熔丝。

⑤ 大功率电动机应在电源线上分别安装指示灯，便于及时发现缺相。

⑥ 要安装合适的保护装置，因为电动机的启动电流比额定电流要大 5～7 倍，因此，安装保护装置要考虑到这种情况，运行开关的熔丝要根据大于额定电流的要求来选定，有些电动机还可采用双保险接线。

⑦ 对运行中的电动机要加强监视，注意声音的差异、温升的高低、电流以及电压的变化情况。如温度过高，应采取降温措施或暂停使用；如温度急剧上升，应断电检查。由于电动机启动时电流大，短时间启动次数过多，会使绕组发热，甚至烧毁。因此，连续启动次数通常不得超过 5 次，发热状态下不得超过 2 次（特种电动机除外）。

⑧ 电动机周围要保持清洁，防止粉尘、纤维吸入电动机。

⑨ 由于各种原因，电动机烧毁是常有的事，但是电动机本身除绕组绝缘物外都是金属，一般不会燃烧成灾。以往发生的火灾都是因为电动机靠近可燃物。为了避免这类事故，必须做到：落在电动机上的棉绒、飞絮和可燃粉尘必须及时清扫，防止积聚；电动机的底座必须用不燃材料，不可使用木底座，也不可靠近木板墙壁；要保持电动机周围清洁，不可堆放可燃物。尤其是在毛、棉、麻、麦秸、稻草等易燃材料的加工车间、堆场等，电动机一定要与这些材料保持一定的防火间距或采取屏蔽措施。

2.5.4.3 电气设备的防火要求

① 不得在电气设备现场周围存放易燃易爆物、污染源和腐蚀介质，否则应予清除或做防护处置，其防护等级必须与环境条件相适应。

② 电气设备设置场所应能避免物体打击及机械损伤，否则应做防护处置。

2.5.4.4 电热设备引起火灾的原因

电热设备是将电能转变为热能的一种设备。电热设备的功率一般较大，设备表面温度较高，有的还是敞开式的，因此火灾危险性很大。电热设备引起火灾的主要有以下几种原因：

（1）加热温度过高或时间过长　加热时间过长或温度过高都会引起可燃物料燃烧，甚至爆炸。如赛璐珞在高温下能气化、分解，放出大量热，引起燃烧爆炸；油浴炉的炉温如超过油的自燃点，也会燃烧，甚至爆炸；木材由于长期高温烘烤会炭化、燃烧。

（2）导线过载　当导线中通过的电流量超过了安全载流量，导线的温度就将会超过了最高允许温度，使绝缘层加速老化，引燃绝缘层，甚至导致短路着火。

（3）绝热材料损坏或安置不当　电热设备的温度很高，尤其是大型电炉，如炉口密封不好或绝热材料损坏，炉口及炉壁都会出现高温，可能会引燃附近可燃物。但也有由于某些器具功率较小，容易被人们忽视，以致操作时粗心大意，随便放置，导致火灾。

2.5.4.5 电热设备的防火要求

为防止过负荷，选择电热器具的连接导线时，必须要考虑导线足够的横截面积。工业用电热器应采用单独线路；民用的电热器不宜直接接在灯座上，最好单独安装线路；为防止电炉、电熨斗长时间作用烤着可燃物质，应安装在离可燃物质较远的地方，放在台板上或可燃物件上时，下边应垫有耐火砖等不燃材料。还应防止绝缘导线芯裸露、插头破损形成短路引起火灾等。对有可燃气体、蒸气和粉尘的车间不得装设电热器。无论工业用或者民用电热器，接通电源后一定要有专人看管，较大的电热器还应安装温度控制或温度调节器，避免温度过高。要严格安全操作规程和制度，如遇停电，应及时将电源切断，防止恢复供电时电热器过热发生危险。

2.5.4.6 电焊设备引起火灾的原因

电焊是将焊钳上的焊条作为一个电极，把焊件作为另一个电极，利用接触电阻的原理产生高温电弧，将金属熔化后连接在一起。电焊机根据电流的不同，分为交流电焊机和直流电焊机两种类型。电焊机的主要部件有焊接变压器、调节装置、箱体以及焊钳。电焊时焊机的输出端电流较大，电弧的温度可达到3000～6000℃。电焊引起火灾的主要原因是：焊接时的高温熔渣（习惯叫电火花）四处飞溅，引起周围可燃物着火；通过热传导引燃可燃物；焊接曾输送、储存过可燃液体、气体的管道、容器时违章操作，导致爆炸起火等。

2.5.4.7　电焊设备的防火要求

电焊作业人员必须是经过消防安全培训合格之后持证上岗的正式焊工。作业时必须持有经消防安全审查合格的动火许可证。作业操作时应将易燃、易爆场所以及禁火区域内的焊接或切割件拆下来，迁移至安全地点进行；对于确实无法拆卸的焊割件，应将焊接或切割的部位或设备与其他易燃易爆物质、设备严密隔离；对可燃气体的容器、管道进行焊、割时，可将惰性气体（如二氧化碳、氮气）、蒸汽或者水注入焊、割的容器、管道内，以置换出残存在里面的可燃气体；对储存过易燃液体的设备和管道进行焊割前，应先用蒸汽、热水或酸液、碱液清洗残存在里面的易燃液体。对无法溶解的污染物，应先铲除干净，然后再进行清洗。

焊接或切割作业现场不得有易燃物品存在。作业点附近的固体可燃物无法搬移时，可采取喷水的方法，浇湿可燃物，以增加它们的抗火能力。被焊接或切割的设备，作业前必须泄压，开启全部人孔、阀门等。在有易燃、易爆以及有毒气体的室内作业时，首先应进行通风，待室内的易燃、易爆以及有毒气体排至室外并对室内空气进行分析合格后，才能进行焊接或切割作业。要针对不同的作业现场和焊接或切割对象，配备相应数量的灭火器材。对大型工程项目禁火区域内的设备抢修，以及当作业现场环境比较复杂时，可同当地消防队联系，增派消防车现场值勤。

在对可燃的气体、液体设备进行电焊作业前，应严格分析焊、割件内部的可燃气体、蒸气含量，必须在浓度低于爆炸下限的1/4时才可进行焊接或切割作业。

2.5.4.8　开关引起火灾的原因

开关是接通和切断或者隔离电源的控制设备。其造成火灾的主要原因是：触头松动或氧化后接触不良，接触电阻过大发热引起火灾；开关操作时产生火花、电弧，引燃周围可燃物或引起气体、粉尘爆炸；开关连接件松动、氧化，发热、滋火造成火灾等。

2.5.4.9　开关的防火要求

开关应设在开关箱内，箱体应加盖。开关箱应设于干燥处，木质开关箱的内表面应敷以镀锌薄钢板，防止起火时蔓延。开关的额定电流和额定电压均应和实际使用情况相适应。潮湿场所应选用拉线开关，有爆炸危险与化学腐蚀的房间，应把开关安装于室外，或合适的地方，否则应采用相应形式的开关。在有爆炸危险的场所应采用隔爆型、防爆充油的防爆开关。在中性点接地的系统中，单极开关必须接在火线上，否则开关虽断，电气设备仍然带电，火线一旦接地，有发生接地短路引起火灾的危险。尤其是库房内的电气线路，更要注意。开关损坏时，都应及时更换。

2.5.4.10　熔断器引起火灾的原因

熔断器是一种用作防止短路及严重过负荷的保护电器，常用的有瓷插式熔断器和螺旋式熔断器两种。熔断器的熔体采用低熔点的锡铅合金制成。电路中的电流由于短路、过载增大时，流经熔体的电流超过熔体的额定电流，熔体温度升高到一定值时熔断，从而将电路切断，起到保护作用。

熔断器引发火灾的主要原因是：熔体过载、接触不良，使熔断器过热，造成周围可燃物起火；熔体额定电流选择不当，电气设备短路与发生故障时不起保护作用；大截面熔体爆断时，熔化的高温金属颗粒溅落至附近可燃物上起火等。

2.5.4.11 熔断器的防火要求

选用熔断器的熔丝时，熔丝的额定电流应同被保护的设备相适应，决不能超过熔断器、电度表等的额定电流。通常应在电源进线、线路分支和导线截面改变的地方安装熔断器，尽量使每段线路都能得到可靠的保护。为避免熔件爆断时引起周围可燃物起火，熔断器宜装在不燃的构件上。当具有火灾危险的厂房安设熔断器时，应设置在厂房的外边，否则应加密封外壳，并离开可燃建筑构件。熔断器要经常除尘，以保持熔断器的清洁。

思考题

1. 建筑防火平面布置应满足哪些要求？
2. 防火门的设置有哪些规定？
3. 防烟分区的划分方法有哪些？
4. 安全疏散的设计原则是什么？
5. 公共建筑安全出口的设置有哪些要求？
6. 封闭楼梯间的防火设置有哪些规定？
7. 防火防爆有哪些基本规定？

消防安全管理

3.1 消防安全管理概述

3.1.1 消防安全管理组织机构及职责

3.1.1.1 消防安全责任人的职责

① 贯彻执行消防法律法规，保证人员密集场所符合国家消防技术标准，掌握本场所的消防安全情况，全面负责本场所的消防安全工作。

② 统筹安排本场所的消防安全管理工作，批准实施年度消防工作计划。

③ 为本场所消防安全管理工作提供必要的经费和组织保障。

④ 确定逐级消防安全责任，批准实施消防安全管理制度和保障消防安全的操作规程。

⑤ 组织召开消防安全例会，组织开展防火检查，督促整改火灾隐患，及时处理涉及消防安全的重大问题。

⑥ 根据有关消防法律法规的规定建立的专职消防队、志愿消防队（微型消防站），并配备相应的消防器材和装备。

⑦ 针对本场所的实际情况，组织制定灭火和应急疏散预案，并实施演练。

3.1.1.2 消防安全管理人的职责

① 拟订年度消防安全工作计划，组织实施日常消防安全管理工作。

② 组织制订消防安全管理制度和保障消防安全的操作规程，并检查督促落实。

③ 拟订消防安全工作的经费预算和组织保障方案。

④ 组织实施防火检查和火灾隐患整改。

⑤ 组织实施对本场所消防设施、灭火器材和消防安全标志的维护保养，确保其完好有效和处于正常运行状态，确保疏散通道、走道和安全出口、消防车通道畅通。

⑥ 组织管理专职消防队或志愿消防队（微型消防站），开展日常业务训练，组织初起火灾扑救和人员疏散。

⑦ 组织从业人员开展岗前和日常消防知识、技能的教育和培训，组织灭火和应急疏散预案的实施和演练。

⑧ 定期向消防安全责任人报告消防安全情况，及时报告涉及消防安全的重大问题。

⑨ 管理人员密集场所委托的物业服务企业和消防技术服务机构。

⑩ 消防安全责任人委托的其他消防安全管理工作。

3.1.1.3 部门消防安全负责人的职责

① 组织实施本部门的消防安全管理工作计划。

② 根据本部门的实际情况开展岗位消防安全教育与培训，制定消防安全管理制度，落实消防安全措施。

③ 按照规定实施消防安全巡查和定期检查，确保管辖范围的消防设施完好有效。

④ 及时发现和消除火灾隐患，不能消除的，应采取相应措施并向消防安全管理人报告。

⑤ 发现火灾，及时报警，并组织人员疏散和初起火灾扑救。

3.1.1.4 消防控制室值班员的职责

① 应持证上岗，熟悉和掌握消防控制室设备的功能及操作规程，按照规定和规程测试自动消防设施的功能，保证消防控制室的设备正常运行。

② 对火警信号，应按照相关规定的消防控制室接警处警程序处置。

③ 对故障报警信号应及时确认，并及时查明原因，排除故障；不能排除的，应立即向部门主管人员或消防安全管理人报告。

④ 应严格执行每日 24 小时专人值班制度，每班不应少于 2 人，做好消防控制室的火警、故障记录和值班记录。

3.1.1.5 消防设施操作员的职责

① 熟悉和掌握消防设施的功能和操作规程。

② 按照制度和规程对消防设施进行检查、维护和保养，保证消防设施和消防电源处于正常运行状态，确保有关阀门处于正确状态。

③ 发现故障，应及时排除；不能排除的，应及时向上级主管人员报告。

④ 做好消防设施运行、操作、故障和维护保养记录。

3.1.1.6 保安人员的职责

① 按照消防安全管理制度进行防火巡查，并做好记录；发现问题，应及时向主管人员报告。

② 发现火情，应及时报火警并报告主管人员，实施灭火和应急疏散预案，协助灭火救援。

③ 劝阻和制止违反消防法律法规和消防安全管理制度的行为。

3.1.1.7 电气焊工、易燃易爆危险品管理及操作人员的职责

① 执行有关消防安全制度和操作规程，履行作业前审批手续。

② 落实相应作业现场的消防安全防护措施。

③ 发生火灾后，应立即报火警，实施扑救。

3.1.1.8 专职消防队、志愿消防队队员的职责

① 熟悉单位基本情况、灭火和应急疏散预案、消防安全重点部位及消防设施、器材设置情况。

② 参加消防业务培训及消防演练，掌握消防设施及器材的操作使用方法。

③ 专职消防队定期开展灭火救援技能训练，能够 24 小时备勤。

④ 志愿消防队能在接到火警出动信息后迅速集结、参加灭火救援。

3.1.1.9 员工的职责

① 主动接受消防安全宣传教育培训，遵守消防安全管理制度和操作规程。

② 熟悉本工作场所消防设施、器材及安全出口的位置，参加单位灭火和应急疏散预案演练。

③ 清楚本单位火灾危险性，会报火警、会扑救初起火灾、会组织疏散逃生和自救。

④ 每日到岗后及下班前应检查本岗位工作设施、设备、场地、电源插座、电气设备的使用状态等，发现隐患及时处置并向消防安全工作归口管理部门报告。

⑤ 监督其他人员遵守消防安全管理制度，制止吸烟、使用大功率电器等不利于消防安全的行为。

3.1.2 消防安全管理的任务

在我国建设的新时期，消防安全管理的总任务，就是要依据经济发展规律和经济建设的新情况及新特点，适应市场经济发展来决定消防管理总目标，坚持“预防为主、防消结合”的方针，通过各级党政领导，充分发动群众，进行严格管理，科学管理，依法管理，更有效地防止和减少火灾危害，保卫社会主义现代化建设及保障公民生命财产的安全。

《消防法》第一条规定：“为了预防火灾和减少火灾危害，加强应急救援工作，保护人身、财产安全，维护公共安全。”《单位消防安全管理规定》第一条规定：“为了加强和规范机关、团体、企业、事业单位的消防安全管理，预防火灾和减少火灾危害。”

具体地说，消防安全管理的任务是：

第一，贯彻预防为主、防消结合的方针，按照政府统一领导、部门依法监管、单位全面负责、公民积极参与的原则，实行消防安全责任制，建立健全社会化的消防工作网络。

第二，建立健全各级消防安全管理机构，选择、考核以及培养各种消防安全管理人员。

第三，制订消防安全管理计划，选择并决定近期或者远期消防安全管理目标。

第四，开展消防宣传教育，普及消防安全管理知识，动员每个职工群众都参加消防安全管理活动。

第五，研究如何利用最少的人力、财力、物力、时间，采取现代化的科学方法，为单位提供最佳消防安全环境。

第六，建立健全消防安全管理规章制度，实行规范管理、从严管理。

第七，加强对消防安全事务进行监督、检查、控制以及协调工作。

第八，国家鼓励、支持消防科学研究和技术创新，推广使用先进的消防和应急救援技术、设备；鼓励、支持社会力量开展消防公益活动。对在消防工作中有突出贡献的单位和个人，应当按照国家有关规定给予表彰和奖励。

3.1.3 消防安全管理的作用

火灾是一种破坏力很大的治安灾害，因此做好消防安全管理工作对保障公民的人身安全，保卫我国现代化建设具有十分重要的作用。

3.1.3.1 保护公民生命财产安全的需要

火灾是一种最为常见的严重危害人民生命财产安全的灾害。在火灾发展过程中，通常情况下火灾会被控制在小范围内，人员有时间逃生。但因为很多建筑物，尤其是公众聚集场所、机关、团体、企业、事业单位大量使用易燃可燃材料装修，并且疏散通道堵塞、消防设备失效现象严重，以致火灾迅速蔓延、损失扩大、人员大量伤亡。所以，加强消防安全管理，针对我国严峻的火灾形势和发展趋势，为有效预防及减少火灾危害，就必须贯彻实施《单位消防安全管理规定》，坚持“预防为主、防消结合”的方针，积极采取防范措施，保证公民生命财产的安全。

3.1.3.2 保卫现代化经济建设的需要

随着改革开放的不断深化及市场经济的持续发展，尤其是我国加入 WTO 以后，我国经济发展，社会不断进步。但是，经济的高速发展也给我们带来一个严肃的课题，那就是如何让经济建设得到健康、安全的发展。这当中有一个非常值得人们重视的问题：做好防火工作，确保现代化经济建设，机关、团体、企业、事业单位，在同火灾作斗争过程中，要始终把预防火灾放在首位，从思想上、组织上、制度上采取各种积极措施，以避免火灾的发生。

建设一个车间、建造一幢高楼需要一二年，营造一个林场常需十几年至二十几年。但是火灾一旦发生，用不了多少时间将会将人们长期辛勤劳动创造出来的财富化为灰烬。做好了消防工作就使经济建设成果有了安全保障。随着我国现代化建设的迅猛发展，新材料、新设备以及新工艺的广泛应用，用火、用电、用易燃化学物品的单位大量增多，新的不安全因素也随之不断增加，就更需要加强消防工作，以保证现代化建设事业的顺利进行。

3.1.3.3 维护社会治安的需要

火灾危害程度随着经济发展而增加，这是客观规律。而目前我国虽然正处在经济建设高速发展时期，因为没有系统的多层次的消防法律、法规体系，尤其是管理体制改革、权力下放，而且审批制度又不完善，缺乏统一的法律、法规依据，形成单位消防安全宣传教育、安全检查、火险整改及消防监督形同虚设，加之职工群众消防意识淡薄，遇有火情缺乏经验，一旦发生火灾难以抢救，导致极大的人员伤亡及财产损毁。火灾是一种治安灾害事故，发生火灾会给受害群众带来困难和不幸，也会使当地的社会治安受到一定的影响。所以，从维护社会治安的角度出发，也要求加强消防安全管理，以便于减少这种治安灾害事故的发生。

消防安全管理涉及各行各业、千家万户，是一种全民事业。各级公安机关及社会单位应当本着对党、对人民负责的精神，把预防火灾作为自己应尽的责任，在各级党委和政府的领导下，借助广大群众，努力做好防火工作，大力减少及消除火灾的危害，创造良好的社会秩序，保证我国现代化建设事业的顺利进行。

3.1.4 消防安全管理的原则

任何一项管理活动都必须遵循一定的原则。依据我国消防安全管理的性质，消防安全管理除应遵循普遍政治原则和科学管理原则外，还必须遵循下列一些特有的原则。

3.1.4.1 统一领导，分级管理

根据消防安全管理的性质与消防实践，我国的消防安全管理实行统一领导，即实行统一的法律、法规、方针、政策，以确保全国消防管理工作的协调一致。但是，由于我国是一个人口众多，地域广阔的国家，各地经济、文化以及科技发展不平衡，发生火灾的具体规律和特点也不同，不可能用一个统一的模式来管理各地区、各部门的消防业务。所以，必须在国家消防主管部门的统一领导下，实行纵向的分级管理，赋予各级消防管理部门一定的职责及权限，调动其积极性与主动性。

3.1.4.2 专门机关管理与群众管理相结合

各级公安消防监督机构是消防管理的专门机关，担负着主要的消防管理职能，但是消防

工作涉及各行各业，千家万户，消防工作与每一个社会成员息息相关，如果不发动群众参与管理，消防工作的各项措施就很难落实。只有坚持在专门机关组织指导与群众参加管理相结合，才能够卓有成效地搞好这一工作。

3.1.4.3 安全与生产相一致

安全和生产是一个对立统一的整体。安全是为了更好地生产，生产必须要以安全为前提，二者不可偏废。公安消防监督机关在消防管理中，要认真坚持安全与生产相一致的原则，对机关、团体、企业以及事业单位存在的火险隐患决不姑息迁就，而应积极督促其整改，使安全与生产同步前进。若忽视这一点则会导致很大的损失。

3.1.4.4 严格管理、依法管理

由于各种客观因素的存在，一部分单位与个人往往对消防安全的重要性认识不足，存在着对消防安全不重视的现象，导致大量的火险隐患得不到发现或发现后不能及时进行整改。为了减少和消除引发火灾的各种因素，消防管理组织，尤其是公安消防监督机构就严格管理的原则，对所有监督管理范围内的单位、部门以及区域的消防安全提出严格的要求，发现火险隐患严格督促检查、整改。

依法管理，就是要依照国家司法机关和行政机关制定和颁布的法律、法规以及规章等，对消防事务进行管理。消防管理要依法进行，这是由于火的破坏性所决定的。

火灾危害社会安宁，破坏人们正常的生产、工作以及生活秩序，这就需要有强制性的管理措施才能够有效地控制火灾的发生。而强制性的管理又必须以法律作后盾，因此消防安全管理工作必须坚持依法管理的原则。

3.1.5 消防安全管理制度

3.1.5.1 消防工作制度

① 认真学习并贯彻落实《消防法》及公安部 61 号令，加大宣传、培训力度，对员工进行消防常识的教育，做到人人都对企业消防工作负责。

② 明确任务，落实责任，逐级签订安全防火责任书，按照“谁主管，谁负责”的工作原则，真正把消防工作落实到实处。

③ 加大检查整改力度，除每周组织专项检查外，每天都要有保卫部三级巡查制检查安全防火情况，发现问题，及时汇报，及时处理。

④ 每年组织企业灭火疏散演练不低于两次。

⑤ 做好重大节日期间防火工作，并制定具体保卫方案。

⑥ 加强火源、电源的管理，落实好天然气液化气的检查制度，电气线路设备的检查制度，及时清除火险隐患。

⑦ 建立企业消防档案，组建义务消防队，做到预防为主，防消结合。加强吸烟管理制度，商场为无烟商场的禁止吸烟。

⑧ 坚持做好安全出口，疏散通道的专项治理和检查工作，对发生火灾或火险隐患整改不及时的部门，应对相关责任人予以责罚。

⑨ 保障消防设施设备就位，完整好用，符合法律法规要求，并落实维护责任人。

3.1.5.2 消防监控中心交接班制度

① 接班人员必须提前 15min 到达本岗位，做好交接准备。

② 上岗前必须按规定着装，检查仪容仪表，精神面貌良好。

③ 检查岗位的设备运行是否良好和交接巡视检查、执机注意事项。

④ 当班人员必须在记录本上填写好设备运行、巡检等情况，并要求字迹清楚，记录齐全。

⑤ 各消防应急工具，相关资料如数按规定摆放整齐。

⑥ 做好中控室卫生清理工作，保证机器、地面、墙面洁净。

⑦ 接班人员未到，在岗人员不得离岗，应及时向有关领导汇报，请示处理办法。

⑧ 交接班各项内容经确认后必须在交接班本上签姓名和时间，以示确认和负责。

⑨ 如遇到突发事件等特殊情况，接班者协助交班者对事件进行处理，待事件处理告一段落，经交上级领导批准，再进行交接班。

⑩ 当接班人酒醉、情绪不稳、意识不清等情况时，不得交接班，应上报请示处理办法。

⑪ 交班者要按本制度进行交班，如未按规定办，接班者可以提出意见，要求交班人员立即补办，否则可以不接班，并向有关领导报告。

⑫ 消防中控室双人执机，不得单人交接执机，不得电话信誉交接，应有文字体现。

3.1.5.3 消防监控中心安全巡查工作制度

① 防火巡查每两小时一次，主要包括以下内容。

a. 用火、用电有无违章情况。商场为无烟商场禁止吸烟，禁止随意用火。餐饮用火：微波炉、灶具 1m 内不得有易燃可燃危险品，灶具与气瓶之间的净距离不得小于 0.5m，灶具与气瓶连接的软管长度不得超过 2m。

b. 安全出口、疏散通道是否通畅，安全疏散指示标志、应急照明是否完好。安全出口不得封闭、堵塞、安全出口处不得设置门槛，疏散门应当向疏散方向开启，不得采用卷帘门、转门、吊门、侧拉门。

c. 消防设施、器材和消防安全标志是否在位、完整。任何店铺、个人不得损坏或者擅自挪用、拆除、停用消防设施、器材，不得埋压、圈占、遮挡消火栓，不得占用防火间距、堵塞消防车通道。

d. 常闭式防火门是否处于关闭状态，防火卷材下是否堆放物品影响使用。商场使用为甲级防火门，查闭门器、顺位器是否完好，防火卷帘下 1m 处不得堆放物品影响使用。

e. 消防安全重点部位的人员在岗情况。配电室、机房、库房、厨房的人员责任落实与管理情况。

② 巡查人员应当及时纠正违章行为，要善处置火灾危险，无法当场处置的，应当立即报告。发现初起火灾应当立即报警并及时扑救。

③ 防火巡查、检查应当填写巡查、检查记录，巡查、检查人员及其主管人员应当在巡查、检查记录上签名，存档备查。

④ 巡查人员是保安部的安防力量，遇有可疑人、可疑事要有跟进、有交接，对店铺、个人的违规行为、危险举动（吸烟、拍照、溜旱冰、散发广告、带宠物、擅自施工、危险搬运、长时间逗留在通道内、做客服调查、着装不整、新闻媒体擅自采、顾客纠纷、客诉、斗殴等）要及时发现、询问、制止，保证合法人的权益，保持商场的有序经营环境。通道内有无杂物门锁杠推是否完好。安防执勤时注意自我保护。

⑤ 巡查人员禁止利用工作时间闲谈或办私事，不得擅自进入独立经营管理的区域，工作需要，应两人以上经上级、区域负责人同意后方可进入，并配合负责人的工作。

3.1.5.4 消防监控中心工作制度

① 严格遵守国家的法律、法规和公司的相关规章制度。了解和掌握消防报警控制设备设施各项性能指标及操作方法，熟悉相关专业理论知识和安全操作规程，持证上岗。

② 坚守岗位，时刻保持高度警惕。监视火灾报警控制和监控设备设施，严格按程序操作，认真处理当班发生的事件，并如实记录。

③ 经常对消防控制室设备及通信器材等进行检查，定期做好各系统功能试验、维护等工作，确保消防设施运行状况良好。

④ 保持室内清洁卫生，设施设备无污渍、无尘土，室为物品摆放整齐、墙面、地面洁净；要妥善保管和使用控制室内相关设备设施和各种公用物品，杜绝丢失和损坏，并且做好领用、借用登记。

⑤ 发现设备设施故障时，及时通知值班领导和工程技术人员进行修理维护，不得擅自拆卸、挪用和停用设备设施，主动配合相关人员进行设备设施检修和维护并如实登记。

⑥ 充分发挥监控系统优势，密切关注商场内各种情况，注意发现可疑人或可疑物。发现异常情况应及时报告值班领导，按照操作程序果断采取应对措施，不得麻痹大意、延误战机。

⑦ 做好中控室的保密工作。无关人员禁止进入消防控制室内，因工作需要进入监控室的，需经保安部经理同意后方可进入，当班值班员应做好记录。

⑧ 认真填写当值期间相关设施设备运行记录，发生的情况和处理结果。当班未处理完毕的应交代接班人员继续跟进，并做好物品交接工作。

⑨ 完成领导交给的其他工作任务。

3.1.5.5 消防监控中心值班员制度

① 值机员必须坚守岗位，不得擅离职守。按规定准时接岗、巡视，认真执行岗位职责，除楼层巡视和处警以外，值班机员不得做与本职工作无关的事情。

② 值机员不得无故缺勤和私自换班，因特殊情况急需换班时，值机员必须提前三天向消防领班申请并填写“换班申请表”，上报部门领导同意后方可调班。换班过程中若发生重大责任事故，当班者要负主要责任。

③ 积极配合保安员做好日常工作，发生紧急情况时，若值机员无法处理或超出职权范围时应及时按程序上报公司领导，值机员不得擅自做主。

④ 建立完善的工作记录制度，值机员应将本人姓名、日期、班次、消防监控系统运行情况、值班情况及需跟进事项详细记录在案，并认真做好交接。

⑤ 无关人员不得擅自进入中控室，如有公司领导批准的，中控人员应严格执行来客登记制度。

3.2 消防管理的基本方法

3.2.1 分级负责法

分级负责是指某项工作任务，单位或机关、部门之间，纵向层层负责，一级对一级负责，横向分工把关，分线负责，从而形成纵向到底，横向到边，纵横交错的严密的工作网络的一种工作方法。该方法在消防安全管理的工作实践中主要有以下两种。

3.2.1.1 分级管理

消防监督管理工作中的分级管理，是指对各个社会单位和居民的消防安全工作在公安机关内部根据行政辖区的管理范围、权限等，按照市公安局、县（区）公安（分）局和公安派出所分级进行管理。

3.2.1.2 消防安全责任制

所谓消防安全责任制就是，政府、政府部门、社会单位、公民个人都要按照自己的法定职责行事，一级对一级负责。对机关、团体、企事业单位的消防工作而言，就是单位的法定代表人要对本单位的消防安全负责，法定代表人授权某项工作的领导人，要对自己主管内的消防安全负责。其实质就是逐级防火责任制。

3.2.2 重点管理法

重点管理法也就是抓主要矛盾的方法。即指在处理两个以上矛盾存在的事务时，用全力找出其主要的起着领导和决定作用的矛盾，从而抓住主要矛盾，化解其他矛盾，推动整个工作全面开展的一种工作方法。

由于消防安全工作是涉及各个机关、团体、工厂、矿山、学校等企事业单位和千家万户以及每个公民个人的工作，社会性很强，在开展消防安全管理中，也必须学会运用抓主要矛盾，从思维方法和工作方法上掌握抓主要矛盾的工作方法，以推动全社会消防安全工作的开展。

3.2.2.1 专项治理

专项治理就是针对一个大的地区性各项工作或一个单位的具体工作情况，从中找出主要的起着领导和决定作用的工作，即主要矛盾，作为一个时期或一段时间内的中心工作去抓的工作方法。这种工作方法若能运用得好，可以避免不分主次，一面平推，眉毛胡子一把抓的局面，从而收到事半功倍的效果。

3.2.2.2 抓点带面

抓点带面就是领导决策机关，为了推动某项工作的开展，或完成某项工作任务，决策人员根据抓主要矛盾和调查研究的工作原理，带着要抓或推广的工作任务，深入实际，突破一点，取得经验（通常称为抓试点），然后利用这种经验去指导其他单位，进而考验和充实决策任务的内容，并把决策任务从面上推广开来的一种工作方法。这种工作方法既可以检验上级机关决策是否正确，又可以避免大的失误，还可以提高工作效率，以极小的代价取得最佳成绩。

3.2.2.3 消防安全重点管理

消防安全重点管理，是根据抓主要矛盾的工作原理，把在消防工作中的火灾危险性大，火灾发生后损失大、伤亡大、影响大，即对火灾的发生及火灾发生后的损失、伤亡、政治影响、社会影响等起主要的领导和决定作用的单位、部位、工种、人员和事项，作为消防安全管理的重点来抓，从而有效地防止火灾发生的一种管理方法。

3.2.3 调查研究法

调查研究既是领导者必备的基本素质之一，又是实施正确决策的基础。调查研究的方法是管理者能否管理成功的最重要的工作方法。由于消防安全管理工作的社会性、专业性很强，所以在消防安全管理工作中调查研究方法的应用十分重要。加之目前社会主义市场经济的建立和发展，消防工作出现了很多新情况、新问题，为适应新形势，通过调查研究，研究新办法，探索新路子，也必须大兴调查研究之风，才能深入解决实际问题。

在消防安全管理的实际工作中，调查研究最直接的运用就是消防安全检查或消防监督检查。具体归纳起来大体有以下几种方法。

3.2.3.1　普遍调查法

普遍调查法是指对某一范围内所有研究对象不留遗漏地进行全面调查。例如，某市公安机关消防机构为了全面掌握“三资企业”的消防安全管理状况，他们组织调查小组对全市所属的所有“三资”企业逐个进行调查。通过调查发现该市“三资”企业存在的安全体制管理不顺，过分依赖保险，主官忽视消防安全等问题，并写出专题调查报告，上报下发，有力地促进了问题的解决。

3.2.3.2　典型调查法

典型调查法是指在对被调查对象有初步了解的基础上，依据调查目的不同，有计划地选择一个或几个有代表性的单位进行详细调查，以期取得对对象的总体认识的一种调查方法。这种方法是认识客观事物共同本质的一种科学方法，只要典型选择正确，材料收集方法得当，做出的措施，就会有普遍的指导意义。如某市消防支队根据流通领域的职能部门先后改为企业集团，企业性职能部门也迈出了政企分开的步伐的实际情况，及时选择典型对部分市县（区）两级商业、物资、供销、粮食等部门进行了调查，发现其保卫机构、人员和保卫工作职能都发生了变化，为此，他们认真分析了这些变化给消防工作可能带来的有利和不利因素，及时提出了加强消防立法，加强专职消防队伍建设，加强消防重点单位管理和加强社会化消防工作的建议和措施。

3.2.3.3　个案调查法

个案调查法就是把一个社会单位（一个人、一个企业、一个乡等）作为一个整体进行尽可能全面、完整、深入、细致地调查了解。这种调查方法属于集约性研究，探究的范围比较窄，但调查得深透，得到的资料也较为丰富。实质上这种调查方法，在消防安全管理工作中的火灾原因调查和具体深入到某个企业单位进行专门的消防监督检查等都是最具体、最实际的运用。如在对一个企业单位进行消防监督检查时，可最直观地发现企业单位领导对消防安全工作的重视程度，职工的消防安全意识，消防制度的落实，消防组织建设和存在的火灾隐患，消防安全违法行为及整改落实情况等。

3.2.3.4　抽样调查法

抽样调查法就是指从被调查的对象中，依据一定的规则抽取部分样本进行调查，以期获得对有关问题的总的认识的一种方法。如《消防法》第十条、第十二条分别规定，按照国家工程建设消防技术标准需要进行消防设计的一般建设工程，建设单位应当自依法取得施工许可之日起七个工作日内，将消防设计文件报公安机关消防机构备案，公安机关消防机构应当进行抽查；依法应当经公安机关消防机构进行消防设计审核的建设工程，未经依法审核或者审核不合格的，负责审批该工程施工许可的部门不得给予施工许可，建筑单位、施工单位不得施工，其他建设工程取得施工许可后经依法抽查不合格的，应当停止施工。这些都是具体运用抽样调查法的法律依据。

再如，对签订消防责任状这种工作措施的社会效果如何，不太清楚，某公安机关消防机构有重点地深入到有关乡、镇、村和有关主管部门的重点单位开展调查研究，通过调查发现，消防责任状仅仅是促使人们做好消防工作的一种行政手段，不是万能的、永恒的措施，它往往受到各种条件的制约，不能发挥其应有的作用，更不能使消防工作社会化持之以恒地开展下去。针对这一情况，采取相应对策，克服其不利因素，使消防工作得到了健康的发展。

3.2.4 消防安全评价法

目前，可以用于生产过程或设施消防安全评价的方法有安全检查表法、火灾爆炸危险指数评价法、危险性预先分析法、危险可操作性研究法、故障类型与影响分析法、故障树分析法、人的可靠性分析法、作业条件危险性评价法、概率危险分析法等，已达到几十种。按照评价的特点，消防安全评价的方法可有定性评价法、着火爆炸危险指数评价法、概率风险评价法和半定量评价法等几大类。在具体运用时，可根据评价对象、评价人员素质和评价的目的进行选择。

3.2.4.1 定性评价法

定性评价法主要是根据经验和判断能力对生产系统的工艺、设备、环境、人员、管理等方面的状况进行定性的评价。此类评价方法主要有列表检查法（安全检查表法）、预先危险性分析法、故障类型和影响分析法以及危险可操作性研究法等。这类方法的特点是简单、便于操作，评价过程及结果直观，目前在国内外企业消防安全管理工作中被广泛使用。但是这类方法含有相当高的经验成分，带有一定的局限性，对系统危险性的描述缺乏深度，不同类型评价对象的评价结果没有可比性。

3.2.4.2 指数评价法

该评价方法操作简单，避免了火灾事故概率及其后果难以确定的困难，使系统结构复杂、用概率难以表述其火灾危险性单元的评价有了一个可行的方法，是目前应用较多的评价方法之一。该评价方法的缺点是：评价模型对系统消防安全保障体系的功能重视不够，特别是易燃易爆危险物质和消防安全保障体系间的相互作用关系未予考虑。各因素之间均以乘积或相加的方式处理，忽视了各因素之间重要性的差别；评价自开始起就用指标值给出，使得评价后期对系统的安全改进工作较困难；指标值的确定只和指标的设置与否有关，而与指标因素的客观状态无关等，致使易燃易爆危险物质的种类、含量、空间布置相似而实际消防安全水平相差较远的系统评价结果相近。该评价法目前在石油、化工等领域应用较多。

3.2.4.3 火灾概率风险评价法

火灾概率风险评价方法是根据子系统的事故发生概率，求取整个系统火灾事故发生概率的评价方法。本方法系统结构简单、清晰，相同元件的基础数据相互借鉴性强，这种方法在航空、航天、核能等领域得到了广泛应用。另一方面，该方法要求数据准确、充分，分析过程完整，判断和假设合理。但该方法需要取得组成系统各子系统发生故障的概率数据，目前在民用工业系统中，这类数据的积累还很不充分，是使用这一方法的根本性障碍。

3.2.4.4 重大危险源评价法

重大危险源评价方法分为固有危险性评价与现实危险性评价，后者是在前者的基础上考虑各种控制因素，反映了人对控制事故发生和事故后果扩大的主观能动作用。固有危险性评价主要反映物质的固有特性、易燃易爆危险物质生产过程的特点和危险单元内、外部环境状况，分为事故易发性评价和事故严重度评价两种。事故的易发性取决于危险物质事故易发性与工艺过程危险性的耦合。易燃、易爆、有毒重大危险源辨识评价方法填补了我国跨行业重大危险源评价方法的空白，在事故严重度评价中建立了伤害模型库，采用了定量的计算方法，使我国工业火灾危险评价方法的研究从定性评价进入定量评价阶段。实际应用表明，使用该方法得到的评价结果科学、合理，符合中国国情。

由于消防安全评价不仅涉及技术科学，而且涉及管理学、伦理学、心理学、法学等社会科学的相关知识，评价指标及其权值的选取与生产技术水平、管理水平、生产者和管理者的素质以及社会和文化背景等因素密切相关。因此，每种评价方法都有一定的适用范围和限度。目前，国外现有的消防安全评价方法主要适用于评价具有火灾危险的生产装置或生产单元发生火灾事故的可能性和火灾事故后果的严重程度。

3.3 建筑内部电气防火管理

3.3.1 爆炸危险环境的电气设备

3.3.1.1 爆炸危险环境分类、分级

爆炸危险环境的分类、分级指的是按爆炸性物质出现的频率和持续时间划分为不同危险等级区域。见表 3-1。

表 3-1　爆炸危险区域类别及区域等级表

按爆炸性气体混合物出现的频繁程度和持续时间划分		
爆炸性气体环境危险区域	0 区	连续出现或长期出现爆炸性气体混合物的环境
	1 区	在正常运行时可能出现爆炸性气体混合物的环境
	2 区	在正常运行时不太可能出现爆炸性气体混合物的环境，或即使出现也仅是短时存在的爆炸性气体混合物的环境
按爆炸性粉尘环境出现的频繁程度和持续时间划分		
爆炸性粉尘环境危险区域	20 区	空气中的可燃性粉尘云持续地或长期地或频繁地出现于爆炸性环境中的区域
	21 区	在正常运行时，空气中的可燃性粉尘云很可能偶尔出现于爆炸性环境中的区域
	22 区	在正常运行时，空气中的可燃粉尘云一般不可能出现于爆炸性粉尘环境中的区域，即使出现，持续时间也是短暂的

3.3.1.2 危险区域划分与电气设备保护级别的关系

危险区域划分与电气设备保护级别的关系应符合下列规定。

① 爆炸性环境内电气设备保护级别的选择应符合表 3-2 的规定。

表 3-2　爆炸性环境内电气设备保护级别的选择

危险区域	设备保护级别(EPL)
0 区	Ga
1 区	Ga 或 Gb
2 区	Ga、Gb 或 Gc

续表

危险区域	设备保护级别(EPL)
20 区	Da
21 区	Da 或 Db
22 区	Da、Db 或 Dc

注：Ga 级指爆炸性气体环境用设备，具有“很高”的保护等级，在正常运行、出现的预期故障或罕见故障时不是点燃源；Gb 级指爆炸性气体环境用电设备，具有“高”的保护等级，在正常运行或预期故障条件下不是点燃源；Gc 级指爆炸性气体环境用设备，具有“一般”的保护等级，在正常运行中不是点燃源，也可采取一些附加保护措施，保证在点燃源预期经常出现的情况（例如灯具的故障）下不会形成有效点燃；Da 级指爆炸性粉尘环境用设备，具有“很高”的保护等级，在正常运行、出现预期故障或罕见故障条件下不是点燃源；Db 级指爆炸性粉尘环境用设备，具有“高”的保护等级，在正常运行或出现的预期故障条件下不是点燃源；Dc 级指爆炸性粉尘环境用设备，具有“一般”的保护等级，在正常运行过程中不是点燃源，也可采取一些附加保护措施，保证在点燃源预期经常出现的情况（例如灯具的故障）下不会形成有效点燃。

② 电气设备保护级别（EPL）与电气防爆结构的关系应符合表 3-3 的规定

表 3-3　电气设备保护级别（EPL）与电气防爆结构的关系

设备保护级别(EPL)	电气设备防爆结构	防爆标志及符号	
Ga	隔爆型	隔爆外壳	“da”
	本质安全型	本质安全型	“ia”
	浇封型	浇封型	“ma”
	光辐射式设备和传输系统的保护	本质安全型光辐射	“op is”
		带联锁装置的光辐射	“op sh”
	特殊型	特殊型	“sa”
Gb	隔爆型	隔爆外壳	“db”
	增安型	增安型	“eb”
	本质安全型	本质安全型	“ib”
	浇封型	浇封型	“mb”
	液浸型	液浸型	“ob”
	光辐射式设备和传输系统的保护	本质安全型光辐射	“op is”
		保护型光辐射	“op pr”
		带联锁装置的光辐射	“op sh”
	正压型	正压型	“pv”“pxb”“pyb”
	充砂型	充砂型	“q”
	特殊型	特殊型	“sb”
Gc	隔爆型	隔爆外壳	“dc”
	增安型	增安型	“ec”
	本质安全型	本质安全型	“ic”
	浇封型	浇封型	“mc”
	无火花	无火花	“nA”
	限制呼吸	限制呼吸	“nR”
	火花保护	火花保护	“nC”
	液浸型	液浸型	“oc”

续表

设备保护级别(EPL)	电气设备防爆结构	防爆标志及符号	
Gc	光辐射式设备和传输系统的保护	本质安全型光辐射	“op is”
		保护型光辐射	“op pr”
		带联锁装置的光辐射	“op sh”
	正压型	正压型	“pv”“pzc”
	特殊型	特殊型	“sc”
Da	本质安全型	本质安全型	“ia”
	浇封型	浇封型	“ma”
	光辐射式设备和传输系统的保护	本质安全型光辐射	“op is”
		带联锁装置的光辐射	“op sh”
	特殊型	特殊型	“sa”
	外壳保护型	外壳保护型	“ta”
Db	本质安全型	本质安全型	“ib”
	浇封型	浇封型	“mb”
	光辐射式设备和传输系统的保护	本质安全型光辐射	“op is”
		保护型光辐射	“op pr”
		带联锁装置的光辐射	“op sh”
	正压型	正压型	“pxb”“pyb”
	特殊型	特殊型	“sb”
	外壳保护型	外壳保护型	“tb”
Dc	本质安全型	本质安全型	“ic”
	浇封型	浇封型	“mc”
	光辐射式设备和传输系统的保护	本质安全型光辐射	“op is”
		保护型光辐射	“op pr”
		带联锁装置的光辐射	“op sh”
	正压型	正压型	“pzc”
	特殊型	特殊型	“sc”
	外壳保护型	外壳保护型	“tc”

3.3.2 建筑消防用电

3.3.2.1 消防用电设备电源的要求

① 下列建筑物的消防用电应按一级负荷供电。

a. 建筑高度大于 50m 的乙、丙类厂房和丙类仓库。

b. 一类高层民用建筑。

② 下列建筑物、储罐（区）和堆场的消防用电应按二级负荷供电。

a. 室外消防用水量大于 30L/s 的厂房、仓库。

b. 室外消防用水量大于 35L/s 的可燃材料堆场、可燃气体储罐（区）和甲、乙类液体储罐（区）。

c. 粮食仓库及粮食筒仓。

d. 二类高层民用建筑。

e. 座位数超过1500个的电影院、剧院，座位数超过3000个的体育馆，任一层建筑面积大于3000m^2的商店和展览建筑，省（市）级及以上的广播电视、电信和财贸金融建筑，室外消防用水量大于25L/s的其他公共建筑。

③ 除本条第①、②款外的建筑物、储罐（区）和堆场等的消防用电可按三级负荷供电。

④ 消防用电按一、二级负荷供电的建筑，当采用自备发电设备作备用电源时，自备发电设备应设置自动和手动启动装置。当采用自动启动方式时，应能保证在30s内供电。不同级别负荷的供电电源应符合现行国家标准《供配电系统设计规范》（GB 50052—2009）的规定。

3.3.2.2 消防用电设备的配电线路的敷设

消防用电设备配电线路的敷设应符合以下规定。

① 线路明敷时（包括敷设在吊顶内），应穿金属导管或采用封闭式金属槽盒保护，金属导管或封闭式金属槽盒应采取防火保护措施；当采用阻燃或耐火电缆并敷设在电缆井、沟内时，可不穿金属导管或采用封闭式金属槽盒保护；当采用矿物绝缘类不燃性电缆时，可直接明敷。

② 线路暗敷时，应穿管并应敷设在不燃性结构内且保护层厚度不应小于30mm。

③ 消防配电线路宜与其他配电线路分开敷设在不同的电缆井、沟内；确有困难需敷设在同一电缆井、沟内时，应分别布置在电缆井、沟的两侧，且消防配电线路应采用矿物绝缘类不燃性电缆。

3.3.2.3 配电箱与开关箱的防火要求

① 配电箱、开关箱应有名称、用途、分路标记及系统接线图。

② 配电箱、开关箱箱门应配锁，并应由专人负责。

③ 配电箱、开关箱应定期检查、维修。检查、维修人员必须是专业电工。检查、维修时必须按规定穿、戴绝缘鞋、手套，必须使用电工绝缘工具，并应做检查、维修工作记录。

④ 对配电箱、开关箱进行定期维修、检查时，必须将其前一级相应的电源隔离开关分闸断电，并悬挂“禁止合闸、有人工作”停电标志牌，严禁带电作业。

⑤ 配电箱、开关箱必须按照下列顺序操作。

a. 送电操作顺序为：总配电箱→分配电箱→开关箱。

b. 停电操作顺序为：开关箱→分配电箱→总配电箱。

⑥ 施工现场停止作业1小时以上时，应将动力开关箱断电上锁。

⑦ 配电箱、开关箱内不得放置任何杂物，并应保持整洁。

⑧ 配电箱、开关箱内不得随意挂接其他用电设备。

⑨ 配电箱、开关箱内的电器配置和接线严禁随意改动。熔断器的熔体更换时，严禁采用不符合原规格的熔体代替。漏电保护器每天使用前应启动漏电试验按钮试跳一次，试跳不正常时严禁继续使用。

⑩ 配电箱、开关箱的进线和出线严禁承受动力，严禁与金属尖锐断口、强腐蚀介质和易燃易爆物质接触。

3.3.2.4 配电室的安全防火要求

① 配电室应靠近电源，并应设在潮气少、灰尘少、振动小、无腐蚀介质、无易燃易爆

物及道路畅通的地方。

② 成列的配电柜和控制柜两端应与重复接地线及保护零线做电气连接。

③ 配电室和控制室应能自然通风，并应采取防止雨雪侵入与动物进入的措施。

④ 配电室内的母线涂刷有色涂装，以标志相序。以柜正面方向为基准，其涂色满足表 3-4 的规定。

⑤ 配电室的建筑物与构筑物的耐火等级不低于 3 级，室内配置沙箱和可用于扑灭电气火灾的灭火器。

⑥ 配电室的门向外开，并配锁。

⑦ 配电室的照明分别设置正常照明及事故照明。

⑧ 配电柜应编号，并应有用途标记。

⑨ 配电柜或配电线路停电维修时，应挂接地线，并应悬挂“禁止合闸、有人工作”停电标志牌。停送电必须由专人负责。

⑩ 应保持配电室整洁，不得堆放任何妨碍操作、维修的杂物。

表 3-4 母线涂色

相别	颜色	垂直排列	水平排列	引下排列
L_1(A)	黄	上	后	左
L_2(B)	绿	中	中	中
L_3(C)	红	下	前	右
N	淡蓝	—	—	—

3.3.2.5 配电箱及开关箱安全防火设置

① 配电系统应设置配电柜或者总配电箱、分配电箱、开关箱，实行三级配电。

配电系统宜使三相负荷平衡。220V 或者 380V 单相用电设备宜接入 220/380V 三相四线系统；当单相照明线路电流大于 30A 时，宜采用 220/380V 三相四线制供电。

② 总配电箱以下可设若干分配电箱；分配电箱以下可设若干开关箱。

总配电箱应设在靠近电源的区域，分配电箱宜设在用电设备或者负荷相对集中的区域，分配电箱与开关箱之间的距离不得超过 30m，开关箱与其控制的固定式用电设备的水平距离小宜超过 3m。

③ 每台用电设备必须有各自专用的开关箱。禁止用同一个开关箱直接控制 2 台及 2 台以上用电设备（含插座）。

④ 动力配电箱与照明配电箱宜分别设置。当合并设置为同一配电箱时，动力及照明应分路配电；动力开关箱与照明开关箱必须分设。

⑤ 配电箱、开关箱应装设在干燥、通风及常温场所，不得装设在有严重损伤作用的烟气、天然气、潮气及其他有害介质中，亦不得装设在易受外来固体物撞击、强烈振动、液体喷溅及热源烘烤场所，否则，应予清除或者做防护处理。

⑥ 配电箱、开关箱周围应有足够 2 人同时工作的空间和通道，不得有灌木、杂草，不得堆放任何妨碍操作、维修的物品。

⑦ 配电箱、开关箱应采用冷轧钢板或者阻燃绝缘材料制作，钢板厚度应为 1.2～2.0mm，其开关箱箱体钢板厚度不得小于 1.2mm，配电箱箱体钢板厚度不得小于 1.5mm，箱体表面应进行防腐处理。

⑧ 配电箱、开关箱应装设端正、牢固。固定式配电箱、开关箱的中心点与地面的垂直距离应为1.4～1.6m。移动式配电箱、开关箱应装设在坚固、稳定的支架上。其中心点与地面之间的垂直距离宜为0.8～1.6m。

⑨ 配电箱、开关箱内的电器（含插座）应先安装在金属或者非木质阻燃绝缘电器安装板上，然后方可整体紧固于配电箱、开关箱箱体内。

金属电器安装板与金属箱体应做电气连接。

⑩ 配电箱、开关箱内的电器（含插座）应按照规定位置紧固在电器安装板上，不得歪斜和松动。

⑪ 配电箱的电器安装板上必须分设N线端子板与PE线端子板。N线端子板必须与金属电器安装板绝缘；PE线端子板必须与金属电器安装板做电气连接。

进出线中的N线必须利用N线端子板连接；PE线必须利用PE线端子板连接。

⑫ 配电箱，开关箱内的连接线必须采用铜芯绝缘导线。导线绝缘的颜色标志应按《施工现场临时用电安全技术规范》（JGJ 46—2005）的有关规定配置并排列整齐；导线分支接头不得采用螺栓压接，应采用焊接并做绝缘包扎，不得有外露带电部分。

⑬ 配电箱、开关箱的金属箱体、金属电器安装板以及电器正常不带电的金属底座、外壳等必须利用PE线端子板与PE线做电气连接，金属箱门与金属箱体必须利用采用编织软铜线做电气连接。

⑭ 配电箱、开关箱的箱体尺寸应与箱内电器的数量及尺寸相适应，箱内电器安装板板面电器安装尺寸可按照表3-5确定。

⑮ 配电箱、开关箱中导线的进线口与出线口应设在箱体的下底面。

⑯ 配电箱、开关箱的进、出线口应配置固定线卡，进出线应加绝缘护套并成束卡固在箱体上，不得与箱体直接接触。移动式配电箱、开关箱的进以及出线应采用橡皮护套绝缘电缆，不得有接头。

⑰ 配电箱、开关箱外形结构应能防雨、防尘。

表3-5 配电箱、开关箱内电器安装尺寸选择值

间距名称	最小净距/mm
并列电器(含单极熔断器)间	30
电器进、出线瓷管(塑胶管)孔与电器边沿间	15A,30
	20～30A,50
	60A及以上,80
上、下排电器进、出线瓷管(塑胶管)孔间	25
电器进、出线瓷管(塑胶管)孔至板边	40
电器至板边	40

3.3.2.6 室内配线安全防火设置

① 室内配线必须采用绝缘导线或者电缆。

② 室内配线应根据配线类型采用瓷瓶、嵌绝缘槽、瓷（塑料）夹、穿管或钢索敷设。潮湿场所或者埋地非电缆配线必须穿管敷设，管口和管接头应密封。当采用金属管敷设，金属管必须做等电位连接，并且必须与PE线相连接。

③ 室内非埋地明敷主干线距地面高度不得小于2.5m。

④ 架空进户线的室外端应采用绝缘子固定，过墙处应穿管保护，距地面高度不得小于2.5m，并应采取防雨措施。

⑤ 室内配线所用导线或电缆的截面应根据用电设备或者线路的计算负荷确定，但铜线截面不应小于1.5mm²，铝线截面不应小于2.5mm²。

⑥ 钢索配线的吊架间距不宜大于12m。采用瓷瓶固定导线时，导线间距不应小于100mm，瓷瓶间距不应大于1.5m。当采用瓷夹固定导线时，导线间距不应小于35mm，瓷夹间距不应大于800mm。采用护套绝缘导线或电缆时，可直接敷设于钢索上。

⑦ 室内配线必须有短路保护及过载保护，短路保护和过载保护电器与绝缘导线、电缆的选配应满足《施工现场临时用电安全技术规范》（JGJ 46—2005）规范的有关要求。对穿管敷设的绝缘导线线路，其短路保护熔断器的熔体额定电流不应大于穿管绝缘导线长期连续负荷允许载流量的2.5倍。

3.3.3 建筑防雷火灾

雷电是指一种大气中自然放电的现象，放电时，放电通道的温度可高达数万度，能使可燃建筑物或物资堆垛起火燃烧，甚至导致金属熔化，击穿铁皮屋顶，引燃室内的可燃物。雷电还有很大的机械破坏力，击毁树木、烟囱、水塔以及其他建筑物，使用火、用电设备或者易燃、可燃液体罐等遭到破坏而起火。

3.3.3.1 雷电的火灾危险性

雷电的火灾危险性主要表现在雷电放电时所出现的各种物理现象效应及作用。

① 电效应。雷电放电时，能够产生高达数万伏甚至数十万伏的冲击电压。

② 热效应。当几十至上千安的强大雷电流通过导体时，在极短的时间内将转换成为大量的热能。

③ 机械效应。因为雷电的热效应，还将使雷电通道中木材纤维缝隙和其他结构中的空气剧烈膨胀，同时使水分及其他物质分解为气体，所以在被雷击物体内部出现强大的机械压力。

以上3种效应是直接雷击所造成的，这种直接雷击所产生的电、热机械的破坏作用都十分大。

④ 电磁感应。

⑤ 静电感应。

⑥ 雷电波侵入。

⑦ 防雷装置上的高电压对建筑物的反应作用。

3.3.3.2 雷电的防火措施

（1）直击雷防护措施　装设避雷针、避雷线以及避雷网都是防护直击雷的重要措施。避雷针分为独立避雷针和附设避雷针，独立避雷针是离开建筑物单独装设的。禁止在装有避雷针、避雷线的建筑物上架设通信线、广播线或者其他电气线路。防雷装置受击时，其接闪器、引下线和接地装置都呈现很高的冲击电压，可能击穿与邻近导体之间的绝缘体造成反击，所以必须保证接闪器、引下线、接地装置与邻近导体之间有足够的安全距离。

（2）雷电波引入防护措施　雷电波引入，又叫作高电位引入，它可能沿各种金属导体、管路，特别是天线或者架空电线引入室内。沿架空电线引入雷电波的防护问题比较复杂，通常采取以下几种办法。

① 配电线路全部采用地下电缆。

② 采用电缆线段进线方式供电。

③ 在架空电线引入的地方，加装放电保护间隙或者避雷器等。

(3) 雷电感应防护措施　雷电感应，特别是静电感应也能产生很高的冲击电压。在建筑物中主要应考虑由反击导致的爆炸和火灾事故。

依据建筑物的不同屋顶，应采取相应的防止静电感应的措施。对于金属屋顶，应将屋顶妥善接地；对钢筋混凝土屋顶，应把屋面钢筋焊成边长 5～12m 的网络，连成通路，并予以接地。对非金属屋顶，应在屋面上加装边长 5～12m 的金属网络，并予以接地。屋顶或者其上金属网络的接地不得少于两处，并且其间距应在 10～30m 范围内。

(4) 可燃、易燃液体贮罐的防雷措施

① 当罐顶钢板厚度大于 4mm，并且装有呼吸阀时，可以不设防雷装置。但是油罐体应做良好的接地，接地点不少于两处，间距不大于 30m，其接地装置的冲击接地电阻不大于 30Ω。

② 当罐顶钢板厚度小于 4mm 时，虽装有呼吸阀，也应在罐顶装设避雷针，并且避雷针与呼吸阀的水平距离不应小于 3m，保护范围比呼吸阀高不应小于 2m。

③ 浮顶油罐可不设防雷装置，但浮顶与罐体应有可靠的电气连接。

④ 非金属易燃液体贮罐，应采用独立的避雷针，避免直接雷击。同时还应有防雷电感应措施。避雷针冲击接地电阻不小于 30Ω。

⑤ 覆土厚度大于 0.5m 的地下油罐，可以不考虑防雷措施。但呼吸阀、量油孔以及采光孔应做好接地，接地点不少于两处。冲击电阻不大于 10Ω。

⑥ 易燃液体的敞开式贮罐，应设独立避雷针，其冲击接地电阻不大于 5Ω。

(5) 棉、麻、毛及可燃物堆放的防雷措施　必须安装独立的防雷装置。其安装位置，应依据雷云的常年走向选定，一般是在迎向雷云走向的位置安装避雷针，其冲击接地电阻不大于 30Ω。

3.4 消防系统管理

3.4.1 消防系统的选择

3.4.1.1 消防系统的供电

(1) 对消防供电的要求及规定　建筑物中火灾自动报警和消防设备联动控制系统的工作特点是连续、不间断。为了确保消防系统的供电可靠性及配线的灵活性，根据《火灾自动报警系统设计规范》(GB 50116—2013) 应满足下列要求。

① 火灾自动报警系统应设置交流电源和蓄电池备用电源。

② 火灾自动报警系统的交流电源应采用消防电源，备用电源可采用火灾报警控制器和消防联动控制器自带的蓄电池电源或消防设备应急电源。当备用电源采用消防设备应急电源时，火灾报警控制器和消防联动控制器应采用单独的供电回路，并应保证在系统处于最大负载状态下不影响火灾报警控制器和消防联动控制器的正常工作。

③ 消防控制室图形显示装置、消防通信设备等的电源，宜由 UPS 电源装置或消防设备应急电源供电。

④ 火灾自动报警系统主电源不应设置剩余电流动作保护和过负荷保护装置。

⑤ 消防设备应急电源输出功率应大于火灾自动报警及联动控制系统全负荷功率的 120%，蓄电池组的容量应保证火灾自动报警及联动控制系统在火灾状态同时工作负荷条件下连续工作 3h 以上。

⑥ 消防用电设备应采用专用的供电回路，其配电设备应设有明显标志。其配电线路和控制回路宜按防火分区划分。

（2）消防设备供电系统　消防设备供电系统应能充分确保设备的工作性能，当火灾发生时能充分发挥消防设备的功能，将火灾损失降到最小。这就要求对电力负荷集中的高层建筑或者一、二级电力负荷（消防负荷），通常采用单电源或双电源的双回路供电方式，用两个10kV电源进线及两台变压器构成消防主供电电源。

① 一类建筑消防供电系统。如图3-1所示为一类建筑（一级消防负荷）的供电系统。

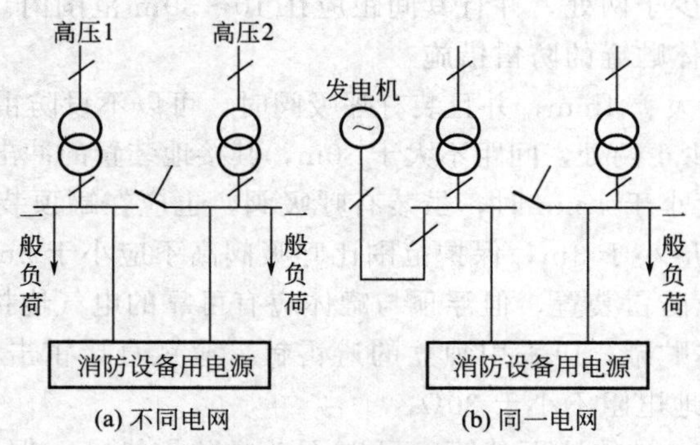

图3-1　一类建筑消防供电系统

图3-1(a) 中，表示采用不同电网构成双电源，而两台变压器互为备用，单母线分段提供消防设备用电源；图3-1(b) 中，则表示采用同一电网双回路供电，两台变压器备用，单母线分段，设置柴油发电机组作为应急电源向消防设备供电，与主供电电源互为备用，符合一级负荷要求。

② 二类建筑消防供电系统。如图3-2所示为对于二类建筑（二级消防负荷）的供电系统。

从图3-2(a) 中可知，表示由外部引来的一路低压电源和本部门电源（自备柴油发电机组）互为备用，供给消防设备电源；图3-2(b) 表示双回路供电，可符合二级负荷要求。

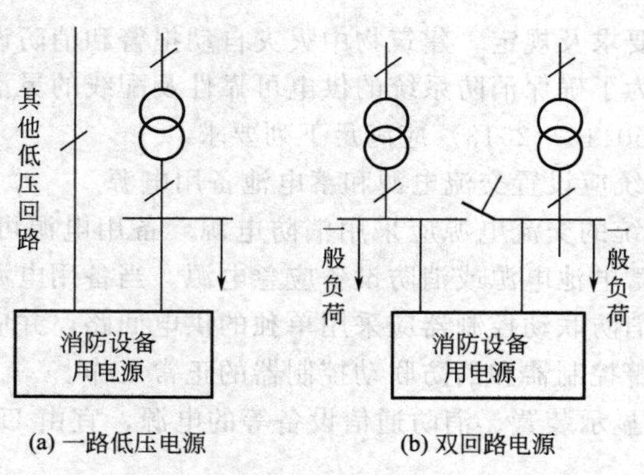

图3-2　二类建筑消防供电系统

（3）备用电源的自动投入　备用电源的自动投入装置（BZT）可以使两路供电互为备用，也可用于主供电电源与应急电源（如柴油发电机组）的连接及应急电源自动投入。

① 备用电源自动投入线路组成。由两台变压器、1KM、2KM、3KM 三只交流接触器、自动开关 QF、手动开关 SA1、SA2、SA3 组成，如图 3-3 所示。

② 备用电源自动投入原理。正常时，两台变压器分列运行，自动开关 QF 闭合状态，合上 SA1、SA2 先后，再合上 SA3，接触器 1KM、2KM 线圈通电闭合，3KM 线圈断电触头释放。若母线失压（或 1 号回路掉电），1KM 失电断开，3KM 线圈通电其常开触头闭合，使母线经过Ⅱ段母线接受 2 号回路电源供电，以实现自动切换。

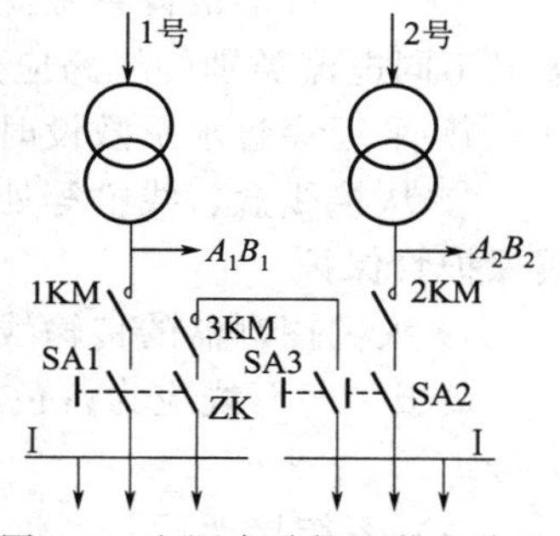

图 3-3　电源自动投入装置接线

应当指出：两路电源在消防电梯及消防泵等设备端实现切换（末端切换）常采用备用电源自动投入装置。

3.4.1.2　消防系统的布线与接地

（1）系统布线

① 火灾自动报警系统的传输线路和 50V 以下供电的控制线路，应采用电压等级不低于交流 300V/500V 的铜芯绝缘导线或铜芯电缆。采用交流 220V/380V 的供电和控制线路，应采用电压等级不低于交流 450V/750V 的铜芯绝缘导线或铜芯电缆。

② 火灾自动报警系统传输线路的线芯截面选择，除应满足自动报警装置技术条件的要求外，还应满足机械强度的要求。铜芯绝缘导线和铜芯电缆线芯的最小截面面积，不应小于表 3-6 的规定。

表 3-6　铜芯绝缘导线和铜芯电缆线芯的最小截面面积

类别	线芯的最小截面面积/mm^2
穿管敷设的绝缘导线	1.00
线槽内敷设的绝缘导线	0.75
多芯电缆	0.50

③ 火灾自动报警系统的供电线路和传输线路设置在室外时，应埋地敷设。

④ 火灾自动报警系统的供电线路和传输线路设置在地（水）下隧道或湿度大于 90%的场所时，线路及接线处应做防水处理。

⑤ 采用无线通信方式的系统设计，应符合下列规定：

a. 无线通信模块的设置间距不应大于额定通信距离的 75%。

b. 无线通信模块应设置在明显部位，且应有明显标识。

⑥ 火灾自动报警系统的传输线路应采用金属管、可挠（金属）电气导管、B_1 级以上的钢性塑料管或封闭式线槽保护。

⑦ 火灾自动报警系统的供电线路、消防联动控制线路应采用燃烧性能不低于 B2 级的耐火铜芯电线电缆，报警总线、消防应急广播和消防专用电话等传输线路应采用燃烧性能不低于 B2 级的铜芯电线电缆。

⑧ 线路暗敷设时，应采用金属管、可挠（金属）电气导管或 B_1 级以上的刚性塑料管保护，并应敷设在不燃烧体的结构层内，且保护层厚度不宜小于 30mm；线路明敷设时，应采用金属管、可挠（金属）电气导管或金属封闭线槽保护。矿物绝缘类不燃性电缆可直接明敷。

⑨ 火灾自动报警系统用的电缆竖井，宜与电力、照明用的低压配电线路电缆竖井分别

设置。受条件限制必须合用时，应将火灾自动报警系统用的电缆和电力、照明用的低压配电线路电缆分别布置在竖井的两侧。

⑩ 火灾自动报警系统应单独布线，相同用途的导线颜色应一致，且系统内不同电压等级、不同电流类别的线路应敷设在不同线管内或同一线槽的不同槽孔内。

⑪ 采用穿管水平敷设时，除报警总线外，不同防火分区的线路不应穿入同一根管内。

⑫ 从接线盒、线槽等处引到探测器底座盒、控制设备盒、扬声器箱的线路，均应加金属保护管保护。

⑬ 火灾探测器的传输线路，宜选择不同颜色的绝缘导线或电缆。正极"＋"线应为红色，负极"－"线应为蓝色或黑色。同一工程中相同用途导线的颜色应一致，接线端子应有标号。

（2）系统接地

① 火灾自动报警系统接地装置的接地电阻值应符合下列规定：

a. 采用共用接地装置时，接地电阻值不应大于 1Ω。

b. 采用专用接地装置时，接地电阻值不应大于 4Ω。

② 消防控制室内的电气和电子设备的金属外壳、机柜、机架和金属管、槽等，应采用等电位连接。

③ 由消防控制室接地板引至各消防电子设备的专用接地线应选用铜芯绝缘导线，其线芯截面面积不应小于 $4mm^2$。

④ 消防控制室接地板与建筑接地体之间，应采用线芯截面面积不小于 $25mm^2$ 的铜芯绝缘导线连接。

3.4.2 消防系统的维护管理

3.4.2.1 一般规定

① 系统调试应包括系统部件功能调试和分系统的联动控制功能调试，并应符合下列规定。

a. 应对系统部件的主要功能、性能进行全数检查，系统设备的主要功能、性能应符合现行国家标准的规定。

b. 应逐一对每个报警区域、防护区域或防烟区域设置的消防系统进行联动控制功能检查，系统的联动控制功能应符合设计文件和现行国家标准《火灾自动报警系统设计规范》（GB 50116—2013）的规定。

c. 不符合规定的项目应进行整改，并应重新进行调试。

② 火灾报警控制器、可燃气体报警控制器、电气火灾监控设备、消防设备电源监控器等控制类设备的报警和显示功能，应符合下列规定。

a. 火灾探测器、可燃气体探测器、电气火灾监控探测器等探测器发出报警信号或处于故障状态时，控制类设备应发出声、光报警信号，记录报警时间。

b. 控制器应显示发出报警信号部件或故障部件的类型和地址注释信息。

③ 消防联动控制器的联动启动和显示功能应符合下列规定。

a. 消防联动控制器接收到满足联动触发条件的报警信号后，应在 3s 内发出控制相应受控设备动作的启动信号，点亮启动指示灯，记录启动时间。

b. 消防联动控制器应接收并显示受控部件的动作反馈信息，显示部件的类型和地址注释信息。

④ 消防控制室图形显示装置的消防设备运行状态显示功能应符合下列规定。

a. 消防控制室图形显示装置应接收并显示火灾报警控制器发送的火灾报警信息、故障信息、隔离信息、屏蔽信息和监管信息。

b. 消防控制室图形显示装置应接收并显示消防联动控制器发送的联动控制信息、受控设备的动作反馈信息。

c. 消防控制室图形显示装置显示的信息应与控制器的显示信息一致。

⑤ 气体灭火系统、防火卷帘系统、防火门监控系统、自动喷水灭火系统、消火栓系统、防烟与排烟系统、消防应急照明及疏散指示系统、电梯与非消防电源等相关系统的联动控制调试，应在各分系统功能调试合格后进行。

⑥ 系统设备功能调试、系统的联动控制功能调试结束后，应恢复系统设备之间、系统设备和受控设备之间的正常连接，并应使系统设备、受控设备恢复正常工作状态。

3.4.2.2 调试准备

① 系统调试前，应按设计文件的规定对设备的规格、型号、数量、备品备件等进行查验，并应按相关标准的规定对系统的线路进行检查。

② 系统调试前，应对系统部件进行地址设置及地址注释，并应符合下列规定。

a. 应对现场部件进行地址编码设置，一个独立的识别地址只能对应一个现场部件。

b. 与模块连接的火灾警报器、水流指示器、压力开关、报警阀、排烟口、排烟阀等现场部件的地址编号应与连接模块的地址编号一致。

c. 控制器、监控器、消防电话总机及消防应急广播控制装置等控制类设备应对配接的现场部件进行地址注册，并应按现场部件的地址编号及具体设置部位录入部件的地址注释信息。

d. 应按《火灾自动报警系统施工及验收标准》（GB 50166—2019）附录 D 的规定填写系统部件设置情况记录。

③ 系统调试前，应对控制类设备进行联动编程，对控制类设备手动控制单元控制按钮或按键进行编码设置，并应符合下列规定。

a. 应按照系统联动控制逻辑设计文件的规定进行控制类设备的联动编程，并录入控制类设备中。

b. 对于预设联动编程的控制类设备，应核查控制逻辑和控制时序是否符合系统联动控制逻辑设计文件的规定。

c. 应按照系统联动控制逻辑设计文件的规定，进行消防联动控制器手动控制单元控制按钮、按键的编码设置。

d. 应按《火灾自动报警系统施工及验收标准》（GB 50166—2019）附录 D 的规定填写控制类设备联动编程、手动控制单元编码设置记录。

④ 对系统中的控制与显示类设备应分别进行单机通电检查。

3.4.2.3 消防系统调试

（1）火灾报警控制器及其现场部件调试

① 火灾报警控制器调试

a. 应切断火灾报警控制器的所有外部控制连线，并将任意一个总线回路的火灾探测器、手动火灾报警按钮等部件相连接后接通电源，使控制器处于正常监视状态。

b. 应对火灾报警控制器下列主要功能进行检查并记录，控制器的功能应符合现行国家标准《火灾报警控制器》（GB 4717—2005）的规定。

（a）自检功能。

（b）操作级别。

（c）屏蔽功能。

（d）主、备电源的自动转换功能。

（e）故障报警功能。

Ⅰ．备用电源连线故障报警功能。

Ⅱ．配接部件连线故障报警功能。

（f）短路隔离保护功能。

（g）火警优先功能。

（h）消声功能。

（i）二次报警功能。

（j）负载功能。

（k）复位功能。

c. 火灾报警控制器应依次与其他回路相连接，使控制器处于正常监视状态，在备电工作状态下，按相关规定对火灾报警控制器进行功能检查并记录，控制器的功能应符合现行国家标准《火灾报警控制器》（GB 4717—2005）的规定。

② 火灾探测器调试

a. 应对探测器的离线故障报警功能进行检查并记录，探测器的离线故障报警功能应符合下列规定。

（a）探测器由火灾报警控制器供电的，应使探测器处于离线状态，探测器不由火灾报警控制器供电的，应使探测器电源线和通信线分别处于断开状态。

（b）火灾报警控制器的故障报警和信息显示功能应符合 3.4.2.1 中②的规定。

b. 应对点型感烟、点型感温、点型一氧化碳火灾探测器的火灾报警功能、复位功能进行检查并记录，探测器的火灾报警功能、复位功能应符合下列规定。

（a）对可恢复探测器，应采用专用的检测仪器或模拟火灾的方法，使探测器监测区域的烟雾浓度、温度、气体浓度达到探测器的报警设定阈值；对不可恢复的探测器，应采取模拟报警方法使探测器处于火灾报警状态，当有备品时，可抽样检查其报警功能；探测器的火警确认灯应点亮并保持。

（b）应使可恢复探测器监测区域的环境恢复正常，使不可恢复探测器恢复正常，手动操作控制器的复位键后，控制器应处于正常监视状态，探测器的火警确认灯应熄灭。

c. 应对线型光束感烟火灾探测器的火灾报警功能、复位功能进行检查并记录，探测器的火灾报警功能、复位功能应符合下列规定。

（a）应调整探测器的光路调节装置，使探测器处于正常监视状态。

（b）应采用减光率为 0.9dB 的减光片或等效设备遮挡光路，探测器不应发出火灾报警信号。

（c）应采用产品生产企业设定的减光率为 1.0～10.0dB 的减光片或等效设备遮挡光路，探测器的火警确认灯应点亮并保持。

（d）应采用减光率为 11.5dB 的减光片或等效设备遮挡光路，探测器的火警或故障确认灯应点亮。

（e）选择反射式探测器时，应在探测器正前方 0.5m 处按（b）～（d）的规定对探测器的火灾报警功能进行检查。

(f) 应撤除减光片或等效设备，手动操作控制器的复位键后，控制器应处于正常监视状态，探测器的火警确认灯应熄灭。

d. 应对线型感温火灾探测器的敏感部件故障功能进行检查并记录，探测器的敏感部件故障功能应使线型感温火灾探测器的信号处理单元和敏感部件间处于断路状态，探测器信号处理单元的故障指示灯应点亮。

e. 应对线型感温火灾探测器的火灾报警功能、复位功能进行检查并记录，探测器的火灾报警功能、复位功能应符合下列规定。

(a) 对可恢复探测器，应采用专用的检测仪器或模拟火灾的方法，使任一段长度为标准报警长度的敏感部件周围温度达到探测器报警设定阈值；对不可恢复的探测器，应采取模拟报警方法使探测器处于火灾报警状态，当有备品时，可抽样检查其报警功能；探测器的火警确认灯应点亮并保持。

(b) 应使可恢复探测器敏感部件周围的温度恢复正常，使不可恢复探测器恢复正常监视状态，手动操作控制器的复位键后，控制器应处于正常监视状态，探测器的火警确认灯应熄灭。

f. 应对标准报警长度小于 1m 的线型感温火灾探测器的小尺寸高温报警响应功能进行检查并记录，探测器的小尺寸高温报警响应功能应符合下列规定。

(a) 应在探测器末端采用专用的检测仪器或模拟火灾的方法，使任一段长度为 100mm 的敏感部件周围温度达到探测器小尺寸高温报警设定阈值，探测器的火警确认灯应点亮并保持。

(b) 应使探测器监测区域的环境恢复正常，剪除试验段敏感部件，恢复探测器的正常连接，手动操作控制器的复位键后，控制器应处于正常监视状态，探测器的火警确认灯应熄灭。

g. 应对管路采样式吸气感烟火灾探测器的采样管路气流故障报警功能进行检查并记录，探测器的采样管路气流故障报警功能应符合下列规定。

(a) 应根据产品说明书改变探测器的采样管路气流，使探测器处于故障状态，探测器或其控制装置的故障指示灯应点亮。

(b) 应恢复探测器的正常采样管路气流，使探测器和控制器处于正常监视状态。

h. 应对管路采样式吸气感烟火灾探测器的火灾报警功能、复位功能进行检查并记录，探测器的火灾报警功能、复位功能应符合下列规定。

(a) 应在采样管最末端采样孔加入试验烟，使监测区域的烟雾浓度达到探测器报警设定阈值，探测器或其控制装置的火警确认灯应在 120s 内点亮并保持。

(b) 应使探测器监测区域的环境恢复正常，手动操作控制器的复位键后，控制器应处于正常监视状态，探测器或其控制装置的火警确认灯应熄灭。

i. 应对点型火灾探测器和图像型火灾探测器的火灾报警功能、复位功能进行检查并记录，探测器的火灾报警功能、复位功能应符合下列规定。

(a) 在探测器监视区域内最不利处应采用专用检测仪器或模拟火灾的方法，向探测器释放试验光波，探测器的火警确认灯应在 30s 点亮并保持。

(b) 应使探测器监测区域的环境恢复正常，手动操作控制器的复位键后，控制器应处于正常监视状态，探测器的火警确认灯应熄灭。

③ 火灾报警控制器其他现场部件调试

a. 应对手动火灾报警按钮的离线故障报警功能进行检查并记录，手动火灾报警按钮的离线故障报警功能应使手动火灾报警按钮处于离线状态。

b. 应对手动火灾报警按钮的火灾报警功能进行检查并记录，报警按钮的火灾报警功能应符合下列规定。

（a）使报警按钮动作后，报警按钮的火警确认灯应点亮并保持。

（b）应使报警按钮恢复正常，手动操作控制器的复位键后，控制器应处于正常监视状态，报警按钮的火警确认灯应熄灭。

c. 应对火灾显示盘下列主要功能进行检查并记录，火灾显示盘的功能应符合现行国家标准《火灾显示盘》（GB 17429—2011）的规定。

（a）接收和显示火灾报警信号的功能。

（b）消声功能。

（c）复位功能。

（d）操作级别。

（e）非火灾报警控制器供电的火灾显示盘，主、备电源的自动转换功能。

d. 应对火灾显示盘的电源故障报警功能进行检查并记录，火灾显示盘的电源故障报警功能应使火灾显示盘的主电源处于故障状态。

（2）家用火灾安全系统调试

① 控制中心监控设备调试

a. 应切断控制中心监控设备的所有外部控制连线，并将家用火灾报警控制器等部件相连接后接通电源，使控制中心监控设备处于正常监视状态。

b. 应对控制中心监控设备下列主要功能进行检查并记录，控制中心监控设备的功能应符合现行国家标准《家用火灾安全系统》（GB 22370—2008）的规定。

（a）操作级别。

（b）接收和显示家用火灾报警控制器发出的火灾报警信号的功能。

（c）消声功能。

（d）复位功能。

② 家用火灾报警控制器调试

a. 应将任一个总线回路的家用火灾探测器、手动报警开关等部件与家用火灾报警控制器相连接后接通电源，使控制器处于正常监视状态。

b. 应对家用火灾报警控制器下列主要功能进行检查并记录，控制器的功能应符合现行国家标准《家用火灾安全系统》（GB 22370—2008）的规定。

（a）自检功能。

（b）主、备电源的自动转换功能。

（c）故障报警功能。

Ⅰ. 备用电源连线故障报警功能。

Ⅱ. 配接部件通信故障报警功能。

（d）火警优先功能。

（e）消声功能。

（f）二次报警功能。

（g）复位功能。

c. 应依次将其他回路与家用火灾报警控制器相连接，按相关规定对家用火灾报警控制器进行功能检查并记录，控制器的功能应符合现行国家标准《家用火灾安全系统》（GB

22370—2008）的规定。

③ 家用安全系统现场部件调试

应对点型家用感烟火灾探测器、点型家用感温火灾探测器、独立式感烟火灾探测报警器、独立式感温火灾探测报警器的火灾报警功能、复位功能进行检查并记录，探测器的火灾报警功能、复位功能应符合下列规定。

a. 应采用专用的检测仪器或模拟火灾的方法，使监测区域的烟雾浓度、温度达到探测器的报警设定阈值。

b. 探测器应发出火灾报警声信号，声报警信号的 A 计权声压级应在 45～75dB 之间，并应采用逐渐增大的方式，初始声压级不应大于 45dB。

c. 家用火灾报警控制器的火灾报警和信息显示功能应符合 3.4.2.1 中②的规定。

(3) 消防联动控制器及其现场部件调试

① 消防联动控制器调试

a. 消防联动控制器调试时，应在接通电源前按以下顺序做好准备工作。

(a) 应将消防联动控制器与火灾报警控制器连接。

(b) 应将任一备调回路的输入/输出模块与消防联动控制器连接。

(c) 应将备调回路的模块与其控制的受控设备连接。

(d) 应切断各受控现场设备的控制连线。

(e) 应接通电源，使消防联动控制器处于正常监视状态。

b. 应对消防联动控制器下列主要功能进行检查并记录，控制器的功能应符合现行国家标准《消防联动控制系统》(GB 16806—2006）的规定。

(a) 自检功能。

(b) 操作级别。

(c) 屏蔽功能。

(d) 主、备电源的自动转换功能。

(e) 故障报警功能。

Ⅰ. 备用电源连线故障报警功能。

Ⅱ. 配接部件连线故障报警功能。

(f) 总线隔离器的隔离保护功能。

(g) 消声功能。

(h) 控制器的负载功能。

(i) 复位功能。

(j) 控制器自动和手动工作状态转换显示功能。

c. 应依次将其他备调回路的输入/输出模块与消防联动控制器连接、模块与受控设备连接，切断所有受控现场设备的控制连线，使控制器处于正常监视状态，在备电工作状态下，按相关规定对控制器进行功能检查并记录。

② 消防联动控制器现场部件调试

a. 应对模块的离线故障报警功能进行检查并记录，模块的离线故障报警功能应符合下列规定。

(a) 应使模块与消防联动控制器的通信总线处于离线状态，消防联动控制器应发出故障声、光信号。

(b) 消防联动控制器应显示故障部件的类型和地址注释信息。

b. 应对模块的连接部件断线故障报警功能进行检查并记录，模块的连接部件断线故障报警功能应符合下列规定。

（a）应使模块与连接部件之间的连接线断路，消防联动控制器应发出故障声、光信号。

（b）消防联动控制器应显示故障部件的类型和地址注释信息。

c. 应对输入模块的信号接收及反馈功能、复位功能进行检查并记录，输入模块的信号接收及反馈功能、复位功能应符合下列规定。

（a）应核查输入模块和连接设备的接口是否兼容。

（b）应给输入模块提供模拟的输入信号，输入模块应在 3s 内动作并点亮动作指示灯。

（c）消防联动控制器应接收并显示模块的动作反馈信息，显示设备的名称和地址注释信息。

（d）应撤除模拟输入信号，手动操作控制器的复位键后，控制器应处于正常监视状态，输入模块的动作指示灯应熄灭。

d. 应对输出模块的启动、停止功能进行检查并记录，输出模块的启动、停止功能应符合下列规定。

（a）应核查输出模块和受控设备的接口是否兼容。

（b）应操作消防联动控制器向输出模块发出启动控制信号，输出模块应在 3s 内动作，并点亮动作指示灯。

（c）消防联动控制器应有启动光指示，显示启动设备的名称和地址注释信息。

（d）应操作消防联动控制器向输出模块发出停止控制信号，输出模块应在 3s 内动作，并熄灭动作指示灯。

（4）消防专用电话系统调试

① 应接通电源，使消防电话总机处于正常工作状态，对消防电话总机下列主要功能进行检查并记录，电话总机的功能应符合现行国家标准《消防联动控制系统》（GB 16806—2006）的规定。

a. 自检功能。

b. 故障报警功能。

c. 消声功能。

d. 电话分机呼叫电话总机功能。

e. 电话总机呼叫电话分机功能。

② 应对消防电话分机进行下列主要功能检查并记录。

a. 呼叫电话总机功能。

b. 接受电话总机呼叫功能。

③ 应对消防电话插孔的通话功能进行检查并记录。

电话总机的功能、电话分机的功能、电话插孔的通话功能应符合现行国家标准《消防联动控制系统》（GB 16806—2006）的规定。

（5）可燃气体探测报警系统调试

① 可燃气体报警控制器调试

a. 对多线制可燃气体报警控制器，应将所有回路的可燃气体探测器与控制器相连接；对总线制可燃气体报警控制器，应将任一回路的气体探测器与控制器相连接。应切断可燃气体报警控制器的所有外部控制连线，接通电源，使控制器处于正常监视状态。

b. 应对可燃气体报警控制器下列主要功能进行检查并记录，控制器的功能应符合现行国家标准《可燃气体报警控制器》(GB 16808—2008) 的规定。

(a) 自检功能。

(b) 操作级别。

(c) 可燃气体浓度显示功能。

(d) 主、备电源的自动转换功能。

(e) 故障报警功能。

Ⅰ. 备用电源连线故障报警功能。

Ⅱ. 配接部件连线故障报警功能。

(f) 总线制可燃气体报警控制器的短路隔离功能。

(g) 可燃气体报警功能。

(h) 消声功能。

(i) 控制器负载功能。

(j) 复位功能。

c. 对总线制可燃气体报警控制器，应依次将其他回路与可燃气体报警控制器相连接，使控制器处于正常监视状态，在备电工作状态下，按相关规定对可燃气体报警控制器进行功能检查并记录，控制器的功能应符合现行国家标准《可燃气体报警控制器》(GB 16808—2008) 的规定。

② 可燃气体探测器调试

a. 应对可燃气体探测器的可燃气体报警功能、复位功能进行检查并记录，探测器的可燃气体报警功能、复位功能应符合下列规定。

(a) 应对探测器施加浓度为探测器报警设定值的可燃气体标准样气，探测器的报警确认灯应在 30s 内点亮并保持。

(b) 控制器的可燃气体报警和信息显示功能应符合 3.4.2.1 中②的规定。

(c) 应清除探测器内的可燃气体，手动操作控制器的复位键后，控制器应处于正常监视状态，探测器的报警确认灯应熄灭。

b. 应对线型可燃气体探测器的遮挡故障报警功能进行检查并记录，探测器的遮挡故障报警功能应将线型可燃气体探测器发射器发出的光全部遮挡，探测器或其控制装置的故障指示灯应在 100s 内点亮。

(6) 电气火灾监控系统调试

① 电气火灾监控设备调试

a. 应切断电气火灾监控设备的所有外部控制连线，将任一备调总线回路的电气火灾探测器与监控设备相连接，接通电源，使监控设备处于正常监视状态。

b. 应对电气火灾监控设备的下列主要功能进行检查并记录，监控设备的功能应符合现行国家标准《电气火灾监控系统　第 1 部分：电气火灾监控设备》(GB 14287.1—2014) 的规定。

(a) 自检功能。

(b) 操作级别。

(c) 故障报警功能。

(d) 监控报警功能。

(e) 消声功能。

(f) 复位功能。

c. 应依次将其他回路的电气火灾探测器与监控设备相连接，使监控设备处于正常监视状态，按相关规定对监控设备进行功能检查并记录，监控设备的功能应符合现行国家标准《电气火灾监控系统　第1部分：电气火灾监控设备》（GB 14287.1—2014）的规定。

② 电气火灾监控探测器调试

a. 应对剩余电流式电气火灾监控探测器的监控报警功能进行检查并记录，探测器的监控报警功能应符合下列规定。

（a）应按设计文件的规定进行报警值设定。

（b）应采用剩余电流发生器对探测器施加报警设定值的剩余电流，探测器的报警确认灯应在30s内点亮并保持。

（c）监控设备的监控报警和信息显示功能应符合3.4.2.1中②的规定，同时监控设备应显示发出报警信号探测器的报警值。

b. 应对测温式电气火灾监控探测器的监控报警功能进行检查并记录，探测器的监控报警功能应符合下列规定。

（a）应按设计文件的规定进行报警值设定。

（b）应采用发热试验装置给监控探测器加热至设定的报警温度，探测器的报警确认灯应在40s内点亮并保持。

c. 应对故障电弧探测器的监控报警功能进行检查并记录，探测器的监控报警功能应符合下列规定。

（a）应切断探测器的电源线和被监测线路，将故障电弧发生装置接入探测器，接通探测器的电源，使探测器处于正常监视状态。

（b）应操作故障电弧发生装置，在1s内产生9个及以下半周期故障电弧，探测器不应发出报警信号。

（c）应操作故障电弧发生装置，在1s内产生14个及以上半周期故障电弧，探测器的报警确认灯应在30s内点亮并保持。

d. 应对具有指示报警部位功能的线型感温火灾探测器的监控报警功能进行检查并记录，探测器的监控报警功能应在线型感温火灾探测器的敏感部件随机选取3个非连续检测段，每个检测段的长度为标准报警长度，采用专用的检测仪器或模拟火灾的方法，分别给每个检测段加热至设定的报警温度，探测器的火警确认灯应点亮并保持，并指示报警部位。

（7）消防设备电源监控系统调试

① 消防设备电源监控器调试

a. 应将任一备调总线回路的传感器与消防设备电源监控器相连接，接通电源，使监控器处于正常监视状态。

b. 对消防设备电源监控器下列主要功能进行检查并记录，监控器的功能应符合现行国家标准《消防设备电源监控系统》（GB 28184—2011）的规定。

（a）自检功能。

（b）消防设备电源工作状态实时显示功能。

（c）主、备电源的自动转换功能。

（d）故障报警功能。

Ⅰ. 备用电源连线故障报警功能。

Ⅱ. 配接部件连线故障报警功能。

（e）消声功能。

(f) 消防设备电源故障报警功能。

(g) 复位功能。

c. 应依次将其他回路的传感器与监控器相连接，使监控器处于正常监视状态，在备电工作状态下，按相关规定对监控器进行功能检查并记录，监控器的功能应符合现行国家标准《消防设备电源监控系统》(GB 28184—2011) 的规定。

② 传感器调试

应对传感器的消防设备电源故障报警功能进行检查并记录，传感器的消防设备电源故障报警功能应符合下列规定。

a. 应切断被监控消防设备的供电电源。

b. 监控器的消防设备电源故障报警和信息显示功能应符合 3.4.2.1 中②的规定。

(8) 消防设备应急电源调试

① 应将消防设备与消防设备应急电源相连接，接通消防设备应急电源的主电源，使消防设备应急电源处于正常工作状态。

② 应对消防设备应急电源下列主要功能进行检查并记录，消防设备应急电源的功能应符合现行国家标准《消防联动控制系统》(GB 16806—2006) 的规定。

a. 正常显示功能。

b. 故障报警功能。

c. 消声功能。

d. 转换功能。

(9) 消防控制室图形显示装置和传输设备调试

① 消防控制室图形显示装置调试

应将消防控制室图形显示装置与火灾报警控制器、消防联动控制器等设备相连接，接通电源，使消防控制室图形显示装置处于正常监视状态。应对消防控制室图形显示装置下列主要功能进行检查并记录。

a. 图形显示功能。

(a) 建筑总平面图显示功能。

(b) 保护对象的建筑平面图显示功能。

(c) 系统图显示功能。

b. 通信故障报警功能。

c. 消声功能。

d. 信号接收和显示功能。

e. 信息记录功能。

f. 复位功能。

② 传输设备调试

应将传输设备与火灾报警控制器相连接，接通电源，使传输设备处于正常监视状态。应对传输设备下列主要功能进行检查并记录。

a. 自检功能。

b. 主、备电源的自动转换功能。

c. 故障报警功能。

d. 消声功能。

e. 信号接收和显示功能。

f. 手动报警功能。

g. 复位功能。

消防控制室图形显示装置的功能应符合现行国家标准《消防联动控制系统》（GB 16806—2006）的规定。

（10）火灾警报、消防应急广播系统调试

① 火灾警报器调试

a. 应对火灾声警报器的火灾声警报功能进行检查并记录，警报器的火灾声警报功能应符合下列规定。

（a）应操作控制器使火灾声警报器启动。

（b）在警报器生产企业声称的最大设置间距、距地面 1.5～1.6m 处，声警报的 A 计权声压级应大于 60dB，环境噪声大于 60dB 时，声警报的 A 计权声压级应高于背景噪声 15dB。

（c）带有语音提示功能的声警报应能清晰播报语音信息。

b. 应对火灾光警报器的火灾光警报功能进行检查并记录，警报器的火灾光警报功能应符合下列规定。

（a）应操作控制器使火灾光警报器启动。

（b）在正常环境光线下，警报器的光信号在警报器生产企业声称的最大设置间距处应清晰可见。

c. 应对火灾声光警报器的火灾声警报、光警报功能分别进行检查并记录，警报器的火灾声警报、光警报功能应分别符合 a. 和 b. 的规定。

② 消防应急广播控制设备调试

应将各广播回路的扬声器与消防应急广播控制设备相连接，接通电源，使广播控制设备处于正常工作状态，对广播控制设备下列主要功能进行检查并记录，广播控制设备的功能应符合现行国家标准《消防联动控制系统》（GB 16806—2006）的规定。

a. 自检功能。

b. 主、备电源的自动转换功能。

c. 故障报警功能。

d. 消声功能。

e. 应急广播启动功能。

f. 现场语言播报功能。

g. 应急广播停止功能。

③ 扬声器调试

应对扬声器的广播功能进行检查并记录，扬声器的广播功能应符合下列规定。

a. 应操作消防应急广播控制设备使扬声器播放应急广播信息。

b. 语音信息应清晰。

c. 在扬声器生产企业声称的最大设置间距、距地面 1.5～1.6m 处，应急广播的 A 计权声压级应大于 60dB，环境噪声大于 60dB 时，应急广播的 A 计权声压级应高于背景噪声 15dB。

④ 火灾警报、消防应急广播控制调试

a. 应将广播控制设备与消防联动控制器相连接，使消防联动控制器处于自动状态，根据系统联动控制逻辑设计文件的规定，对火灾警报和消防应急广播系统的联动控制功能进行检查并记录，火灾警报和消防应急广播系统的联动控制功能应符合下列规定。

(a) 应使报警区域内符合联动控制触发条件的两只火灾探测器，或一只火灾探测器和一只手动火灾报警按钮发出火灾报警信息。

(b) 消防联动控制器应发出火灾警报装置和应急广播控制装置动作的启动信号，点亮启动指示灯。

(c) 消防应急广播系统与普通广播或背景音乐广播系统合用时，消防应急广播控制装置应停止正常广播。

(d) 报警区域内所有的火灾声光警报器和扬声器应按下列规定交替工作。

Ⅰ. 报警区域内所有的火灾声光警报器应同时启动，持续工作 8～20s 后，所有的火灾声光警报器应同时停止警报。

Ⅱ. 警报停止后，所有的扬声器应同时进行 1～2 次消防应急广播，每次广播 10～30s 后，所有的扬声器应停止播放广播信息。

(e) 消防控制器图形显示装置应显示火灾报警控制器的火灾报警信号、消防联动控制器的启动信号，且显示的信息应与控制器的显示一致。

b. 联动控制控制功能检查过程中，应在报警区域内所有的火灾声光警报器或扬声器持续工作时，对系统的手动插入操作优先功能进行检查并记录，系统的手动插入操作优先功能应符合下列规定。

(a) 应手动操作消防联动控制器总线控制盘上火灾警报或消防应急广播停止按钮、按键，报警区域内所有的火灾声光警报器或扬声器应停止正在进行的警报或应急广播。

(b) 应手动操作消防联动控制器总线控制盘上火灾警报或消防应急广播启动控制按钮、按键，报警区域内所有的火灾声光警报器或扬声器应恢复警报或应急广播。

(11) 防火卷帘系统调试

① 防火卷帘控制器调试

应将防火卷帘控制器与防火卷帘卷门机、手动控制装置、火灾探测器相连接，接通电源，使防火卷帘控制器处于正常监视状态。应对防火卷帘控制器下列主要功能进行检查并记录，控制器的功能应符合现行公共安全行业标准《防火卷帘控制器》(XF 386—2002) 的规定。

a. 自检功能。

b. 主、备电源的自动转换功能。

c. 故障报警功能。

d. 消声功能。

e. 手动控制功能。

f. 速放控制功能。

② 防火卷帘控制器现场部件调试

a. 应对防火卷帘控制器配接的点型感烟、感温火灾探测器的火灾报警功能，卷帘控制器的控制功能进行检查并记录，探测器的火灾报警功能、卷帘控制器的控制功能应符合下列规定。

(a) 应采用专用的检测仪器或模拟火灾的方法，使探测器监测区域的烟雾浓度、温度达到探测器的报警设定阈值，探测器的火警确认灯应点亮并保持。

(b) 防火卷帘控制器应在 3s 内发出卷帘动作声、光信号，控制防火卷帘下降至距楼板面 1.8m 处或楼板面。

b. 应对防火卷帘手动控制装置的控制功能进行检查并记录，手动控制装置的控制功能应符合下列规定。

（a）应手动操作手动控制装置的防火卷帘下降、停止、上升控制按键（钮）。

（b）防火卷帘控制器应发出卷帘动作声、光信号，并控制卷帘执行相应的动作。

③ 疏散通道上设置的防火卷帘系统联动控制调试

a. 应使防火卷帘控制器与卷门机相连接，使防火卷帘控制器与消防联动控制器相连接，接通电源，使防火卷帘控制器处于正常监视状态，使消防联动控制器处于自动控制工作状态。

b. 应根据系统联动控制逻辑设计文件的规定，对防火卷帘控制器不配接火灾探测器的防火卷帘系统的联动控制功能进行检查并记录，防火卷帘系统的联动控制功能应符合下列规定。

（a）应使一只专门用于联动防火卷帘的感烟火灾探测器，或报警区域内符合联动控制触发条件的两只感烟火灾探测器发出火灾报警信号，系统设备的功能应符合下列规定。

Ⅰ. 消防联动控制器应发出控制防火卷帘下降至距楼板面 1.8m 处的启动信号，点亮启动指示灯。

Ⅱ. 防火卷帘控制器应控制防火卷帘下降至距楼板面 1.8m 处。

（b）应使一只专门用于联动防火卷帘的感温火灾探测器发出火灾报警信号，系统设备的功能应符合下列规定。

Ⅰ. 消防联动控制器应发出控制防火卷帘下降至楼板面的启动信号。

Ⅱ. 防火卷帘控制器应控制防火卷帘下降至楼板面。

（c）消防联动控制器应接收并显示防火卷帘下降至距楼板面 1.8m 处、楼板面的反馈信号。

（d）消防控制器图形显示装置应显示火灾报警控制器的火灾报警信号、消防联动控制器的启动信号和设备动作的反馈信号，且显示的信息应与控制器的显示一致。

c. 应根据系统联动控制逻辑设计文件的规定，对防火卷帘控制器配接火灾探测器的防火卷帘系统的联动控制功能进行检查并记录，防火卷帘系统的联动控制功能应符合下列规定。

（a）应使一只专门用于联动防火卷帘的感烟火灾探测器发出火灾报警信号；防火卷帘控制器应控制防火卷帘下降至距楼板面 1.8m 处。

（b）应使一只专门用于联动防火卷帘的感温火灾探测器发出火灾报警信号；防火卷帘控制器应控制防火卷帘下降至楼板面。

（c）消防联动控制器应接收并显示防火卷控制器配接的火灾探测器的火灾报警信号、防火卷帘下降至楼板面 1.8m 处、楼板面的反馈信号。

（d）消防控制器图形显示装置应显示火灾探测器的火灾报警信号和设备动作的反馈信号，且显示的信息应与消防联动控制器的显示一致。

④ 非疏散通道上设置的防火卷帘系统控制调试

a. 应使防火卷帘控制器与卷门机相连接，使防火卷帘控制器与消防联动控制器相连接，接通电源，使防火卷帘控制器处于正常监视状态，使消防联动控制器处于自动控制工作状态。

b. 应根据系统联动控制逻辑设计文件的规定，对防火卷帘系统的联动控制功能进行检查并记录，防火卷帘系统的联动控制功能应符合下列规定。

（a）应使报警区域内符合联动控制触发条件的两只火灾探测器发出火灾报警信号。

（b）消防联动控制器应发出控制防火卷帘下降至楼板面的启动信号，点亮启动指示灯。

（c）防火卷帘控制器应控制防火卷帘下降至楼板面。

（d）消防联动控制器应接收并显示防火卷帘下降至楼板面的反馈信号。

（e）消防控制器图形显示装置应显示火灾报警控制器的火灾报警信号、消防联动控制器的启动信号和设备动作的反馈信号，且显示的信息应与控制器的显示一致。

c. 应使消防联动控制器处于手动控制工作状态，对防火卷帘的手动控制功能进行检查并记录，防火卷帘的手动控制功能应符合下列规定。

（a）手动操作消防联动控制器总线控制盘上的防火卷帘下降控制按钮、按键，对应的防火卷帘控制器应控制防火卷帘下降。

（b）消防联动控制器应接收并显示防火卷帘下降至楼板面的反馈信号。

（12）防火门监控系统调试

① 防火门监控器调试

a. 应将任一备调总线回路的监控模块与防火门监控器相连接，接通电源，使防火门监控器处于正常监视状态。

b. 应对防火门监控器下列主要功能进行检查并记录，防火门监控器的功能应符合现行国家标准《防火门监控器》（GB 29364—2012）的规定。

（a）自检功能。

（b）主、备电源的自动转换功能。

（c）故障报警功能。

Ⅰ. 备用电源连线故障报警功能。

Ⅱ. 配接部件连线故障报警功能。

（d）消声功能。

（e）启动、反馈功能。

（f）防火门故障报警功能。

c. 应依次将其他总线回路的监控模块与监控器相连接，使监控器处于正常监视状态，在备电工作状态下，按相关规定对监控器进行功能检查并记录，监控器的功能应符合现行国家标准《防火门监控器》（GB 29364—2012）的规定。

② 防火门监控器现场部件调试

a. 应对防火门监控器配接的监控模块的离线故障报警功能进行检查并记录，现场部件的离线故障报警功能应符合下列规定。

（a）应使监控模块处于离线状态。

（b）监控器应发出故障声、光信号。

（c）监控器应显示故障部件的类型和地址注释信息。

b. 应对监控模块的连接部件断线故障报警功能进行检查并记录，监控模块的连接部件断线故障报警功能应符合下列规定。

（a）应使监控模块与连接部件之间的连接线断路。

（b）监控器应发出故障声、光信号。

（c）监控器应显示故障部件的类型和地址注释信息。

c. 应对常开防火门监控模块的启动功能、反馈功能进行检查并记录，常开防火门监控模块的启动功能、反馈功能应符合下列规定。

（a）应操作防火门监控器，使监控模块动作。

（b）监控模块应控制防火门定位装置和释放装置动作，常开防火门应完全闭合。

（c）监控器应接收并显示常开防火门定位装置的闭合反馈信号、释放装置的动作反馈信号，显示发送反馈信号部件的类型和地址注释信息。

d. 应对常闭防火门监控模块的防火门故障报警功能进行检查并记录，常闭防火门监控模块的防火门故障报警功能应符合下列规定。

（a）应使常闭防火门处于开启状态。

（b）监控器应发出防火门故障报警声、光信号，显示故障防火门的地址注释信息。

③ 防火门监控系统联动控制调试

a. 应使防火门监控器与消防联动控制器相连接，使消防联动控制器处于自动控制工作状态。

b. 应根据系统联动控制逻辑设计文件的规定，对防火门监控系统的联动控制功能进行检查并记录，防火门监控系统的联动控制功能应符合下列规定。

（a）应使报警区域内符合联动控制触发条件的两只火灾探测器，或一只火灾探测器和一只手动火灾报警按钮发出火灾报警信号。

（b）消防联动控制器应发出控制防火门闭合的启动信号，点亮启动指示灯。

（c）防火门监控器应控制报警区域内所有常开防火门关闭。

（d）防火门监控器应接收并显示每一樘常开防火门完全闭合的反馈信号。

（e）消防控制器图形显示装置应显示火灾报警控制器的火灾报警信号、消防联动控制器的启动信号、受控设备的动作反馈信号，且显示的信息应与控制器的显示一致。

（13）气体、干粉灭火系统调试

① 气体、干粉灭火控制器调试

a. 对不具有火灾报警功能的气体、干粉灭火控制器，应切断驱动部件与气体灭火装置间的连接，使气体、干粉灭火控制器和消防联动控制器相连接，接通电源，使气体、干粉灭火控制器处于正常监视状态。对气体、干粉灭火控制器下列主要功能进行检查并记录。

（a）自检功能。

（b）主、备电源的自动转换功能。

（c）故障报警功能。

（d）消声功能。

（e）延时设置功能。

（f）手动、自动转换功能。

（g）手动控制功能。

（h）反馈信号接收和显示功能。

（i）复位功能。

b. 对具有火灾报警功能的气体、干粉灭火控制器，应切断驱动部件与气体灭火装置间的连接，使控制器与火灾探测器相连接，接通电源，使控制器处于正常监视状态。对控制器下列主要功能进行检查并记录，控制器的功能应符合现行国家标准《火灾报警控制器》（GB 4717—2005）和《消防联动控制系统》（GB 16806—2006）的规定。

（a）自检功能。

（b）操作级别。

（c）屏蔽功能。

（d）主、备电源的自动转换功能。

（e）故障报警功能。

（f）短路隔离保护功能。

（g）火警优先功能。

（h）消声功能。

（i）二次报警功能。

（j）延时设置功能。

（k）手动、自动转换功能。

（l）手动控制功能。

（m）反馈信号接收和显示功能。

（n）复位功能。

② 气体、干粉灭火控制器现场部件调试

a. 应对具有火灾报警功能的气体、干粉灭火控制器配接的火灾探测器的主要功能和性能进行检查并记录，火灾探测器的主要功能和性能应符合（1）的规定。

b. 应对气体、干粉灭火控制器配接的火灾声光警报器的主要功能和性能进行检查并记录，火灾声光警报器的主要功能和性能应符合（10）的规定。

c. 应对现场启动和停止按钮的离线故障报警功能进行检查并记录，现场启动和停止按钮的离线故障报警功能应符合下列规定。

（a）应使现场启动和停止按钮处于离线状态。

（b）气体、干粉灭火控制器应发出故障声、光信号。

（c）气体、干粉灭火控制器的报警信息显示功能应符合 3.4.2.1 中②的规定。

d. 应对手动与自动控制转换装置的转换功能、手动与自动控制状态显示装置的显示功能进行检查并记录，转换装置的转换功能、显示装置的显示功能应符合下列规定。

（a）应手动操作手动与自动控制转换装置。

（b）手动与自动控制状态显示装置应能准确显示系统的控制方式。

（c）气体、干粉灭火控制器应能准确显示手动与自动控制转换装置的工作状态。

③ 气体、干粉灭火控制器不具有火灾报警功能的气体、干粉灭火系统控制调试

a. 应切断驱动部件与气体、干粉灭火装置间的连接，使气体、干粉灭火控制器与火灾报警控制器、消防联动控制器相连接，使气体、干粉灭火控制器和消防联动控制器处于自动控制工作状态。

b. 应根据系统联动控制逻辑设计文件的规定，对气体、干粉灭火系统的联动控制功能进行检查并记录，气体、干粉灭火系统的联动控制功能应符合下列规定。

（a）应使防护区域内符合联动控制触发条件的一只火灾探测器或一只手动火灾报警按钮发出火灾报警信号，系统设备的功能应符合下列规定。

Ⅰ. 消防联动控制器应发出控制灭火系统动作的首次启动信号，点亮启动指示灯。

Ⅱ. 灭火控制器应控制启动防护区域内设置的声光警报器。

（b）应使防护区域内符合联动控制触发条件的另一只火灾探测器或另一只手动火灾报警按钮发出火灾报警信号，系统设备的功能应符合下列规定。

Ⅰ. 消防联动控制器应发出控制灭火系统动作的第二次启动信号。

Ⅱ. 灭火控制器应进入启动延时，显示延时时间。

Ⅲ. 灭火控制器应控制关闭该防护区域的电动送排风阀门、防火阀、门、窗。

Ⅳ. 延时结束，灭火控制器应控制启动灭火装置和防护区域外设置的火灾声光警报器、

喷洒光警报器。

Ⅴ. 灭火控制器应接收并显示受控设备动作的反馈信号。

（c）消防联动控制器应接收并显示灭火控制器的启动信号、受控设备动作的反馈信号。

（d）消防控制器图形显示装置应显示灭火控制器的控制状态信息、火灾报警控制器的火灾报警信号、消防联动控制器的启动信号、灭火控制器的启动信号、受控设备的动作反馈信号，且显示的信息应与控制器的显示一致。

c. 在联动进入启动延时阶段，应对系统的手动插入操作优先功能进行检查并记录，系统的手动插入操作优先功能应符合下列规定。

（a）应操作灭火控制器对应该防护区域的停止按钮、按键，灭火控制器应停止正在进行的操作。

（b）消防联动控制器应接收并显示灭火控制器的手动停止控制信号。

（c）消防控制室图形显示装置应显示灭火控制器的手动停止控制信号。

d. 应对系统的现场紧急启动、停止功能进行检查并记录，系统的现场紧急启动、停止功能应符合下列规定。

（a）应手动操作防护区域内设置的现场启动按钮。

（b）灭火控制器应控制启动防护区域内设置的火灾声光警报器。

（c）灭火控制器应进入启动延时，显示延时时间。

（d）灭火控制器应控制关闭该防护区域的电动送排风阀门、防火阀、门、窗。

（e）延时期间，手动操作防护区域内设置的现场停止按钮、灭火控制器应停止正在进行的操作。

（f）消防联动控制器应接收并显示灭火控制器的启动信号、停止信号。

（g）消防控制器图形显示装置应显示灭火控制器的启动信号、停止信号，且显示的信息应与控制器的显示一致。

④ 气体、干粉灭火控制器具有火灾报警功能的气体、干粉灭火系统控制调试

a. 应切断驱动部件与气体、干粉灭火装置间的连接，使气体、干粉灭火控制器与火灾探测器、手动火灾报警按钮、消防控制室图形显示装置相连接，使气体、干粉灭火控制器处于自动控制工作状态。

b. 应根据系统联动控制逻辑设计文件的规定，对气体、干粉灭火系统的联动控制功能进行检查并记录，气体、干粉灭火系统的联动控制功能应符合下列规定。

（a）应使防护区域内符合联动控制触发条件的一只火灾探测器或一只手动火灾报警按钮发出火灾报警信号，系统设备的功能应符合下列规定。

Ⅰ. 灭火控制器应发出火灾报警声、光信号，记录报警时间。

Ⅱ. 灭火控制器的报警信息显示功能应符合 3.4.2.1 中②的规定。

Ⅲ. 灭火控制器应控制启动防护区域内设置的声光警报器。

（b）应使防护区域内符合联动控制触发条件的另一只火灾探测器或另一只手动火灾报警按钮发出火灾报警信号，系统设备的功能应符合下列规定。

Ⅰ. 灭火控制器应再次记录现场部件火灾报警时间。

Ⅱ. 灭火控制器应进入启动延时，显示延时时间。

Ⅲ. 灭火控制器应控制关闭该防护区域的电动送排风阀门、防火阀、门、窗。

Ⅳ. 延时结束，灭火控制器应控制启动灭火装置和防护区域外设置的火灾声光警报器、喷洒光警报器。

Ⅴ. 灭火控制器应接收并显示受控设备动作的反馈信号。

(c) 消防控制器图形显示装置应显示灭火控制器的控制状态信息、火灾报警信号、启动信号和受控设备的动作反馈信号，显示的信息应与灭火控制器的显示一致。

c. 在联动控制进入启动延时过程中，应对系统的手动插入操作优先功能进行检查并记录，系统的手动插入操作优先功能应符合下列规定。

(a) 操作灭火控制器对应该防护区域的停止按钮，灭火控制器应停止正在进行的操作。

(b) 消防控制室图形显示装置应显示灭火控制器的手动停止控制信号。

d. 对系统的现场紧急启动、停止功能进行检查并记录，系统的现场紧急启动、停止功能应符合下列规定。

(a) 应手动操作防护区域内设置的现场启动按钮。

(b) 灭火控制器应控制启动防护区域内设置的火灾声光警报器。

(c) 灭火控制器应进入启动延时，显示延时时间。

(d) 灭火控制器应控制关闭该防护区域的电动送排风阀门、防火阀、门、窗。

(e) 延时期间，手动操作防护区域内设置的现场停止按钮，灭火控制器应停止正在进行的操作。

(f) 消防控制器图形显示装置应显示灭火控制器的启动信号、停止信号，且显示的信息应与控制器的显示一致。

(14) 自动喷水灭火系统调试

① 消防泵控制箱、柜调试

应使消防泵控制箱、柜与消防泵相连接，接通电源，使消防泵控制箱、柜处于正常监视状态。应对消防泵控制箱、柜下列主要功能进行检查并记录，消防泵控制箱、柜的功能应符合现行国家标准《消防联动控制系统》(GB 16806—2006) 的规定。

a. 操作级别。

b. 自动、手动工作状态转换功能。

c. 手动控制功能。

d. 自动启泵功能。

e. 主、备泵自动切换功能。

f. 手动控制插入优先功能。

② 系统联动部件调试

a. 应对水流指示器、压力开关、信号阀的动作信号反馈功能进行检查并记录，水流指示器、压力开关、信号阀的动作信号反馈功能应符合下列规定。

(a) 应使水流指示器、压力开关、信号阀动作。

(b) 消防联动控制器应接收并显示设备的动作反馈信号，显示设备的名称和地址注释信息。

b. 应对消防水箱、水池液位探测器的低液位报警功能进行检查并记录，液位探测器的低液位报警功能应符合下列规定。

(a) 应调整消防水箱、水池液位探测器的水位信号，模拟设计文件规定的水位，液位探测器应动作。

(b) 消防联动控制器应接收并显示设备的动作信号，显示设备的名称和地址注释信息。

③ 湿式、干式喷水灭火系统控制调试

a. 应使消防联动控制器与消防泵控制箱、柜等设备相连接，接通电源，使消防联动控制器处于自动控制工作状态。

b. 应根据系统联动控制逻辑设计文件的规定，对湿式、干式喷水灭火系统的联动控制功能进行检查并记录，湿式、干式喷水灭火系统的联动控制功能应符合下列规定。

(a) 应使报警阀防护区域内符合联动控制触发条件的一只火灾探测器或一只手动火灾报警按钮发出火灾报警信号，使报警阀的压力开关动作。

(b) 消防联动控制器应发出控制消防水泵启动的启动信号，点亮启动指示灯。

(c) 消防泵控制箱、柜应控制启动消防泵。

(d) 消防联动控制器应接收并显示干管水流指示器的动作反馈信号，显示设备的名称和地址注释信息。

(e) 消防控制器图形显示装置应显示火灾报警控制器的火灾报警信号、消防联动控制器的启动信号、受控设备的动作反馈信号，且显示的信息应与控制器的显示一致。

c. 应根据系统联动控制逻辑设计文件的规定，在消防控制室对消防泵的直接手动控制功能进行检查并记录，消防泵的直接手动控制功能应符合下列规定。

(a) 应手动操作消防联动控制器直接手动控制单元的消防泵启动控制按钮、按键，对应的消防泵控制箱、柜应控制消防泵启动。

(b) 应手动操作消防联动控制器直接手动控制单元的消防泵停止控制按钮、按键，对应的消防泵控制箱、柜应控制消防泵停止运转。

(c) 消防控制室图形显示装置应显示消防联动控制器的直接手动启动、停止控制信号。

④ 预作用式喷水灭火系统控制调试

a. 应使消防联动控制器与消防泵控制箱、柜及预作用阀组等设备相连接，接通电源，使消防联动控制器处于自动控制工作状态。

b. 应根据系统联动控制逻辑设计文件的规定，对预作用式灭火系统的联动控制功能进行检查并记录，预作用式喷水灭火系统的联动控制功能应符合下列规定。

(a) 应使报警阀防护区域内符合联动控制触发条件的两只火灾探测器，或一只火灾探测器和一只手动火灾报警按钮发出火灾报警信号。

(b) 消防联动控制器应发出控制预作用阀组开启的启动信号，系统设有快速排气装置时，消防联动控制器应同时发出控制排气阀前电动阀开启的启动信号，点亮启动指示灯。

(c) 预作用阀组、排气阀前的电动阀应开启。

(d) 消防联动控制器应接收并显示预作用阀组、排气阀前电动阀的动作反馈信号，显示设备的名称和地址注释信息。

(e) 开启预作用式灭火系统的末端试水装置，消防联动控制器应接收并显示干管水流指示器的动作反馈信号，显示设备的名称和地址注释信息。

(f) 消防控制器图形显示装置应显示火灾报警控制器的火灾报警信号、消防联动控制器的启动信号、受控设备的动作反馈信号，且显示的信息应与控制器的显示一致。

c. 应根据系统联动控制逻辑设计文件的规定，在消防控制室对预作用阀组、排气阀前电动阀的直接手动控制功能进行检查并记录，预作用阀组、排气阀前电动阀的直接手动控制功能应符合下列规定。

(a) 应手动操作消防联动控制器直接手动控制单元的预作用阀组、排气阀前电动阀的开启控制按钮、按键，对应的预作用阀组、排气阀前电动阀应开启。

(b) 应手动操作消防联动控制器直接手动控制单元的预作用阀组、排气阀前电动阀的关闭控制按钮、按键，对应的预作用阀组、排气阀前电动阀应关闭。

（c）消防控制室图形显示装置应显示消防联动控制器的直接手动启动、停止控制信号。

d. 应根据系统联动控制逻辑设计文件的规定，在消防控制室对消防泵的直接手动控制功能进行检查并记录，消防泵的直接手动控制功能应符合③中 c. 的规定。

⑤ 雨淋系统控制调试

a. 应使消防联动控制器与消防泵控制箱、柜及雨淋阀组等设备相连接，接通电源，使消防联动控制器处于自动控制工作状态。

b. 应根据系统联动控制逻辑设计文件的规定，对雨淋系统的联动控制功能进行检查并记录，雨淋系统的联动控制功能应符合下列规定。

（a）应使雨淋阀组防护区域内符合联动控制触发条件的两只感温火灾探测器，或一只感温火灾探测器和一只手动火灾报警按钮发出火灾报警信号。

（b）消防联动控制器应发出控制雨淋阀组开启的启动信号，点亮启动指示灯。

（c）雨淋阀组应开启。

（d）消防联动控制器应接收并显示雨淋阀组、干管水流指示器的动作反馈信号，显示设备的名称和地址注释信息。

（e）消防控制器图形显示装置应显示火灾报警控制器的火灾报警信号、消防联动控制器的启动信号、受控设备的动作反馈信号，且显示的信息应与控制器的显示一致。

c. 应根据系统联动控制逻辑设计文件的规定，在消防控制室对雨淋阀组的直接手动控制功能进行检查并记录，雨淋阀组的直接手动控制功能应符合下列规定。

（a）应手动操作消防联动控制器直接手动控制单元的雨淋阀组的开启控制按钮、按键，对应的雨淋阀组应开启。

（b）应手动操作消防联动控制器直接手动控制单元的雨淋阀组的关闭控制按钮、按键，对应的雨淋阀组应关闭。

（c）消防控制室图形显示装置应显示消防联动控制器的直接手动启动、停止控制信号。

d. 应根据系统联动控制逻辑设计文件的规定，在消防控制室对消防泵的直接手动控制功能进行检查并记录，消防泵的直接手动控制功能应符合③中 c. 的规定。

⑥ 自动控制的水幕系统控制调试

a. 应使消防联动控制器与消防泵控制箱、柜及雨淋阀组等设备相连接，接通电源，使消防联动控制器处于自动控制工作状态。

b. 自动控制的水幕系统用于防火卷帘保护时，应根据系统联动控制逻辑设计文件的规定，对水幕系统的联动控制功能进行检查并记录，水幕系统的联动控制功能应符合下列规定。

（a）应使防火卷帘所在报警区域内符合联动控制触发条件的一只火灾探测器或一只手动火灾报警按钮发出火灾报警信号，使防火卷帘下降至楼板面。

（b）消防联动控制器应发出控制雨淋阀组开启的启动信号，点亮启动指示灯。

（c）雨淋阀组应开启。

（d）消防联动控制器应接收并显示防火卷帘下降至楼板面的限位反馈信号和雨淋阀组、干管水流指示器的动作反馈信号，显示设备的名称和地址注释信息。

（e）消防控制器图形显示装置应显示火灾报警控制器的火灾报警信号、防火卷帘下降至楼板面的限位反馈信号、消防联动控制器的启动信号、受控设备的动作反馈信号，且显示的信息应与控制器的显示一致。

c. 自动控制的水幕系统用于防火分隔时，应根据系统联动控制逻辑设计文件的规定，对水幕系统的联动控制功能进行检查并记录，水幕系统的联动控制功能应符合下列规定。

（a）应使报警区域内符合联动控制触发条件的两只感温火灾探测器发出火灾报警信号。

（b）消防联动控制器应发出控制雨淋阀组开启的启动信号，点亮启动指示灯。

（c）雨淋阀组应开启。

（d）消防联动控制器应接收并显示雨淋阀组、干管水流指示器的动作反馈信号，显示设备的名称和地址注释信息，且控制器显示的地址注释信息应符合 3.4.2.2 中②的规定。

（e）消防控制器图形显示装置应显示火灾报警控制器的火灾报警信号、消防联动控制器的启动信号、受控设备的动作反馈信号，且显示的信息应与控制器的显示一致。

d. 应根据系统联动控制逻辑设计文件的规定，在消防控制室对雨淋阀组的直接手动控制功能进行检查并记录，雨淋阀组的直接手动控制功能应符合⑤中 c. 的规定。

e. 应根据系统联动控制逻辑设计文件的规定，在消防控制室对消防泵的直接手动控制功能进行检查并记录，消防泵的直接手动控制功能应符合③中 c. 的规定。

（15）消火栓系统调试

① 系统联动部件调试

a. 应对消防泵控制箱、柜的主要功能和性能进行检查并记录，消防泵控制箱、柜的主要功能和性能应符合（14）中①的规定。

b. 应对水流指示器，压力开关，信号阀，消防水箱、水池液位探测器的主要功能和性能进行检查并记录，设备的主要功能和性能应符合（14）中②a.、b. 的规定。

c. 应对消火栓按钮的离线故障报警功能进行检查并记录，消火栓按钮的离线故障报警功能应符合下列规定。

（a）使消火栓按钮处于离线状态，消防联动控制器应发出故障声、光信号。

（b）消防联动控制器的报警信息显示功能应符合 3.4.2.1 中②的规定。

d. 对消火栓按钮的启动、反馈功能进行检查并记录，消火栓按钮的启动、反馈功能应符合下列规定。

（a）使消火栓按钮动作，消火栓按钮启动确认灯应点亮并保持，消防联动控制器应发出声、光报警信号，记录启动时间。

（b）消防联动控制器应显示启动设备名称和地址注释信息。

（c）消防泵启动后，消火栓按钮回答确认灯应点亮并保持。

② 消火栓系统控制调试

a. 应使消防联动控制器与消防泵控制箱、柜等设备相连接，接通电源，使消防联动控制器处于自动控制工作状态。

b. 应根据系统联动控制逻辑设计文件的规定，对消火栓系统的联动控制功能进行检查并记录，消火栓系统的联动控制功能应符合下列规定。

（a）应使任一报警区域的两只火灾探测器，或一只火灾探测器和一只手动火灾报警按钮发出火灾报警信号，同时使消火栓按钮动作。

（b）消防联动控制器应发出控制消防泵启动的启动信号，点亮启动指示灯。

（c）消防泵控制箱、柜应控制消防泵启动。

（d）消防联动控制器应接收并显示干管水流指示器的动作反馈信号，显示设备的名称和地址注释信息。

（e）消防控制器图形显示装置应显示火灾报警控制器的火灾报警信号、消火栓按钮的启动信号、消防联动控制器的启动信号、受控设备的动作反馈信号，且显示的信息应与控制器的显示一致。

c. 应根据系统联动控制逻辑设计文件的规定，在消防控制室对消防泵的直接手动控制功能进行检查并记录，消防泵的直接手动控制功能应符合（14）中③c. 的规定。

（16）防排烟系统调试

① 风机控制箱、柜调试

应使风机控制箱、柜与加压送风机或排烟风机相连接，接通电源，使风机控制箱、柜处于正常监视状态。对风机控制箱、柜下列主要功能进行检查并记录，风机控制箱、柜的功能应符合现行国家标准《消防联动控制系统》（GB 16806—2006）的规定。

a. 操作级别。

b. 自动、手动工作状态转换功能。

c. 手动控制功能。

d. 自动启动功能。

e. 手动控制插入优先功能。

② 系统联动部件调试

a. 应对电动送风口、电动挡烟垂壁、排烟口、排烟阀、排烟窗、电动防火阀的动作功能、动作信号反馈功能进行检查并记录，设备的动作功能、动作信号反馈功能应符合下列规定。

（a）手动操作消防联动控制器总线控制单元电动送风口、电动挡烟垂壁、排烟口、排烟阀、排烟窗、电动防火阀的控制按钮、按键，对应的受控设备应灵活启动。

（b）消防联动控制器应接收并显示受控设备的动作反馈信号，显示动作设备的名称和地址注释信息。

b. 应对排烟风机入口处的总管上设置的280℃排烟防火阀的动作信号反馈功能进行检查并记录，排烟防火阀的动作信号反馈功能应符合下列规定。

（a）排烟风机处于运行状态时，使排烟防火阀关闭，风机应停止运转。

（b）消防联动控制器应接收排烟防火阀关闭、风机停止的动作反馈信号，显示动作设备的名称和地址注释信息。

③ 加压送风系统控制调试

a. 应使消防联动控制器与风机控制箱（柜）等设备相连接，接通电源，使消防联动控制器处于自动控制工作状态。

b. 应根据系统联动控制逻辑设计文件的规定，对加压送风系统的联动控制功能进行检查并记录，加压送风系统的联动控制功能应符合下列规定。

（a）应使报警区域内符合联动控制触发条件的两只火灾探测器，或一只火灾探测器和一只手动火灾报警按钮发出火灾报警信号。

（b）消防联动控制器应按设计文件的规定发出控制电动送风口开启、加压送风机启动的启动信号，点亮启动指示灯。

（c）相应的电动送风口应开启，风机控制箱、柜应控制加压送风机启动。

（d）消防联动控制器应接收并显示电动送风口、加压送风机的动作反馈信号，显示设备的名称和地址注释信息。

（e）消防控制器图形显示装置应显示火灾报警控制器的火灾报警信号、消防联动控制器的启动信号、受控设备的动作反馈信号，且显示的信息应与控制器的显示一致。

c. 应根据系统联动控制逻辑设计文件的规定，在消防控制室对加压送风机的直接手动控制功能进行检查并记录，加压送风机的直接手动控制功能应符合下列规定。

（a）手动操作消防联动控制器直接手动控制单元的加压送风机开启控制按钮、按键，对应的风机控制箱、柜应控制加压送风机启动。

（b）手动操作消防联动控制器直接手动控制单元的加压送风机停止控制按钮、按键，对应的风机控制箱、柜应控制加压送风机停止运转。

（c）消防控制室图形显示装置应显示消防联动控制器的直接手动启动、停止控制信号。

④ 电动挡烟垂壁、排烟系统控制调试

a. 应使消防联动控制器与风机控制箱、柜等设备相连接，接通电源，使消防联动控制器处于自动控制工作状态。

b. 应根据系统联动控制逻辑设计文件的规定，对电动挡烟垂壁、排烟系统的联动控制功能进行检查并记录，电动挡烟垂壁、排烟系统的联动控制功能应符合下列规定。

（a）应使防烟分区内符合联动控制触发条件的两只感烟火灾探测器发出火灾报警信号。

（b）消防联动控制器应按设计文件的规定发出控制电动挡烟垂壁下降，控制排烟口、排烟阀、排烟窗开启，控制空气调节系统的电动防火阀关闭的启动信号，点亮启动指示灯。

（c）电动挡烟垂壁、排烟口、排烟阀、排烟窗、空气调节系统的电动防火阀应动作。

（d）消防联动控制器应接收并显示电动挡烟垂壁、排烟口、排烟阀、排烟窗、空气调节系统电动防火阀的动作反馈信号，显示设备的名称和地址注释信息。

（e）消防联动控制器接收到排烟口、排烟阀的动作反馈信号后，应发出控制排烟风机启动的启动信号。

（f）风机控制箱、柜应控制排烟风机启动。

（g）消防联动控制器应接收并显示排烟分机启动的动作反馈信号，显示设备的名称和地址注释信息。

（h）消防控制器图形显示装置应显示火灾报警控制器的火灾报警信号、消防联动控制器的启动信号、受控设备的动作反馈信号，且显示的信息应与控制器的显示一致。

c. 应根据系统联动控制逻辑设计文件的规定，在消防控制室对排烟风机的直接手动控制功能进行检查并记录，排烟分机的直接手动控制功能应符合下列规定。

（a）手动操作消防联动控制器直接手动控制单元的排烟风机开启控制按钮、按键，对应的风机控制箱、柜应控制排烟风机启动。

（b）手动操作消防联动控制器直接手动控制单元的排烟风机停止控制按钮、按键，对应的风机控制箱、柜应控制排烟风机停止运转。

（c）消防控制室图形显示装置应显示消防联动控制器的直接手动启动、停止控制信号。

（17）消防应急照明和疏散指示系统控制调试

① 集中控制型消防应急照明和疏散指示系统控制调试

应使消防联动控制器与应急照明控制器等设备相连接，接通电源，使消防联动控制器处于自动控制工作状态。应根据系统设计文件的规定，对消防应急照明和疏散指示系统的控制功能进行检查并记录，系统的控制功能应符合下列规定。

a. 应使报警区域内任两只火灾探测器，或一只火灾探测器和一只手动火灾报警按钮发出火灾报警信号。

b. 火灾报警控制器的火警控制输出触点应动作，或消防联动控制器应发出相应联动控制信号，点亮启动指示灯。

c. 应急照明控制器应按预设逻辑控制配接的消防应急灯具光源的应急点亮、系统蓄电池电源的转换。

d. 消防联动控制器应接收并显示应急照明控制器应急启动的动作反馈信号，显示设备的名称和地址注释信息。

e. 消防控制器图形显示装置应显示火灾报警控制器的火灾报警信号、消防联动控制器的启动信号、受控设备的动作反馈信号，且显示的信息应与控制器的显示一致。

② 非集中控制型消防应急照明和疏散指示系统控制调试

应使火灾报警控制器与应急照明集中电源、应急照明配电箱等设备相连接，接通电源。应根据设计文件的规定，对消防应急照明和疏散指示系统的应急启动控制功能进行检查并记录，系统的应急启动控制功能应符合下列规定。

a. 应使报警区域内任两只火灾探测器，或一只火灾探测器和一只手动火灾报警按钮发出火灾报警信号。

b. 火灾报警控制器的火警控制输出触点应动作，控制系统蓄电池电源的转换、消防应急灯具光源的应急点亮。

(18) 电梯、非消防电源等相关系统联动控制调试

① 应使消防联动控制器与电梯、非消防电源等相关系统的控制设备相连接，接通电源，使消防联动控制器处于自动控制工作状态。

② 应根据系统联动控制逻辑设计文件的规定，对电梯、非消防电源等相关系统的联动控制功能进行检查并记录，电梯、非消防电源等相关系统的联动控制功能应符合下列规定。

a. 应使报警区域符合电梯、非消防电源等相关系统联动控制触发条件的火灾探测器、手动火灾报警按钮发出火灾报警信号。

b. 消防联动控制器应按设计文件的规定发出控制电梯停于首层或转换层，切断相关非消防电源、控制其他相关系统设备动作的启动信号，点亮启动指示灯。

c. 电梯应停于首层或转换层，相关非消防电源应切断，其他相关系统设备应动作。

d. 消防联动控制器应接收并显示电梯停于首层或转换层、相关非消防电源切断、其他相关系统设备动作的动作反馈信号，显示设备的名称和地址注释信息。

e. 消防控制器图形显示装置应显示火灾报警控制器的火灾报警信号、消防联动控制器的启动信号、受控设备的动作反馈信号，且显示的信息应与控制器的显示一致。

(19) 系统整体联动控制功能调试

① 应按设计文件的规定将所有分部调试合格的系统部件、受控设备或系统相连接并通电运行，在连续运行 120h 无故障后，使消防联动控制器处于自动控制工作状态。

② 应根据系统联动控制逻辑设计文件的规定，对火灾警报、消防应急广播系统、用于防火分隔的防火卷帘系统、防火门监控系统、防烟排烟系统、消防应急照明和疏散指示系统、电梯和非消防电源等自动消防系统的整体联动控制功能进行检查并记录，系统整体联动控制功能应符合下列规定。

a. 应使报警区域内符合火灾警报、消防应急广播系统，防火卷帘系统，防火门监控系统，防烟排烟系统，消防应急照明和疏散指示系统，电梯和非消防电源等相关系统联动触发条件的火灾探测器、手动火灾报警按钮发出火灾报警信号。

b. 消防联动控制器应发出控制火灾警报、消防应急广播系统，防火卷帘系统，防火门监控系统，防烟排烟系统，消防应急照明和疏散指示系统，电梯和非消防电源等相关系统动作的启动信号，点亮启动指示灯。

c. 火灾警报和消防应急广播的联动控制功能应符合（10）中③的规定。

d. 防火卷帘系统的联动控制功能应符合（11）中④b. 的规定。

e. 防火门监控系统的联动控制功能应符合（12）中③b. 的规定。

f. 加压送风系统的联动控制功能应符合（16）中③b. 的规定。

g. 电动挡烟垂壁、排烟系统的联动控制功能应符合（16）中④b. 的规定。

h. 消防应急照明和疏散指示系统的联动控制功能应符合（17）中①的规定。

i. 电梯、非消防电源等相关系统的联动控制功能应符合（18）中②的规定。

3.4.2.4 消防系统检测与验收

① 系统竣工后，建设单位应组织施工、设计、监理等单位进行系统验收，验收不合格不得投入使用。

② 系统的检测、验收应按表 3-7 所列的检测和验收对象、项目及数量，按《火灾自动报警系统施工及验收标准》（GB 50166—2019）第 3 章、第 4 章的规格和附录 E 中规定的检查内容和方法进行，按《火灾自动报警系统施工及验收标准》（GB 50166—2019）附录 E 的规定填写记录。

表 3-7 系统工程技术检测和验收对象、项目及数量

序号	检测、验收对象	检测、验收项目	检测数量	验收数量
1	消防控制室	(1)消防控制室设计 (2)消防控制室设置 (3)设备的配置 (4)起集中控制功能火灾报警控制器的设置 (5)消防控制室图形显示装置预留接口 (6)外线电话 (7)设备的布置 (8)系统接地 (9)存档文件资料	全部	全部
2	布线	(1)管路和槽盒的选型 (2)系统线路的选型 (3)槽盒、管路的安装质量 (4)电线电缆的敷设质量	全部报警区域	建筑中含有 5 个及以上报警区域的，应全部检验；超过 5 个报警区域的应按实际报警区域数量 20%的比例抽验，但抽验总数不应少于 5 个
3	Ⅰ. 火灾报警控制器	(1)设备选型 (2)设备设置 (3)消防产品准入制度 (4)安装质量 (5)基本功能	实际安装数量	实际安装数量
	Ⅱ. 火灾探测器 Ⅲ. 手动火灾报警按钮、火灾声光警报器、★火灾显示盘			(1)每个回路都应抽验 (2)回路实际安装数量在 20 只及以下者，全部检验；安装数量在 100 只及以下者，抽验 20 只；安装数量超过 100 只，按实际安装数量 10%～20%的比例抽验，但抽验总数不应少于 20 只
4	Ⅰ. 控制中心监控设备 Ⅱ. 家用火灾报警控制器	(1)设备选型 (2)设备设置 (3)消防产品准入制度 (4)安装质量 (5)基本功能	实际安装数量	实际安装数量
	Ⅲ. 点型家用感烟火灾探测器、点型家用感温火灾探测器、★独立式感烟火灾探测器、★独立式感温火灾探测器			(1)家用火灾探测器：每个回路都应抽验；回路实际安装数量在 20 只及以下者，全部检验；安装数量在 100 只及以下者，抽验 20 只；安装数量超过 100 只，按实际安装数量 10%～20%的比例抽验，但抽验总数不应少于 20 只 (2)独立式火灾探测报警器：实际安装数量抽验

续表

序号	检测、验收对象	检测、验收项目	检测数量	验收数量
5	Ⅰ．消防联动控制器	(1)设备选型 (2)设备设置 (3)消防产品准入制度 (4)安装质量 (5)基本功能	实际安装数量	实际安装数量
	Ⅱ．模块			(1)每个回路都应抽验 (2)回路实际安装数量在20只及以下者，全部检验；安装数量在100只及以下者，抽验20只；安装数量超过100只，按实际安装数量10%～20%的比例抽验，但抽验总数不应少于20只
6	Ⅰ．消防电话总机	(1)设备选型 (2)设备设置 (3)消防产品准入制度 (4)安装质量 (5)基本功能	实际安装数量	实际安装数量
	Ⅱ．电话分机			
	Ⅲ．电话插孔			实际安装数量在5只及以下者，全部检验；安装数量在5只以上时，按实际数量的10%～20%的比例抽验，但抽验总数不应少于5只
7	Ⅰ．可燃气体报警控制器	(1)设备选型 (2)设备设置 (3)消防产品准入制度 (4)安装质量 (5)基本功能	实际安装数量	实际安装数量
	Ⅱ．可燃气体探测器			(1)总线制控制器：每个回路都应抽验；回路实际安装数量在20只及以下者，全部检验；安装数量在100只及以下者，抽验20只；安装数量超过100只，按实际安装数量10%～20%的比例抽验，但抽验总数不应少于20只 (2)多线制控制器：探测器的实际安装数量
8	Ⅰ．电气火灾监控设备	(1)设备选型 (2)设备设置 (3)消防产品准入制度 (4)安装质量 (5)基本功能	实际安装数量	实际安装数量
	Ⅱ．电气火灾监控探测器、★线型感温火灾探测器			(1)每个回路都应抽验 (2)回路实际安装数量在20只及以下者，全部检验；安装数量在100只及以下者，抽验20只；安装数量超过100只，按实际安装数量10%～20%的比例抽验，但抽验总数不应少于20只
9	Ⅰ．消防设备电源监控器	(1)设备选型 (2)设备设置 (3)消防产品准入制度 (4)安装质量 (5)基本功能	实际安装数量	实际安装数量
	Ⅱ．传感器			(1)每个回路都应抽验 (2)回路实际安装数量在20只及以下者，全部检验；安装数量在100只及以下者，抽验20只；安装数量超过100只，按实际安装数量10%～20%的比例抽验，但抽验总数不应少于20只
10	消防设备应急电源	(1)设备选型 (2)设备设置 (3)消防产品准入制度 (4)安装质量 (5)基本功能	实际安装数量	(1)实际安装数量在5台及以下者，全部检验 (2)实际安装数量在5台以上时，按实际安装数量的10%～20%的比例抽验；但抽验总数不应少于5台

续表

序号	检测、验收对象	检测、验收项目	检测数量	验收数量
11	Ⅰ.消防控制室图形显示装置	(1)设备选型 (2)设备设置 (3)消防产品准入制度 (4)安装质量 (5)基本功能	实际安装数量	实际安装数量
	Ⅱ.传输设备			
12	Ⅰ.火灾警报器	(1)设备选型 (2)设备设置 (3)消防产品准入制度 (4)安装质量 (5)基本功能	实际安装数量	抽查报警区域的实际安装数量
	Ⅱ.消防应急广播控制设备			实际安装数量
	Ⅲ.扬声器			抽查报警区域的实际安装数量
	Ⅳ.火灾警报和消防应急广播系统控制	(1)联动控制功能 (2)手动插入优先功能	全部报警区域	建筑中含有5个及以下报警区域的，应全部检验；超过5个报警区域的应按实际报警区域数量20%的比例抽验，但抽验总数不应少于5个
13	Ⅰ.防火卷帘控制器	(1)设备选型 (2)设备设置 (3)消防产品准入制度 (4)安装质量 (5)基本功能	实际安装数量	实际安装数量在5台及以下者，全部检验；实际安装数量在5台以上时，按实际数量10%～20%的比例抽验；但抽验总数不应少于5台
	Ⅱ.手动控制装置、★火灾探测器			抽查防火卷帘控制器配接现场部件的实际安装数量
	Ⅲ.疏散通道上设置防火卷帘联动控制	(1)联动控制功能 (2)手动控制功能	全部防火卷帘	实际安装数量在5樘及以下者，全部检验；实际安装数量在5樘以上时，按实际数量10%～20%的比例抽验；但抽验总数不应少于5樘
	Ⅳ.非疏散通道上设置防火卷帘控制	(1)联动控制功能 (2)手动控制功能	全部报警区域	建筑中含有5个及以下报警区域的，应全部检验；超过5个报警区域的应按实际报警区域数量20%的比例抽验，但抽验总数不应少于5个
14	Ⅰ.防火门监控器	(1)设备选型 (2)设备设置 (3)消防产品准入制度 (4)安装质量 (5)基本功能	实际安装数量	实际安装数量在5台及以下者，全部检验；实际安装数量在5台以上时，按实际数量10%～20%的比例抽验；但抽验总数不应少于5台
	Ⅱ.监控模块、防火门定位装置和释放装置等现场部件			按抽检监控配接现场部件实际安装数量30%～50%的比例抽验
	Ⅲ.防火门监控系统联动控制	联动控制功能	全部报警区域	建筑中含有5个及以下报警区域的，应全部检验；超过5个报警区域的应按实际报警区域数量20%的比例抽验，但抽验总数不应少于5个

续表

序号	检测、验收对象	检测、验收项目	检测数量	验收数量
15	Ⅰ.气体、干粉灭火控制器	(1)设备选型 (2)设备设置 (3)消防产品准入制度 (4)安装质量 (5)基本功能	实际安装数量	实际安装数量
	Ⅱ.★火灾探测器、★手动火灾报警按钮、声光警报器、手动与自动控制转换装置、手动与自动控制状态显示装置、现场启动和停止按钮			实际安装数量
	Ⅲ.气体、干粉灭火系统控制	(1)联动控制功能 (2)手动插入优先功能 (3)现场手动启动、停止功能	全部防护区域	全部防护区域
16	Ⅰ.消防泵控制箱、柜	(1)设备选型 (2)设备设置 (3)消防产品准入制度 (4)安装质量 (5)基本功能	实际安装数量	实际安装数量
	Ⅱ.水流指示器、压力开关、信号阀、液位探测器	基本功能		(1)水流指示器、信号阀:按实际安装数量30%~50%的比例抽验 (2)压力开关、液位探测器:实际安装数量
	Ⅲ.湿式、干式喷水灭火系统控制	(1)联动控制功能	全部防护区域	建筑中含有5个及以下防护区域的,应全部检验;超过5个防护区域的应按实际防护区域数量20%的比例抽验,但抽验总数不应少于5个
		(2)消防泵直接手动控制功能	实际安装数量	实际安装数量
	Ⅳ.预作用式喷水灭火系统控制	(1)联动控制功能	全部防护区域	建筑中含有5个及以下防护区域的,应全部检验;超过5个防护区域的应按实际防护区域数量20%的比例抽验,但抽验总数不应少于5个
		(2)消防泵、预作用阀组、排气阀前电动阀直接手动控制功能	实际安装数量	实际安装数量
	Ⅴ.雨淋系统控制	(1)联动控制功能	全部防护区域	建筑中含有5个及以下防护区域的,应全部检验;超过5个防护区域的应按实际防护区域数量20%的比例抽验,但抽验总数不应少于5个
		(2)消防泵、雨淋阀组直接手动控制功能	实际安装数量	实际安装数量

续表

序号	检测、验收对象	检测、验收项目	检测数量	验收数量
16	Ⅵ.自动控制的水幕系统控制	(1)用于保护防火卷帘的水幕系统的联动控制功能	防火卷帘实际安装数量	防火卷帘实际安装数量在5樘及以下者，全部检验；实际安装数量在5樘以上时，按实际数量10%～20%的比例抽验；但抽验总数不应少于5樘
		(2)用于防护分隔的水幕系统的联动控制功能	全部防护区域	建筑中含有5个及以下防护区域的，应全部检验；超过5个防护区域的应按实际防护区域数量20%的比例抽验，但抽验总数不应少于5个
		(3)消防泵、水幕阀组直接手动控制功能	实际安装数量	实际安装数量
17	Ⅰ.消防泵控制箱、柜	(1)设备选型 (2)设备设置 (3)消防产品准入制度 (4)安装质量 (5)基本功能	实际安装数量	实际安装数量
	Ⅱ.消火栓按钮			实际安装数量5%～10%的比例抽验，每个报警区域均应抽验
	Ⅲ.水流指示器、压力开关、信号阀、液位探测器	基本功能		(1)水流指示器、信号阀：按实际安装数量30%～50%的比例抽验 (2)压力开关、液位探测器：实际安装数量
	Ⅳ.消火栓系统控制	(1)联动控制功能	全部报警区域	建筑中含有5个及以下报警区域的，应全部检验；超过5个报警区域的应按实际报警区域数量20%的比例抽验，但抽验总数不应少于5个
		(2)消防泵直接手动控制功能	实际安装数量	实际安装数量
18	Ⅰ.风机控制箱、柜	(1)设备选型 (2)设备设置 (3)消防产品准入制度 (4)安装质量 (5)基本功能	实际安装数量	实际安装数量
	Ⅱ.电动送风口、电动挡烟垂壁、排烟口、排烟阀、排烟窗、电动防火阀、排烟风机入口处的总管上设置的280℃排烟防火阀	基本功能	实际安装数量	(1)电动送风口、电动挡烟垂壁、排烟口、排烟阀、排烟窗、电动防火阀：实际安装数量30%～50%的比例抽验 (2)排烟风机入口处的总管上设置的280℃排烟防火阀：实际安装数量
	Ⅲ.加压送风系统控制	(1)联动控制功能	全部报警区域	建筑中含有5个及以下报警区域的，应全部检验；超过5个报警区域的应按实际报警区域数量20%的比例抽验，但抽验总数不应少于5个
		(2)加压送风机直接手动控制功能	实际安装数量	实际安装数量

续表

<table>
<tr><th>序号</th><th>检测、验收对象</th><th>检测、验收项目</th><th>检测数量</th><th>验收数量</th></tr>
<tr><td rowspan="2">18</td><td rowspan="2">Ⅳ. 电动挡烟垂壁、排烟系统控制</td><td>(1)联动控制功能</td><td>所有防烟分区</td><td>建筑中含有5个及以下防烟分区的，应全部检验；超过5个防烟分区的应按实际防烟分区数量20%的比例抽验，但抽验总数不应少于5个</td></tr>
<tr><td>(2)排烟风机直接手动控制功能</td><td>实际安装数量</td><td>实际安装数量</td></tr>
<tr><td>19</td><td>消防应急照明和疏散指示系统控制</td><td rowspan="3">联动控制功能</td><td rowspan="3">全部报警区域</td><td rowspan="3">建筑中含有5个及以下报警区域的，应全部检验；超过5个报警区域的应按实际报警区域数量20%的比例抽验，但抽验总数不应少于5个</td></tr>
<tr><td>20</td><td>电梯、非消防电源等相关系统的联动控制</td></tr>
<tr><td>21</td><td>自动消防系统的整体联动控制功能</td></tr>
</table>

注：1. 表中的抽检数量均为最低要求。

2. 每一项功能检验次数均为1次。

3. 带有“★”标的项目内容为可选项，系统设置不涉及此项目时，检测、验收不包括此项目。

③ 系统检测、验收时，应对施工单位提供的下列资料进行齐全性和符合性检查，并按《火灾自动报警系统施工及验收标准》（GB 50166—2019）附录E的规定填写记录。

a. 竣工验收申请报告、设计变更通知书、竣工图。

b. 工程质量事故处理报告。

c. 施工现场质量管理检查记录。

d. 系统安装过程质量检查记录。

e. 系统部件的现场设置情况记录。

f. 系统联动编程设计记录。

g. 系统调试记录。

h. 系统设备的检验报告、合格证及相关材料。

④ 气体灭火系统、防火卷帘系统、自动喷水灭火系统、消火栓系统、防烟排烟系统、消防应急照明和疏散指示系统及其他相关系统的联动控制功能检测、验收应在各系统功能满足现行相关国家技术标准和系统设计文件规定的前提下进行。

⑤ 根据各项目对系统工程质量影响严重程度的不同，应将检测、验收的项目划分为A、B、C三个类别。

a. A类项目应符合下列规定。

(a) 消防控制室设计符合现行国家标准《火灾自动报警系统设计规范》（GB 50116—2013）的规定。

(b) 消防控制室内消防设备的基本配置与设计文件和现行国家标准《火灾自动报警系统设计规范》（GB 50116—2013）的符合性。

(c) 系统部件的选型与设计文件的符合性。

(d) 系统部件消防产品准入制度的符合性。

（e）系统内的任一火灾报警控制器和火灾探测器的火灾报警功能。

（f）系统内的任一消防联动控制器、输出模块和消火栓按钮的启动功能。

（g）参与联动编程的输入模块的动作信号反馈功能。

（h）系统内的任一火灾警报器的火灾警报功能。

（i）系统内的任一消防应急广播控制设备和广播扬声器的应急广播功能。

（j）消防设备应急电源的转换功能。

（k）防火卷帘控制器的控制功能。

（l）防火门监控器的启动功能。

（m）气体灭火控制器的启动控制功能。

（n）自动喷水灭火系统的联动控制功能，消防水泵、预作用阀组、雨淋阀组的消防控制室直接手动控制功能。

（o）加压送风系统、排烟系统、电动挡烟垂壁的联动控制功能，送风机、排烟风机的消防控制室直接手动控制功能。

（p）消防应急照明及疏散指示系统的联动控制功能。

（q）电梯、非消防电源等相关系统的联动控制功能。

（r）系统整体联动控制功能。

b. B类项目应符合下列规定。

（a）消防控制室存档文件资料的符合性。

（b）上述③规定资料的齐全性、符合性。

（c）系统内的任一消防电话总机和电话分机的呼叫功能。

（d）系统内的任一可燃气体报警控制器和可燃气体探测器的可燃气体报警功能。

（e）系统内的任一电气火灾监控设备（器）和探测器的监控报警功能。

（f）消防设备电源监控器和传感器的监控报警功能。

c. 其余项目均应为C类项目。

⑥ 系统检测、验收结果判定准则应符合下列规定。

a. A类项目不合格数量为0、B类项目不合格数量小于或等于2、B类项目不合格数量与C类项目不合格数量之和小于或等于检查项目数量5%的，系统检测、验收结果应为合格。

b. 不符合a. 合格判定准则的，系统检测、验收结果应为不合格。

⑦ 各项检测、验收项目中有不合格的，应修复或更换，并应进行复验。复验时，对有抽验比例要求的，应加倍检验。

3.4.2.5　消防系统运行维护

① 系统投入使用前，消防控制室应具有下列文件资料。

a. 检测、验收合格资料。

b. 建（构）筑物竣工后的总平面图、建筑消防系统平面布置图、建筑消防设施系统图及安全出口布置图、重点部位位置图、危化品位置图。

c. 消防安全管理规章制度、灭火预案、应急疏散预案。

d. 消防安全组织机构图，包括消防安全责任人、管理人，专职、义务消防人员。

e. 消防安全培训记录、灭火和应急疏散预案的演练记录。

f. 值班情况、消防安全检查情况及巡查情况的记录。

g. 火灾自动系统设备现场设置情况记录。

h. 消防系统联动控制逻辑关系说明、联动编程记录、消防联动控制器手动控制单元编码设置记录。

i. 系统设备使用说明书、系统操作规程、系统和设备维护保养制度。

② 系统的使用单位应建立①规定的文件档案，并应有电子备份档案。

③ 系统应保持连续正常运行，不得随意中断。

④ 系统应按《火灾自动报警系统施工及验收标准》（GB 50166—2019）附录F规定的巡查项目和内容进行日常巡查，巡查的部位、频次应符合现行国家标准《建筑消防设施的维护管理》（GB 25201—2010）的规定，并按《火灾自动报警系统施工及验收标准》（GB 50166—2019）附录F的规定填写记录。巡查过程中发现设备外部破损、设备运行异常时应立即报修。

⑤ 每年应按表3-15规定的检查项目、数量对系统设备的功能、各分系统的联动控制功能进行检查，并应符合下列规定。

a. 系统的年度检查可根据检查计划，按月度、季度逐步进行。

b. 月度、季度的检查数量应符合表3-8的规定。

c. 系统设备的功能、各分系统的控制功能应符合3.4.2.3的规定。

表3-8 系统月检、季检对象、项目及数量

序号	检查对象	检查项目	检查数量
1	Ⅰ. 火灾报警控制器	火灾报警功能	实际安装数量
	Ⅱ. 火灾探测器、手动火灾报警按钮		应保证每年对每一只探测器、报警按钮至少进行一次火灾报警功能检查
	Ⅲ. 火灾显示盘	火灾报警显示功能	月、季检查数量应保证每年对每一台区域显示器至少进行一次火灾报警显示功能检查
2	Ⅰ. 消防联动控制器	输出模块启动功能	应保证每年对每一只模块至少进行一次启动功能检查
	Ⅱ. 输出模块		
3	Ⅰ. 消防电话总机	呼叫功能	实际安装数量
	Ⅱ. 电话分机、电话插孔		应保证每年对每一个分机、插孔至少进行一次呼叫功能检查
4	Ⅰ. 可燃气体报警控制器	可燃气体报警功能	实际安装数量
	Ⅱ. 可燃气体探测器		应保证每年对每一只探测器至少进行一次可燃气体报警功能检查
5	Ⅰ. 电气火灾监控设备	监控报警功能	实际安装数量
	Ⅱ. 电气火灾监控探测器、线型感温火灾探测器		应保证每年对每一只探测器至少进行一次监控报警功能检查
6	Ⅰ. 消防设备电源监控器	消防设备电源故障报警功能	实际安装数量
	Ⅱ. 传感器		应保证每年对每一只传感器至少进行一次消防设备电源故障报警功能检查
7	消防设备应急电源	转换功能	实际安装数量
8	Ⅰ. 消防控制室图形显示装置	接收和显示火灾报警、联动控制、反馈信号功能	实际安装数量
	Ⅱ. 传输设备		

续表

序号	检查对象	检查项目	检查数量
9	Ⅰ.火灾警报器	火灾警报功能	应保证每年对每一只火灾警报器至少进行一次火灾警报功能检查
	Ⅱ.消防应急广播控制设备	应急广播功能	实际安装数量
	Ⅲ.扬声器		应保证每年对每一只扬声器至少进行一次应急广播功能检查
	Ⅳ.火灾警报和消防应急广播系统	联动控制功能	应保证每年对每一个报警区域至少进行一次联动控制功能检查
10	Ⅰ.防火卷帘控制器	控制功能	应保证每年对每一个手动控制装置至少进行一次控制功能检查
	Ⅱ.手动控制装置		
	Ⅲ.疏散通道上设置的防火卷帘	联动控制功能	应保证每年对每一樘防火卷帘至少进行一次联动控制功能检查
	Ⅳ.非疏散通道上设置的防火卷帘		应保证每年对每一个报警区域至少进行一次联动控制功能检查
11	Ⅰ.防火门监控器	启动、反馈功能，常闭防火门故障报警功能	应保证每年对每一台防火门监控器及其配接的现场部件至少进行一次启动、反馈功能，常闭防火门故障报警功能检查
	Ⅱ.监控模块、防火门定位装置和释放装置等现场部件		
	Ⅲ.防火门监控系统	联动控制功能	应保证每年对每一个报警区域至少进行一次联动控制功能检查
12	Ⅰ.气体、干粉灭火控制器	现场紧急启动、停止功能	应保证每年对每一个现场启动和停止按钮至少进行一次启动、停止功能检查
	Ⅱ.现场启动和停止按钮		
	Ⅲ.气体、干粉灭火系统	联动控制功能	应保证每年对每一个防护区域至少进行一次联动控制功能检查
13	Ⅰ.消防泵控制箱、柜	手动控制功能	应保证每月、每季对消防水泵进行一次手动控制功能检查
	Ⅱ.水流指示器、压力开关、信号阀、液位探测器	动作信号反馈功能	应保证每年对每一个部件至少进行一次动作信号反馈功能检查
	Ⅲ.湿式、干式喷水灭火系统	联动控制功能	应保证每年对每一个防护区域至少进行一次联动控制功能检查
		消防泵直接手动控制功能	应保证每月、每季对消防水泵进行一次直接手动控制功能检查
	Ⅳ.预作用式喷水灭火系统	联动控制功能	应保证每年对每一个防护区域至少进行一次控制功能检查
		消防泵、预作用阀组、排气阀前电动阀直接手动控制功能	应保证每月、每季对消防水泵、预作用阀组、排气阀前电动阀进行一次直接手动控制功能检查

续表

序号	检查对象	检查项目	检查数量
13	Ⅴ. 雨淋系统	联动控制功能	应保证每年对每一个防护区域至少进行一次联动控制功能检查
		消防泵、雨淋阀组直接手动控制功能	应保证每月、每季对消防水泵、雨淋阀组进行一次直接手动控制功能检查
	Ⅵ. 自动控制的水幕系统	用于保护防火卷帘的水幕系统的联动控制功能	应保证每年对每一樘防火卷帘至少进行一次联动控制功能检查
		用于防火分隔的水幕系统的联动控制功能	应保证每年对每一个报警区域至少进行一次联动控制功能检查
		消防泵、水幕阀组直接手动控制功能	应保证每月、每季对消防水泵、水幕阀组进行一次直接手动控制功能检查
14	Ⅰ. 消防泵控制箱、柜	手动控制功能	应保证每月、每季对消防水泵进行一次手动控制功能检查
	Ⅱ. 消火栓按钮	报警功能	应保证每年对每一个消防栓按钮至少进行一次报警功能检查
	Ⅲ. 水流指示器、压力开关、信号阀、液位探测器	动作信号反馈功能	应保证每年对每一个部件至少进行一次动作信号反馈功能检查
	Ⅳ. 消火栓系统	联动控制功能	应保证每年对每一个消火栓至少进行一次联动控制功能检查
		消防泵直接手动控制功能	应保证每月、每季对消防水泵进行一次直接手动控制功能检查
15	Ⅰ. 风机控制箱、柜	手动控制功能	应保证每月、每季对风机进行一次手动控制功能检查
	Ⅱ. 电动送风口、电动挡烟垂壁、排烟口、排烟阀、排烟窗、电动防火阀、排烟风机入口处的总管上设置的280℃排烟防火阀	启动、反馈功能、动作信号反馈功能	应保证每年对每一个部件至少进行一次启动、反馈功能、动作信号反馈功能检查
	Ⅲ. 加压送风系统	联动控制功能	应保证每年对每一个报警区域至少进行一次控制功能检查
		风机直接手动控制功能	应保证每月、每季对风机进行一次直接手动控制功能检查
	Ⅳ. 电动挡烟垂壁、排烟系统	联动控制功能	应保证每年对每一个防烟区域至少进行一次联动控制功能检查
		风机直接手动控制功能	应保证每月、每季对风机进行一次直接手动控制功能检查
16	消防应急照明和疏散指示系统	控制功能	应保证每年对每一个报警区域至少进行一次控制功能检查

续表

序号	检查对象	检查项目	检查数量
17	电梯、非消防电源等相关系统	联动控制功能	应保证每年对每一个报警区域至少进行一次联动控制功能检查
18	自动消防系统	整体联动控制功能	应保证每年对每一个报警区域至少进行一次联动控制功能检查

⑥ 不同类型的探测器、手动报警按钮、模块等现场部件应有不少于设备总数 1% 的备品。

⑦ 系统设备的维修、保养及系统产品的寿命应符合现行国家标准《火灾探测报警产品的维修保养与报废》（GB 29837—2013）的规定，达到寿命极限的产品应及时更换。

3.5 特殊场所的消防安全管理技术

3.5.1 医院的消防安全

医院（含门诊部、医务室等）是为人们治疗疾病的重要场所，通常分为综合医院和专科医院两大类。各类医院在诊断、治疗过程中，常使用多种易燃易爆危险品、各种电气医疗设备以及其他明火等。而且由于医院里门诊和住院的病人较多，他们又大多行动困难，兼有大批照料和探视病人的家属、亲友等，人员的流动量很大。同时，一些大中型医院的建筑又属于高层建筑，万一失火很容易造成重大的伤亡和经济损失，因此做好医院消防安全管理工作十分重要。

3.5.1.1 医院的火灾危险特点

众所周知，医院作为人员集中的公共场所，是与众不同的，它的消防安全管理在整个医院管理中，占有十分重要的地位，其火灾危险性和特点如下。

（1）一旦失火伤亡大、影响大　医院是病人治病养病的场所，住院病人年龄不一、病情不同、行动不便，既有刚出生的婴儿，又有年过古稀的老人；既有刚动过手术的病人，又有待产的孕妇，一旦发生火灾，撤离火场难以及时，轻者会使病情加重，严重时会使病情恶化，甚至直接危及病人生命。因此，医院不仅要有一个良好的医疗环境，而且必须有一个安全环境。

（2）病人多，自救能力差，通道窄，逃生难　据某市第一中心医院住院情况日报表统计，全院每日住院加床平均达 45 张，分布在各病房楼道。发生火灾后，病人疏散困难。尤其是夜间病房发生火灾，断电后病房漆黑一片，加之医护人员少，通道窄，病人病情重，若组织指挥不当，很可能造成病人疏散过程中人踩伤亡事故。

（3）使用易燃易爆危险品多，用火用电多，火险因素多　医院内使用易燃易爆危险品多，（如酒精、二甲苯、氧气等）需求量大。此外，病房因医疗消毒，必须使用电炉、煤气炉等加热工具；还有的病人或家属违章在病房或过道吸烟，烟头不掐灭就到处乱扔等，这些明火若遇可燃物就会发生火灾。

（4）易燃要害部位多　医院的同位素库、危险品库、锅炉房、变电室、氧气库等要害部位，不仅火灾危险性大，而且一旦出现事故会直接危及病人生命安全。同时贵重仪器多，价值昂贵、移动困难。一旦失火，不仅会给国家财产造成巨大经济损失，而且仪器一旦损坏，将直接影响病人治疗，甚至危及生命安全。

(5) 建筑面积狭小，防火布局差　随着社会对医疗的需求，病床逐年增加，门诊量日趋增大。另外，随着科学技术的发展，医院的医疗仪器设备也在逐年递增，由于仪器增加，用电量增大，也使有的医院常年超负荷用电，而且高精尖医疗仪器操作间的消防设备与仪器设备不相适应；有的尽管消防部门、医院保卫部门多次下达火险隐患通知书，但由于医院受到人力、财力、建筑面积的制约，致使许多隐患未能彻底解决，因而给消防安全管理带来了一定的困难。

(6) 高压氧舱火灾危险性大　高压氧舱是一个卧式圆柱形的钢制密封舱，不仅是抢救煤气中毒、溺水、缺氧窒息等危急病人必需的设备，而且是治疗耳聋、面瘫等多种疾病的重要手段。一般治疗压力为0.15～0.2MPa，含氧25%～26%，有的甚至高达30%～34%。有些供特殊用途，如为潜水员服务的高压氧舱，工作压力可高达0.1MPa。其火灾危险特点如下。

① 当氧浓度增高时，一些在常压下的空气（氧浓度为21%）中不会被引燃的物质会变得很容易被引燃；高浓度氧遇到碳氢化合物、油脂、纯涤纶等往往还可使之自燃；在常压空气中，氧分压为21kPa，在高压氧舱中当吸用高浓度氧或称富氧时，氧分压介于21kPa～0.1MPa；当吸用高压氧时，氧分压大于0.1MPa；舱内的氧浓度常在25%左右，有的甚至升高到30%～34%。由于可燃物的燃烧主要与氧浓度有关，只要氧浓度不高，即使氧分压较高也不会燃烧。相反，氧浓度较高，即使氧分压在常压下也可引起剧烈燃烧。

② 氧浓度增加时，可燃物的燃烧速度会加快，燃烧温度可达1000℃以上，可使紫铜管熔化，而且使舱内的压力急剧增加。如果舱体或观察窗的强度不够，可能引起舱体爆裂或观察窗突然破裂，其后果将更严重。

③ 舱内起火时，当密闭空间内氧气经剧烈燃烧而耗尽后，火可自行熄灭，总的燃烧时间很短，烧过的物品常常是表层烧焦，而内层较完好。但是燃烧物的温度仍很高，如灭火时通风驱除浓烟，或舱内气体膨胀使观察窗破裂通入新鲜空气，烧过的余烬又可复燃。

④ 当舱内氧浓度分布不均匀时，由于氧的相对密度较空气为大，与空气之比为1.105∶1，会使底层的氧浓度比上层高，燃烧后的损坏程度底层亦较明显。

⑤ 高压氧舱发生火灾很容易造成人员伤亡。此类伤亡事件，国内外都时有发生。舱内人员死亡的原因，一是由于舱内氧浓度高而造成极其严重的烧伤；二是由于舱内氧浓度高使燃烧非常充分，会很快将舱内氧气耗尽而造成急性缺氧和（或）使人窒息死亡。据对动物实验结果，20s内即可造成死亡。

3.5.1.2 医院的消防管理措施

(1) 消防安全重点部位　医院应将下列部位确定为消防安全重点部位。

① 容易发生火灾的部位，主要有危险品仓库、理化试验室、中心供氧站、高压氧舱、胶片室、锅炉房、木工间等。

② 发生火灾时会严重危及人身和财产安全的部位，主要有病房楼、手术室、宿舍楼、贵重设备工作室、档案室、微机中心、病案室、财会室等。

③ 对消防安全有重大影响的部位，主要有消防控制室、配电间、消防水泵房等。

消防安全重点部位应设置明显的防火标志，标明“消防重点部位”和“防火责任人”，落实相应管理规定，实行严格管理。

(2) 电气防火

① 电气设备应由具有电工资格的专业人员负责安装和维修，严格执行安全操作规程。

② 在要求防爆、防尘、防潮的部位安装电气设备，应符合有关安全技术要求。

③ 每年应对电气线路和设备进行安全性能检查，必要时应委托专业机构进行电气消防安全监测。

（3）火源控制　医院应采取下列控制火源的措施。

① 严格执行内部动火审批制度，及时落实动火现场防范措施及监护人。

② 固定用火场所、设施和大型医疗设备应有专人负责，安全制度和操作规程应公布上墙。

③ 宿舍内严禁使用蜡烛灯明火用具，病房内非医疗不得使用明火。

④ 病区内禁止烧纸，除吸烟室外，不得在任何区域吸烟。

（4）易燃易爆化学危险物品管理　医院应加强易燃易爆化学危险物品管理，采取下列措施。

① 严格易燃易爆化学危险物品使用审批制度。

② 加强易燃易爆化学危险物品储存管理。

③ 易燃易爆化学危险物品应根据物化特性分类存放，严禁混存。

④ 高温季节，易燃易爆化学危险物品储存场所应加强通风，室内温度应控制在28℃以下。

（5）安全疏散设施管理　医院应落实下列安全疏散设施管理措施。

① 防火门、防火卷帘、疏散指示标志、火灾应急照明、火灾应急广播等设施应设置齐全完好有效。

② 医疗用房应在明显位置设置安全疏散图。

③ 常闭式防火门应向疏散方向开启，并设有警示文字和符号，因工作必须常开的防火门应具备联动关闭功能。

④ 保持疏散通道、安全出口畅通，禁止占用疏散通道，不应遮挡、覆盖疏散指示标志。

⑤ 禁止将安全出口上锁，禁止在安全出口、疏散通道上安装栅栏等影响疏散的障碍物；疏散通道、疏散楼梯、安全出口处以及房间的外窗不应设置影响安全疏散和应急救援的固定栅栏。

⑥ 病房楼、门诊楼的疏散走道、疏散楼梯、安全出口应保持畅通，公共疏散门不应锁闭，宜设置推闩式外开门。

⑦ 防火卷帘下方严禁堆放物品，消防电梯前室的防火卷帘应具备停滞功能。

（6）消防设施、器材日常管理　医院应加强建筑消防设施、灭火器材的日常管理，并确定本单位专职人员或委托具有消防设施维护保养资格的组织或单位进行消防设施维护保养，保证建筑消防设施、灭火器材配置齐全、正常工作。

医院可以组织经公安消防机构培训合格、具有维护能力的专职人员，定期对消防设施进行维护保养，并保留记录；或委托具有消防设施维护保养资格的组织或单位，定期对消防设施进行维护保养，并保留维护保养报告。

3.5.1.3　医院消防安全管理制度

（1）医院药库、药房消防安全管理制度　医院药品大都是可燃物，其中不乏易燃易爆化学物品，药品已经烟熏火烤就不能再用，防火措施非常重要。

① 药库防火制度。药库应独立设立，不得与门诊部、病房等人员密集场所毗连。乙醇、甲醛、乙醚、丙酮等易燃、易爆危险性药品应另设危险品库，并与其他建筑物保持符合规定的安全间距，危险性药品应按化学危险物品的分类原则分类隔离存放。

存放量大的中草药库中，中草药药材应定期摊晾，注意防潮，预防发热自燃。

药库内禁止烟火。库内电气设备的安装、使用应符合防火要求。药库内不得使用60W以上白炽灯、碘钨灯、高压汞灯及电热器具。灯具周围0.5m内及垂直下方不得有可燃物；药库用电应在库房外或值班室内设置热水管或暖气片，如必须设置时，与易燃可燃药品应保持安全距离。

② 药房防火。药房应设在门诊部或住院部的底层。对易燃危险药品应限量存放，一般不得超过一天用量，以氧化剂配方时应用玻璃、瓷质器皿盛装，不得采用纸质包装。药房内化学性能相互抵触或相互产生强烈反应的药品，要分开存放。盛放易燃液体的玻璃器皿应放在专用药架底部，以免破碎、脱底引起火灾。

药房内的废弃纸盒不应随地乱丢，应集中在专用筒篓内，集中按时清除。

药房内严禁烟火。照明灯具、开关、线路的安装、敷设和使用应符合相关防火规定。

(2) 医院病房楼消防安全管理制度

① 疏散通道内不得堆放可燃物品及其他杂物、不得加设病床。为划分防火防烟分区设在走道上的防火门，如平时需要保持常开状态，发生火灾时则必须自动关闭。

② 按相关规定设置的封闭楼梯间、防烟楼梯间和消防电梯前室内一律不得堆放杂物，防火门必须保持常关状态。疏散门应采用向疏散方向开启的平开门，不应采用推拉门、卷帘门、吊门、转门。除医疗有特殊要求外，疏散门不得上锁；疏散通道上应按规定设置事故照明、疏散指示标志和火灾事故广播并保持完整好用。

③ 无论是使用医用中心供氧系统还是采用氧气瓶供氧，都应遵循相关操作规程。给病人输氧时应由医护人员操作，采用氧气瓶供氧，氧气瓶要竖立固定，远离热源，使用时应轻搬轻放，避免碰撞。氧气瓶的开关、仪表、管道均不得漏气，医务人员要经常检查，保持氧气瓶的洁净和安全输氧。同时应提醒病人及其陪护、探视人员不得用有油污和抹布触摸氧气瓶和制氧设备。

④ 医务人员要随时检查病房用火、用电的安全情况。病房内的电气设备和线路不得擅自改动，严禁使用电炉、液化气炉、煤气炉、电水壶、酒精炉等非医疗器具，不得超负荷用电。病房内禁止使用明火与吸烟，禁止病人和家属携带煤油炉、电炉等加热食品，应在病房区以外的专门场所设置加热食品的炉灶并由专人管理。

3.5.2 商场、集贸市场消防安全

3.5.2.1 集贸市场的安全防火要求

(1) 必须建立消防管理机构　在消防监督机构的指导下，集贸市场主办单位应建立消防管理机构，健全防火安全制度，强化管理，组建义务消防组织，并确定专（兼）职防火人员，制定灭火、疏散应急预案并开展演练。做到平时预防工作有人抓、有人管、有人落实；在发生火灾时有领导、有组织、有秩序地进行扑救。对于多家合办的应成立有关单位负责人参加的防火领导机构，统一管理消防安全工作。

(2) 安全检查、隐患整改必须到位　集贸市场主办单位应组织防火人员要进行经常性的消防安全检查，针对检查中发现的火灾隐患，一要将产生的原因找出，制定出整改方案，抓紧落实。二要把整改工作做到领导到位、措施到位、行动到位以及检查验收到位，决不走过场、图形式；对整改不彻底的单位，要责令重新进行整改，决不留下新的隐患。三要充分发挥消防部门监督职能作用，经常深入市场检查指导，发现问题，及时指出，将检查中发现的火灾隐患整改彻底。

（3）确保消防通道畅通　安全通道畅通是集贸市场发生火灾后，保证人员生命财产安全的有效措施，市场主办单位应认真落实“谁主管、谁负责”，按照商品的种类和火灾危险性划分若干区域，区域之间应保持相应的防火距离及安全疏散通道，对所堵塞消防通道的商品应依法取缔，保证安全疏散通道畅通。

（4）完善固定消防设施　针对集贸市场内未设置消防设施、无消防水源的现状，主办单位应立即筹集资金。按照相关规范要求增设室内外消火栓、火灾自动报警系统及消防水池、自动喷水灭火系统、水泵房等固定消防设施，配置足量的移动式灭火器、疏散指示标志，尽快提高市场自身的防火及灭火能力，使市场在安全的情况之下正常经营。

3.5.2.2　商场、集贸市场的安全防火技术

目前，我国的一些大型商场为了满足人民群众的需求，大多集购物、餐饮、娱乐为一体，所以商场、集贸市场的火灾风险较高，一旦发生火灾，容易造成重大的经济损失和人员伤亡，所以商场、集贸市场的防火要求要严于一般场所。

（1）建筑防火要求　商场的建筑首先在选址上应远离易燃易爆危险化学品生产及储存的场所，要同其他建筑保持一定防火间距。在商场周边要设置环形消防通道。商场内配套的锅炉房、变配电室、柴油发电机房、消防控制室、空调机房、消防水泵房等的设置应符合消防技术规范的要求。

商场建筑物的耐火等级不应低于二级，应严格按照《建筑设计防火规范》（2018 年版）（GB 50016—2014）的要求划分防火分区。

对于电梯间、楼梯间、自动扶梯及贯通上下楼层的中庭，应安装防火门或者防火卷帘进行分隔，对于管道井、电缆井等，其每层检查口应安装丙级防火门，并且每隔 2～3 层楼板处用相当于楼板耐火极限的材料分隔。

（2）室内装修　商场室内装修采用的装修材料的燃烧性能等级，应按楼梯间严于疏散走道、疏散走道严于其他场所、地下严于地上、高层严于多层的原则予以控制。应严格执行《建筑内部装修设计防火规范》（GB 50222—2017）与《建筑内部装修防火施工及验收规范》（GB 50354—2005）的规定，尽量采用不燃性材料和难燃性材料，避免使用在燃烧时产生大量浓烟或有毒气体的材料。

建筑内部装修不应遮挡安全出口、消防设施、疏散通道及疏散指示标志，不应减少安全出口、疏散出口和疏散走道的净宽度和数量，不应妨碍消防设施及疏散走道的正常使用。

（3）安全疏散设施　商场是人员集中的场所，安全疏散必须满足消防规范的要求。要按照规范设置相应的防烟楼梯间、封闭楼梯间或者室外疏散楼梯。商场要有足够数量的安全出口，并多方位的均匀布置，不应设置影响安全疏散的旋转门及侧拉门等。

安全出口的门禁系统必须具备从内向外开启并且发出声光报警信号的功能，以及断电自动停止锁闭的功能。禁止使用只能由控制中心遥控开启的门禁系统。

安全出口、疏散通道以及疏散楼梯等都应按要求设置应急照明灯和疏散指示标志，应急照明灯的照度不应低于 0.5lx，连续供电时间不得少于 20min，疏散指示标志的间距不大于 20m。禁止在楼梯、安全出口和疏散通道上设置摊位、堆放货物。

（4）消防设施　商场的消防设施包括火灾自动报警系统、室内外消火栓系统、自动喷水灭火系统、防排烟系统、疏散指示标志、应急照明、事故广播、防火门、防火卷帘及灭火器材。

① 火灾自动报警系统。商场中任一层建筑面积大于 1500m^2 或者总建筑面积大于 3000m^2 的多层商场，建筑面积大于 500m^2 的地下、半地下商场以及一类高层商场，应设置火灾自动报警系统。火灾自动报警系统的设置应符合《火灾自动报警系统的设计规范》（GB

50116—2013）。

② 灭火设施。商场应设置室内、室外消火栓系统，并应满足有关消防技术规范要求。设有室内消防栓的商场应设置消防软管卷盘。建筑面积大于 $200m^2$ 的商业服务网点应设置消防软管卷盘或者轻便消防水龙。

任一楼层建筑面积超过 $1500m^2$ 或总建筑面积超过 $3000m^2$ 的多层商场和建筑面积大于 $500m^2$ 的地下商场以及高层商场均应设置自动喷水灭火系统。

商场应按照《建筑灭火器配置设计规范》（GB 50140—2005）的要求配备灭火器。

3.5.3 公共娱乐场所消防安全

（1）公共文化娱乐场所的设置

① 设置位置、防火间距、耐火等级。公共文化娱乐场所不得设置在文物古建筑、博物馆以及图书馆建筑内，不得毗连重要仓库或者危险物品仓库。不得在居民住宅楼内建公共娱乐场所。在公共文化娱乐场所的上面、下面或毗邻位置，不准布置燃油、燃气的锅炉房以及油浸电力变压器室。

公共文化娱乐场所在建设时，应与其他建筑物保持一定的防火间距，通常与甲、乙类生产厂房、库房之间应留有不少于 50m 的防火间距。而建筑物本身不宜低于二级耐火等级。

② 防火分隔在建筑设计时应当考虑必要的防火技术措施。影剧院等建筑的舞台和观众厅之间，应采用耐火极限不低于 3.00h 的防火隔墙，舞台上部和观众厅闷顶之间的隔墙，可以采用耐火极限不低于 1.50h 的防火隔墙，隔墙上的门应采用乙级防火门；舞台下面的灯光操作室和可燃物贮藏室，应用耐火极限不低于 2.00h 的防火隔墙与其他部位隔开；电影放映室、卷片室应用耐火极限不低于 1.50h 的防火隔墙与其他部分隔开，观察孔和放映孔应采取防火分隔措施。

对超过 1500 个座位的影剧院与超过 2000 个座位的会堂、礼堂和高层民用建筑内超过 800 个座位的剧场或礼堂的舞台口，以及与舞台相连的侧台、后台的洞口，都应设水幕分隔。对于超过 1500 个座位的剧院与超过 2000 个座位的会堂或礼堂的舞台葡萄架下部，以及建筑面积不小于 $400m^2$ 的演播室、建筑面积不小于 $500m^2$ 的电影摄影棚等，均应设雨淋自动喷水灭火系统。

公共文化娱乐场所与其他建筑相毗连或者附设于其他建筑物内时，应当按照独立的防火分区设置。商住楼内的公共文化娱乐场所和居民住宅的安全出口应当分开设置。

③ 公共文化娱乐场所的内部装修设计和施工，必须符合《建筑内部装修设计防火规范》（GB 50222—2017）和有关装饰装修防火规定。

④ 在地下建筑内设置公共娱乐场所除符合有关消防技术规范的要求外，还应符合以下规定。

a. 只允许设在地下一层。

b. 通往地面的安全出口不应少于 2 个，安全出口、楼梯和走道宽度应当符合有关建筑设计防火规范的规定。

c. 应当设置机械防烟排烟设施。

d. 应当设置火灾自动报警系统及自动喷水灭火系统。

e. 严禁使用液化石油气。

（2）公共文化娱乐场所的安全疏散

① 公共文化娱乐场所观众厅、舞厅的安全疏散出口，应当按照人流情况合理设置，数

目不应少于 2 个，并且每个安全出口平均疏散人数不应超过 250 人，当容纳人数超过 2000 人时，其超过部分按每个出口平均疏散人数不超过 400 人计算。

② 公共文化娱乐场所观众厅的入场门、太平门不应设置门槛，其宽度不应小于 1.4m。紧靠于门口 1.4m 范围内不应设置踏步。同时，太平门不准采用卷帘门、转门、吊门以及侧拉门，门口不得设置门帘、屏风等影响疏散的遮挡物。公共文化娱乐场所在营业时，必须保证安全出口和走道畅通无阻，严禁将安全出口上锁、堵塞。

③ 为确保安全疏散，公共文化娱乐场所室外疏散通道的宽度不应小于 3m。为了确保灭火时的需要，超过 2000 个座位的礼堂、影院等超大空间建筑四周，宜至少沿建筑物的两条长边设置消防车道。

④ 在布置公共文化娱乐场所观众厅内的疏散走道时，横走道之间的座位不宜超过 20 排。而纵走道之间的座位数每排不宜超过 22 个，当前后排座椅的排距不小于 0.9m 时，可以增加 1 倍，但是不得超过 50 个；仅一侧有纵走道时，其座位数应减半。

（3）公共文化娱乐场所的应急照明

① 在安全出口和疏散走道上，应设置必要的应急照明及疏散指示标志，以利于火灾时引导观众沿着灯光疏散指示标志顺利疏散。疏散用的应急照明，其最低照度不应低于 1.0lx。而照明供电时间不得少于 20min。

② 应急照明灯应设在墙面或者顶棚上，疏散指示标志应设于太平门的顶部和疏散走道及其转角处距地面 1.0m 以下的墙面上，走道上的指示标志间距不应大于 20m。

（4）公共文化娱乐场所的灭火设施及器材的设置　公共文化娱乐场所发生火灾蔓延快，扑救困难。因此，必须配备消防器材等灭火设施。根据规定，对于超过 800 个座位的剧院、电影院、俱乐部以及超过 1200 个座位的礼堂，都应设置室内消火栓。

为了确保能及时有效地控制火灾，座位超过 1500 个的剧院和座位超过 2000 个的会堂或礼堂，室内人员休息室与器材间应设置自动喷水灭火系统。

室内消火栓的布置，通常应布置在舞台、观众厅和电影放映室等重点部位醒目并便于取用的地方。此外，对放映室（包括卷片室）、配电室、储藏室、舞台以及音响操作等重点部位，都应配备必要的灭火器。

3.5.4　宾馆、饭店消防安全

宾馆和饭店是供国内外旅客住宿、就餐、娱乐和举行各种会议、宴会的场所。现代化的宾馆、饭店一般都具有多功能的特点，拥有各种厅、堂、房、室、场。

① 厅：包括各种风味餐厅和咖啡厅、歌舞厅、展览厅等。

② 堂：指大堂、会堂等。

③ 房：包括各种客房和厨房、面包房、库房、洗衣房、锅炉房、冷冻机房等。

④ 室：包括办公室、变电室、美容室、医疗室等。

⑤ 场：指商场、停车场等。

厅、堂、房、室、场组成了宾馆、饭店这样一个有“小社会”之称的有机整体。

3.5.4.1　宾馆、饭店的火灾危险性

现代的宾馆、饭店，抛弃了以往那种以客房为主的单一经营方式，将客房、公寓、餐馆、商场和夜总会、会议中心等集于一体，向多功能方面发展。因而对建筑和其他设施的要求很高，并且追求舒适、豪华，以满足旅客的需要，提高竞争能力。这样，就潜伏着许多火灾危险，主要有：

(1) 可燃物多　宾馆、饭店虽然大多采用钢筋混凝土结构或钢结构，但大量的装饰材料和陈设用具都采用木材、塑料和棉、麻、丝、毛以及其他纤维制品。这些都是有机可燃物质，增加了建筑内的火灾荷载。一旦发生火灾，这些材料就像架在炉膛里的柴火，燃烧猛烈、蔓延迅速，塑料制品在燃烧时还会产生有毒气体。这些不仅会给疏散和扑救带来困难，而且还会危及人身安全。

(2) 建筑结构易产生烟囱效应　现代的宾馆和饭店，特别是大、中城市的宾馆、饭店，很多都是高层建筑，楼梯井、电梯井、管道井、电缆垃圾井、污水井等竖井林立，如同一座座大烟囱；还有通风管道，纵横交叉，延伸到建筑的各个角落，一旦发生火灾，竖井产生的烟囱效应，便会使火焰沿着竖井和通风管道迅速蔓延、扩大，进而危及全楼。

(3) 疏散困难，易造成重大伤亡　宾馆、饭店是人员比较集中的地方，在这些人员中，多数是暂住的旅客，流动性很大。他们对建筑内的环境情况、疏散设施不熟悉，加之发生火灾时烟雾弥漫，心情紧张，极易迷失方向，拥塞在通道上，造成秩序混乱，给疏散和施救工作带来困难，因此往往造成重大伤亡。

(4) 致灾因素多　宾馆、饭店发生火灾，在国外是常有的事，一般损失都极为严重。国内宾馆、饭店的火灾，也时有发生。

从国内外宾馆、饭店发生的火灾来看，起火原因主要是：旅客酒后躺在床上吸烟；乱丢烟蒂和火柴梗；厨房用火不慎和油锅过热起火；维修管道设备和进行可燃装修施工等动火违章；电器线路接触不良，电热器具使用不当，照明灯具温度过高烤着可燃物等四个方面。宾馆、饭店容易引起火灾的可燃物主要有液体或气体燃料、化学涂料、家具、棉织品等。宾馆、饭店最有可能发生火灾的部位是：客房、厨房、餐厅以及各种机房。

3.5.4.2　宾馆、饭店的防火管理措施

宾馆、饭店的防火管理，除建筑应严格按照《建筑设计防火规范》(GB 50016—2014)(2018 年版) 的有关标准进行设计施工外，客房、厨房、公寓、写字间以及其他附属设施，应分别采取以下防火管理措施。

(1) 客房、公寓、写字间　客房、公寓、写字间是现代宾馆、饭店的主要部分，它包括卧室、卫生间、办公室、小型厨房、客房、楼层服务间、小型库房等。

客房、公寓发生火灾的主要原因是烟头、火柴梗引燃可燃物或电热器具烤着可燃物，发生火灾的时间一般在夜间和节假日，尤以旅客酒后卧床吸烟，引燃被褥及其他棉织品等发生的事故最为常见。所以，客房内所有的装饰材料应采用不燃材料或难燃材料，窗帘一类的丝、棉织品应经过防火处理，客房内除了固有电器和允许旅客使用电吹风、电动剃须刀等日常生活的小型电器外，禁止使用其他电器设备，尤其是电热设备。

对旅客及来访人员，应明文规定：禁止将易燃易爆物品带入宾馆，凡携带进入宾馆者，要立即交服务员专门储存，妥善保管，并严禁在宾馆、饭店区域内燃放烟花爆竹。

客房内应配有禁止卧床吸烟的标志、应急疏散指示图、宾馆客人须知及宾馆、饭店内的消防安全指南。服务员应经常向旅客宣传：不要躺在床上吸烟，烟头和火柴梗不要乱扔乱放，应放在烟灰缸内；入睡前应将音响、电视机等关闭，人离开客房时，应将客房内照明灯关掉；服务员应保持高度警惕，在整理房间时要仔细检查，对烟灰缸内未熄灭的烟蒂不得倒入垃圾袋；平时应不断巡逻查看，发现火灾隐患应及时采取措施。对酒后的旅客尤应特别注意。

高层宾馆的客房内应配备应急手电筒、消防过滤式自救呼吸器等逃生器材及使用说明，其他宾馆的客房内宜配备应急手电筒、消防过滤式自救呼吸器等逃生器材及使用说明，并应放置在醒目位置或设置明显的标志。应急手电筒和消防过滤式自救呼吸器的有效使用时间不

应小于30min。客房层应按照有关建筑消防逃生器材及配备标准设置辅助逃生器材，并应有明显的标志。

写字间出租时，出租方和承租方应签订租赁合同，并明确各自的防火责任。

(2) 餐厅、厨房　餐厅是宾馆、饭店人员最集中的场所，一般有大小宴会厅、中西餐厅、咖啡厅、酒吧等。大型的宾馆、饭店通常还会有好几个风味餐厅，可以同时供几百人甚至几千人就餐和举行宴会。这些餐厅、宴会厅出于功能和装饰上的需要，其内部常有较多的装修物，空花隔断，可燃物数量很大。厅内装有许多装饰灯，供电线路非常复杂，布线都在闷顶之内，又紧靠失火概率较大的厨房。

厨房内设有冷冻机、绞肉机、切菜机、烤箱等多种设备，油雾气、水汽较大的电气设备容易受潮和导致绝缘层老化，易导致漏电或短路起火。有的餐厅，为了增加地方风味，临时使用明火较多，如点蜡烛增加气氛、吃火锅使用各种火炉等方面的事故已屡有发生。厨房用火最多，若燃气管道漏气或油炸食品时不小心，也非常容易发生火灾。因此，必须引起高度重视。

① 要控制客流量。餐厅应根据设计用餐的人数摆放餐桌，留出足够的通道。通道及出入口必须保持畅通，不得堵塞。举行宴会和酒会时，人员不应超出原设计的容量。

② 加强用火管理。如餐厅内需要点蜡烛增加气氛时，必须把蜡烛固定在不燃材料制作的基座内，并不得靠近可燃物。供应火锅的风味餐厅，必须加强对火炉的管理，使用液化石油气炉、酒精炉和木炭炉要慎用，由于酒精炉未熄灭就添加酒精很容易导致火灾事故的发生，所以操作时严禁在火焰未熄灭前添加酒精，酒精炉最好使用固体酒精燃料，但应加强对固体酒精存放的管理。餐厅内应在多处放置烟缸、痰盂，以方便宾客扔放烟头和火柴梗。

③ 注意燃气使用防火。厨房内燃气管道、法兰接头、仪表、阀门必须定期检查，防止泄漏；发现燃气泄漏，首先要关闭阀门，及时通风，并严禁任何明火和启动电源开关。燃气库房不得存放或堆放餐具等其他物品。楼层厨房不应使用瓶装液化石油气，煤气、天然气管道应从室外单独引入，不得穿过客房或其他公共区域。

④ 厨房用火用电的管理。厨房内使用的绞肉机、切菜机等电气机械设备，不得过载运行，并防止电气设备和线路受潮。油炸食品时，锅内的油不要超过2/3，以防食油溢出着火。工作结束后，操作人员应及时关闭厨房的所有燃气阀门，切断气源、火源和电源后方能离开。厨房的烟道，至少应每季度清洗一次；厨房燃油、燃气管道应经常检查、检测和保养。厨房内除配置常用的灭火器外，还应配置石棉毯，以便扑灭油锅起火的火灾。

(3) 电气设备　随着科学技术的发展，电气化、自动化在宾馆、饭店日益普及，电冰箱、电热器、电风扇、电视机，各类新型灯具，以及电动扶梯、电动窗帘、空调设备、吸尘器、电灶具等已被宾馆和饭店大量采用。此外，随着改革开放的发展，国外的长驻商社在宾馆、饭店内设办事机构的日益增多，复印机、电传机、打字机、载波机、碎纸机等现代办公设备也在广泛应用。在这种情况下，用电急增，往往超过原设计的供电容量，因增加各种电气而产生过载或使用不当，引起的火灾已时有发生，故应引起足够重视。宾馆、饭店的电气线路，一般都敷设在闷顶和墙内，如发生漏电短路等电气故障，往往先在闷顶内起火，而后蔓延，并不易及时发觉，待发现时火已烧大，造成无可挽回的损失。为此，电气设备的安装、使用、维护必须做到以下几点。

① 客房里的台灯、壁灯、落地灯和厨房内的电冰箱、绞肉机、切菜机等电器的金属外壳，应有可靠的接地保护。床台柜内设有音响、灯光、电视等控制设备的，应做好防火隔热

处理。

② 照明灯灯具表面高温部位不得靠近可燃物。碘钨灯、荧光灯、高压汞灯（包括日光灯镇流器），不应直接安装在可燃物上；深罩灯、吸顶灯等，如安装在可燃物附近时，应加垫石棉瓦和石棉板（布）隔热层；碘钨灯及功率大的白炽灯的灯头线，应采用耐高温线穿套管保护；厨房等潮湿地方应采用防潮灯具。

(4) 维修施工　宾馆、饭店往往要对客房、餐厅等进行装饰、更新和修缮，因使用易燃液体稀释维修或使用易燃化学黏合剂粘贴地面和墙面装修物等，大都有易燃蒸气产生，遇明火会发生着火或爆炸。在维修安装设备进行焊接或切割时，因管道传热和火星溅落在可燃物上以及缝隙、夹层、垃圾井中也会导致阴燃而引起火灾。因此：

① 使用明火应严格控制。除餐厅、厨房、锅炉的日常用火外，维修施工中电气焊割、喷灯烤漆、搪锡熬炼等动火作业，均须报请保安部门批准，签发动火证，并清除周围的可燃物，派人监护，同时备好灭火器材。

② 在防火墙、不燃体楼板等防火分隔物上，不得任意开凿孔洞，以免烟火通过孔洞造成蔓延。安装窗式空调器的电缆线穿过楼板开孔时，空隙应用不燃材料封堵；空调系统的风管在穿过防火墙和不燃体板墙时，应在穿过处设阻火阀。

③ 中央空调系统的冷却塔，一般都设在建筑物的顶层。目前普遍使用的是玻璃钢冷却塔，这是一种外壳为玻璃钢，内部填充大量聚丙烯塑料薄片的冷却设备。聚丙烯塑料片的片与片之间留有空隙，使水通过冷却散热。这种设备使用时，内部充满了水，并没有火灾危险。但是在施工安装或停用检查时，冷却塔却处于干燥状态下，由于塑料薄片非常易燃，而且片与片之间的空隙利于通风，起火后会立即扩大成灾，扑救也比较困难。因此，在用火管理上应列为重点，不准在冷却塔及附近任意动用明火。

④ 装饰墙面或铺设地面时，如采用油漆和易燃化学黏合剂，应严格控制用量，作业时应打开窗户，加强自然通风，并且切断作业点的电源，附近严禁使用明火。

(5) 安全疏散设施　建筑内安全疏散设施除消防电梯外，还有封闭式疏散楼梯，主要用于发生火灾时扑救火灾和疏散人员、物资，必须绝对不在疏散楼梯间堆放物资，否则一旦发生火灾，后果不堪设想。为确保防火分隔，由走道进入楼梯间前室的门应为防火门，而且应向疏散方向开启。宾馆、饭店的每层楼面应挂平面图，楼梯间及通道应有事故照明灯具和疏散指示标志；装在墙面上的地脚灯最大距离不应超过 20m，距地面不应大于 1m，不准在楼内通道上增设床铺，以防影响紧急情况下的安全疏散。

宾馆、饭店内的宴会厅、歌舞厅等人员集中的场所，应符合公共娱乐场所的有关防火要求。

(6) 应急灭火疏散训练　根据宾馆、饭店的性质及火灾特点，宾馆、饭店的消防安全工作，要以自防自救为主，在做好火灾预防工作的基础上，应配备一支训练有素的应急力量，以便在发生火灾时，特别在夜间发生火灾时，能够正确处置，尽可能地减少损失和人员伤亡。

① 应制订应急疏散和灭火作战预案，绘制出疏散及灭火作战指挥图和通信联络图。总经理和部门经理以及全体员工，均应经过消防训练，了解和掌握在发生火灾时，本岗位和本部门应采取的应急措施，以免临时慌乱。在夜间应留有足够的应急力量，以便在发生火灾时能及时进行扑救，并组织和引导旅客及其他人员安全疏散。

② 应急力量的所有人员应配备防烟、防毒面具、照明器材及通信设备，并佩戴明显标志。高层宾馆、饭店在客房内还应配备救生器材。所有保安人员，均应了解应急预案的程

序，以便能在紧急状态时及时有效地采取措施。消防中心控制室应配有足够的值班人员，且能熟练地掌握火灾自动报警系统和自动灭火系统设备的性能。在发生火灾时，这类自动报警和灭火设备能及时准确地进行动作，并能将情况通知有关人员。

③ 客房内宜备有红、白两色光的专用逃生手电，便于旅客在火灾情况下，能够起到照明和发射救生信号之用；同时应备有自救保护的湿毛巾，以过滤燃烧产生的浓烟及毒气，便于疏散和逃生。

④ 为了经常保持防火警惕，应在每季度组织一次消防安全教育活动，每年组织一次包括旅客参加的“实战”演习。

3.5.5 院校消防安全

3.5.5.1 幼儿园防火管理

幼儿园是对3～6周岁的幼儿实施学前教育的机构。按照年龄段划分，一般分为大、中、小三个班次。根据条件，还可分为日托和全托等。从发生在克拉玛依那场大火中丧生的学生来看，从客观上讲，原因很多，但教师不懂消防常识，不知如何组织学生逃生，学生不会最基本的自救方法也应是重要的原因之一。对于幼儿园来讲，都是3～6岁的孩童，其逃生自救能力几乎没有，所以，加强其消防安全管理非常重要。

（1）幼儿园的火灾危险特点

① 幼儿未形成消防安全意识。

② 幼儿自救能力极差。

③ 一旦发生火灾，极易造成伤亡事故。

（2）幼儿园消防安全制度

① 消防安全教育、培训制度。

a. 每年以创办消防知识宣传栏、开展知识竞赛等多种形式，提高全体员工的消防安全意识。

b. 定期组织员工学习消防法规和各项规章制度，做到依法治火。

c. 各部门应针对岗位特点进行消防安全教育培训。

d. 对消防设施维护保养和使用人员应进行实地演示和培训。

e. 对教职员工进行岗前消防培训。

② 防火巡查、检查制度。

a. 落实逐级消防安全责任制和岗位消防安全责任制，落实巡查检查制度。

b. 幼儿园后勤每月对幼儿园进行一改防火检查并复查追踪改善。

c. 检查中发现火灾隐患，检查人员应填写防火检查记录，并按照规定，要求有关人员在记录上签名。

d. 检查人员应将检查情况及时报告幼儿园，若发现幼儿园存在火灾隐患，应及时整改。

③ 消防控制中心管理制度。

a. 熟悉并掌握各类消防设施的使用性能，保证扑救火灾过程中操作有序、准确迅速。

b. 发现设备故障时，应及时报告，并通知有关部门及时修复。

c. 发现火灾时，迅速按灭火作战预案紧急处理，并拨打“119”电话通知公安消防部门并报告上级主管部门。

（3）幼儿园的消防安全管理措施

① 健全消防安全组织，加强对幼儿的消防安全意识教育。

a. 幼儿园管理、教育着大量无自理能力的幼儿，保证他们安全健康的成长是幼儿园领导和教职员工的神圣职责。让每一位教师、保育员和员工都懂得日常的防火知识和发生火灾后的处置方法，达到会使用灭火器材，会扑救初期火灾，会组织幼儿疏散和逃生的要求。

b. 将消防安全教育纳入幼儿园的教育大纲。

c. 根据幼儿的身心特点，利用多种形式进行消防安全知识教育。可以根据幼儿的这些特点将消防知识编写成幼儿故事、儿歌、歌曲等，运用听、说、唱的形式对幼儿传授消防安全知识。

② 园内建筑应当满足耐火和安全疏散的防火要求。

a. 幼儿园的建筑宜单独布置，应当与甲、乙类火灾危险生产厂房、库房至少保持 50m 以上的距离，并应远离散发有害气体的部位。建筑面积不宜过大，耐火等级不应低于三级。

b. 附设在居住等建筑物内的幼儿园，应用耐火极限不低于 2h 的防火隔墙和 1.00h 的楼板与其他场所或部位分隔。设在幼儿园主体建筑内的厨房，应用耐火极限不低于 2h 的防火隔墙与其他部分隔开。

c. 幼儿园的安全疏散出口不应少于 2 个，每班活动室必须有单独的出入口。活动室或卧室门至外部出口或封闭楼梯间的最大距离：位于两个外部出口或楼梯间之间的房间，一、二级耐火等级为 25m，三级为 20m；位于袋形走道的房间，一、二级建筑为 20m，三级建筑为 15m。

d. 活动室、卧室的门应向外开，不宜使用落地或玻璃门；疏散楼梯的最小宽度不宜小于 1.1m，坡度不宜过大；楼梯栏杆上应加设儿童扶手，疏散通道的地面材料不宜太光滑。楼梯间应采用天然采光，其内部不得设置影响疏散的突出物及易燃易爆危险品（如燃气）管道。

e. 为了便于安全疏散，幼儿园为多层建筑时，应将年龄较大的班级布置在上层，年龄较小的布置在下层，不准设置在地下室内。

f. 幼儿园的院内要保持道路通畅，其道路、院门的宽度不应小于 3.5m。院内应留出幼儿活动场地和绿地，以便火灾时用作灭火展开和人员疏散用地。

③ 园内各种设备应满足消防安全要求。

a. 幼儿园的采暖锅炉房应单独设置，并且锅炉和烟囱不能靠近可燃物或穿过可燃结构。要加设防护栅栏，防止幼儿玩火。室内的暖气片应设防护罩，以防烤燃可燃物品和烫伤幼儿。

b. 幼儿园的电气设备应符合电气安装规程的有关要求，电源开关、电闸、插座等距地面应不小于 1.3m，以防幼儿触电。

c. 幼儿园不宜使用台扇、台灯等活动式电器，应选用吊扇、固定照明灯。

d. 幼儿园的用电乐器、收录机等，应安设牢固、可靠，电源线应合理布设，以防幼儿触电或引起火灾事故。同时，要对幼儿进行安全用电的常识教育。

④ 加强对园内各种幼儿教育活动的防火管理。

a. 教育幼儿不做玩火游戏。同时，教师、保育员用的火柴、打火机等引火物，要妥善保管，放置在孩子拿不到的地方。定期进行防火安全检查，督促检查厨房、锅炉房等单位搞好火源、电源管理。

b. 托儿所、幼儿园的儿童用房及儿童游乐厅等儿童活动场所不应使用明火取暖、照明，当必须使用时，应采取防火、防护措施，设专人负责；厨房、烧水间应单独设置。

幼儿是祖国的明天，更是民族的未来，愿所有的幼教工作者，都能积极对幼儿进行消防安全知识教育，让孩子们能够在更加安全健康和充满快乐、幸福的氛围中茁壮成长。

3.5.5.2 中小学防火管理

（1）中小学的火灾危险特点

① 火灾危险因素多，学生活泼好动，易玩火造成火灾。中小学内少年学生多，且集中，由于中小学生活泼好动，模仿力强，常因玩火、玩电子器具等引起火灾。

为了保证教育效果，不少中、小学校除了教学楼（室）外，一般都设有实验室、图书室、校办工厂等，这些部位的火灾危险因素较多，往往因不慎而发生火灾。

建筑物的耐火等级低、安全疏散差。建筑耐火等级一般为二、三级，但建设较早的中、小学校，三级耐火等级建筑较多。一旦发生火灾往往造成重大人员伤亡和财产损失。

② 学生的自救逃生能力差，一旦遭遇火灾伤亡大。由于中小学生活泼好动，模仿力强，缺乏自我控制能力，加之中小学学生数量多且集中，一旦遇有火灾事故，会受烟气和火势的威胁陷入一片混乱。在高温烟气浓度大、照明困难的情况下，很难发现被困儿童。故一旦发生火灾，很容易造成伤亡事故。还由于中小学的教职员工大多数是女性，大多缺乏在紧急情况下疏散抢救、扑救初期火灾的常识，如果是夜间，自救能力更差。所以，一旦遭遇火灾往往造成重大伤亡。

（2）防火安全管理措施

① 加强行政领导，落实防范措施。为了保证中、小学生安全健康的成长和学校教学工作的正常进行，中、小学应建立以主管行政工作的校长为组长，各班主任、总务管理人员为成员的防火安全领导机构，并配备1名防火兼职干部，具体负责学校的防火安全工作。防火安全领导机构应定期召开会议，研究解决学校防火安全方面的问题；要对教职员工进行消防安全知识教育，达到会使用灭火器材，会扑救初期火灾，会报警，会组织学生安全疏散、逃生的要求。要定期进行防火安全检查，对检查发现的不安全因素，要组织整改，消除火灾隐患，要落实各项防火措施。要配备质量合格，数量足够的灭火器材，并经常检查维修，保证完整好用。要做好实验室、图书室、校办工厂等重点部位的防火安全工作，严格管理措施，切实防止火灾事故的发生。

② 加强对学生的防火安全教育。中、小学应切实加强对学生的防火安全教育，这是从根本上提高全民消防安全素质的主要途径，也是促进社会精神文明和物质文明发展的一个重要方面。

a. 小学消防安全教育的着眼点应当放在增强学生的消防安全意识上，可通过团队活动日、主题班会、演讲会、故事会、知识竞赛、书画比赛、征文等形式进行。消防安全知识专题教育的内容主要应当包括：火的作用和起源；无情的火灾；火灾是怎样发生的；怎样预防火灾的发生；如何协助家长搞好家庭防火；在公共场所怎样注意防火；怎样报告火警；遇到火灾后怎样逃生等方面的知识。各级公安机关消防机构可通过组织专门人员，协助学校举办少年消防警校、组织中小学生参观消防站、观摩消防表演等形式对小学生进行提高消防安全意识的教育。这样往往能够收到很好的效果。

b. 对中学生的消防安全教育最好采用渗透教育的方法。所谓渗透教育，就是指在进行主课教育的同时将相关的副课知识渗透在主课中讲解。此种方法既不需要增加课程内容，也不需要增加课时即可达到消防安全教育的目的。现在中学阶段的学生学习负担很重，全国都在减负，要增加中学生的课本和主课的内容是不可能的，但根据现行教材和课程安排，学校在学生开始学习《化学》《物理》《法律知识》等基础理论知识的同时将消防安全科学知识渗透在其中讲授却是完全可行的。

消防安全教育要结合教学、校园文化活动进行，有条件的中小学还应邀请当地公安消防人员来校讲消防课，或与消防等有关部门联合举办“中小学生消防夏令营”活动，传授消防知识，提高消防意识。要求学生不吸烟、不玩火，元旦、春节等重大节日，还应进行不燃放烟花爆竹的安全教育。从而使广大中小学生自幼就养成遵守防火制度、注意防火安全的良好习惯。

③ 提高建筑物的耐火等级，保证安全疏散。

a. 中、小学的教学楼应采用一、二级耐火等级的建筑，若采用三级耐火等级，则不能超过 3 层，且在地下室内不准设置教室。

b. 容纳 50 人以上的教室，其安全出口不应少于 2 个。音乐教室、大型教室的出入口，其门的开启方向应与人流疏散方向一致。教室门至外部出口或封闭楼梯间的距离：当位于两个外部出口或楼梯间之间时，一、二级耐火等级为 35m，三级为 30m；位于袋形走道两侧或尽端的房间，一、二级为 22m，三级为 20m。

c. 教学楼疏散楼梯的最小宽度不应小于 1.1m，疏散通道的地面材料不宜太光滑，楼梯间应采用自然采光，不得采用旋转楼梯、高形踏步，燃气管道不得设在楼梯间内。中、小学应开设消防车可以通行的大门或院内消防车道，以满足安全疏散和扑救火灾的需要。

d. 图书馆、教学楼、实验楼和集体宿舍的疏散走道不应设置弹簧门、旋转门、推拉门等影响安全疏散的门。疏散走道、疏散楼梯间不应设置卷帘门、栅栏等影响安全疏散的设施。

e. 集体宿舍值班室应配置灭火器、喊话器、消防过滤式自救呼吸器、对讲机等消防器材；集体宿舍严禁使用蜡烛、酒精炉、煤油炉等明火器具；使用蚊香等物品时，应采取保护措施或与可燃物保持一定的距离；宿舍内不应卧床吸烟和乱扔烟蒂；建筑内设置的垃圾桶（箱）应采用不燃材料制作，并设置在周围无可燃物的位置；宿舍内严禁私自接拉电线，严禁使用电炉、电取暖、热得快等大功率电器设备，每间集体宿舍均应设置用电过载保护装置；集体宿舍应设置醒目的消防安全标志。

3.5.5.3 高等院校防火管理

（1）普通教室及教学楼

① 作为教室的建筑，其防火设计应满足《建筑设计防火规范》（2018 年版）（GB 50016—2014）的要求，耐火等级不应低于三级，如由于条件限制设在低于三级耐火等级时，其层数不应超过 1 层，建筑面积不应超过 600m^2。普通教学楼建筑的耐火等级、层数、面积和其他民用建筑的防火间距等，应满足具体的规定。

② 作为教学使用的建筑，尤其是教学楼，距离甲、乙类的生产厂房，甲、乙类的物品仓库以及具有火灾爆炸危险性比较大的独立实验室的防火间距不应小于 25m。

③ 课堂上用于实验及演示的危险化学品应严格控制用量。

④ 容纳人数超过 50 人的教室，其安全出口不应少于 2 个；安全疏散门应向疏散方向开启，并且不得设置门槛。

⑤ 教学楼的建筑高度超过 24m 或者 10 层以上的应严格执行《建筑设计防火规范》（2018 年版）（GB 50016—2014）中的有关规定。

⑥ 高等院校和中等专业技术学校的教学楼体积大于 5000m^3 时，应设室内消火栓。

⑦ 教学楼内的配电线路应满足电气安装规程的要求，其中消防用电设备的配电线路应采取穿金属管保护。暗敷时，应穿管并敷设在不燃性结构内，保护层厚度不小于 3cm；当明敷时，应在金属管上采取防火保护措施。

⑧ 当教室内的照明灯具表面的高温部位靠近可燃物时应采取隔热、散热措施进行防火保护；隔热保护材料通常选用瓷管、石棉、玻璃丝等不燃材料。

（2）电化教室及电教中心

① 演播室的建筑耐火等级不应低于一、二级，室内的装饰材料与吸声材料应采用不燃材料或者难燃材料，室内的安全门应向外开启。

② 电影放映室及其附近的卷片室及影片贮藏室等，应用耐火极限不低于 1.50h 的防火隔墙与其他建筑部分隔开，房门应用防火门，放映孔与瞭望孔应设阻火闸门。

③ 电教楼或电教中心的耐火等级应是一、二级，其设置应同周围建筑保持足够的安全距离，当电教楼为多层建筑时，其占地面积宜控制在 $2500m^2$ 内，其中电视收看室、听音室单间面积超过 $50m^2$，并且人数超过 50 人时，应设在三层以下，应设两个以上安全出口；门必须向外开启，门宽应不小于 1.4m。

（3）实验室及实验楼防火

① 高等院校或者中等技术学校的实验室，耐火等级应不低于三级。

② 一般实验室的底层疏散门、楼梯以及走道的各自总宽度应按具体的指标计算确定，其安全疏散出口不应少于 2 个，而安全疏散门向疏散方向开启。

③ 当实验楼超过 5 层时，宜设置封闭式楼梯间。

④ 实验室与一般实验室的配电线路应符合电气安装规程的要求，消防设备的配电线路需穿金属管保护，暗敷时不燃烧体的保护厚度不少于 3cm，当明敷时金属管上采取防火保护措施。

⑤ 实验室内使用的电炉必须确定位置，定点使用，专人管理，周围禁止堆放可燃物。

⑥ 一般实验室内的通风管道应是不燃材料，其保温材料应为不燃或难燃材料。

（4）学生宿舍的防火要求　学生宿舍的安全防火工作应从管理职能部门、班主任、校卫队以及联防队这几个方面着手，加强管理。

① 管理职能部门的安全防火工作职责。

a. 学生宿舍的安全防火管理职能部门（包括保卫处、学生处以及宿管办等）应经常对学生进行消防安全教育，如举行消防安全知识讲座、开展消防警示教育以及平时行为规范教育等，使学生明白火灾的严重性和防火的重要性，掌握防火的基本知识及灭火的基本技能，做到防患于未然。

b. 经常对学生宿舍进行检查督促，查找并且整改存在的消防安全隐患。发现大功率电器与劣质电器应没收代管；发现抽烟或者点蜡烛的学生应及时制止和教育，晓之以理，使其不再犯同样的错误。

c. 加强对学生的纪律约束。不仅要对引起火灾、火情的学生进行纪律处分，对多次被查出违章用电、点蜡烛以及抽烟并屡教不改的学生也应予以纪律处分。

② 班主任的安全防火工作职责。

a. 班主任应接受消防安全教育，了解防火的重要性，从而将防火列为对学生日常管理内容之一，经常对学生进行教育、提醒以及突击检查。

b. 班主任应当将防火工作纳入对学生操行等级考核内容，比如学生被查出有违章使用大功率电器、抽烟、点蜡烛等行为，可以对其操行等级降级处理，

③ 校卫队与联防队的安全防火工作职责。

a. 校卫队和联防队应加强对学生宿舍的巡逻，尤其是在晚上，发现学生有使用大功率电器、点蜡烛、抽烟等行为，要及时制止，并且报学生处或宿舍管理办公室记录在案。

b. 加强学生的自我管理和自我保护教育。学生安全员为学生宿舍加强安全管理的重要力量，在经过培训的基础上，他们可担负发现、处理以及报告火灾隐患及初起火险的任务。

3.5.6 电信通信枢纽消防安全

现代社会，称为信息社会，而邮政电信则是人们传递信息、掌握信息、加强联系以及交往的一种必不可少的手段。它缩短了时间及空间的距离，在经济建设和国防建设中占有非常重要的地位。

随着科学技术的发展，邮政电信的方式不断地更新，使其业务量及种类也大量增加。由邮政、电话、电报等普通业务的发展，增加至传真、电视电话、波导以及微波通信等。目前，这些现代化的邮政电信设施，各地都在广为兴建，联系全国城乡及国外的邮政电信网络正在形成。因此加强防火工作，保障邮政电信安全、迅速、准确地为社会服务都具有非常重要的意义。

3.5.6.1 邮政企业防火管理

邮政局除办理包裹、汇兑、信件、印刷品外，还办理储蓄、报刊发行、集邮以及电信业务。其中，邮件传递主要包括收寄、分拣、封发、转运以及投递等过程。

(1) 邮件的收寄和投递　办理邮件收寄和投递的单位有邮政局、邮政所以及邮政代办所等。这些单位分布在各省、市、地区、县城、乡镇和农村，负责办理本辖区邮件的收寄及投递。邮政局一般都设有营业室、邮件、包裹寄存室、封发室以及投递室等；辖区范围较大的邮政局还设有车库，库内存放的机动车，从数辆到数十辆不等，这些都潜伏有一定的火灾危险性，因此在收寄和投递邮件中应注意以下防火要求。

① 严格生活用火的管理。在营业室的柜台内，邮件及包裹存放室以及邮件封发室等部位，要禁止吸烟；小型邮电所冬季如没有暖气采暖时，这些部位不得使用火盆、火缸，必要时可安装火炉，但在木地板上应垫砖，并加铁皮炉盘隔热及保护，炉体与周围可燃物保持不小于1m的距离，金属烟筒与可燃结构应保持50cm以上的距离，上班时要有专人看管，工作人员离开或者下班时，应将炉火封好。

② 包裹收寄要注意防火安全检查。包裹收寄的安全检查工序，为邮政管理过程中的重要环节。为了避免邮件、包裹内夹带易燃、易爆危险化学品，负责收寄的工作人员，必须认真负责，严格检查。包裹、邮件要开包检查，有条件的邮政局，应采用防爆监测设备进行检查，防止混进的易燃、易爆危险品在运输、储存过程中引起着火或者爆炸。营业室内应悬挂宣传消防知识的标语、图片。

③ 机动邮运投递车辆应注意防火。机动邮运投递车辆除应遵守“汽车和汽车库、场”的有关防火要求外，还应要求司机及押运人员：不准在驾驶室及邮件厢内吸烟；营业室及车库内不准存放汽油等易燃液体；车辆的修理及保养应在车库外指定的地点进行。

(2) 邮件转运　各地邮政系统的邮件转运部门是将邮件集中、分拣、封发以及运输等集中于一体的邮政枢纽。在邮政枢纽内的各工序中，应分别注意下列防火要求。

① 信件分拣。信件分拣工作对邮件的迅速、准确以及安全投递有着重要影响。信件分拣应在分拣车间（房）内进行，操作方法目前有人工分拣与机械分拣两种。

人工分拣车间（房）的照明灯具和线路应固定安装，照明所需电源要设置室外总控开关与室内分控开关，以便停止工作时切断电源。照明线路布设应按照闷顶内的布线的要求穿金属管保护，荧光灯的镇流器不能安装在可燃结构上。同时要求禁止在分拣车间（房）内吸烟和进行各种明火作业。

机械分拣车间分别设有信件分拣与包裹分拣设备，主要是信件分拣机和皮带输送设备等，除有照明用线路外，还有动力线路。机械分拣车间除应遵守信件分拣的有关防火要求之外，对电力线路、控制开关、电动机及传动设备等的安装使用，都应满足有关电气防火的要求。电气控制开关应安装在包铁片的开关箱内，并不使邮包靠近，电动机周围要加设铁护栏以避免可燃物靠近和人员受伤，机械设备要定期检查维护，传动部位要经常加油润滑，最好选用润滑胶皮带，避免机械摩擦发热引起着火。

② 邮件待发场地。邮件待发场地是邮件转运过程中，邮件集中的场所。此场所一旦发生火灾，会造成很大的影响，所以要把邮件待发场地划为禁火区域，并设置明显的禁火标志。要禁止吸烟和一切明火作业，严格控制外来人员及车辆的出入。邮件待发场地不应设于电力线下面，不准拉设临时电源线。

③ 邮件运输。邮件运输是邮件传递过程中的一个重要环节，是在确保邮件迅速、准确、安全传递的基础上，根据不同运输特点，组织运输。邮件运输的方式分铁路、船舶、航空以及汽车四种。

铁路邮政车和船舶运输的邮件，由邮政部门派专人押运；航空邮件由交班机托运。此类邮件运输要遵守铁路交通以及民航部门的各项防火安全规定。汽车运输邮件，除了长途汽车托运外，还有邮政部门本身组织的汽车运输。当邮政部门用汽车运输邮件时，运输邮件的汽车，应用金属材料改装车厢。如用一般卡车装运邮件时，必须用篷布严密封盖，并提防途中飞火或者烟头落到车厢内，引燃邮件起火。邮件车要专车专用。在装运邮件时，禁止与易燃易爆化学危险品以及其他物品混装、混运。邮件运输车辆要根据邮件的数量配备应急灭火器材并不少于两具。通常情况下，装有邮件的重车不能停放在车库内，以防不测。

(3) 邮政枢纽建筑　在大、中城市，尤其是大城市，一般都兴建有现代化的邮政枢纽设施；集数分、发于一体。它是邮政行业的重点防火单位。

邮政枢纽设施作为公共建筑，通常都采用多层或高层建筑，并建在交通方便的繁华地段。新建的邮政枢纽工程，在总体设计上应对于建筑的耐火等级、防火分隔，安全疏散、消防给水和自动报警、自动灭火系统等防火措施认真予以考虑，并严格执行《建筑设计防火规范》（2018 年版）（GB 50016—2014）的有关规定。对已经建成，但以上防火措施不符合两个规范规定的，应采取措施逐步加以改善。

(4) 邮票库房　邮票库房是邮政防火的重点部位，其库房的建筑不能低于一、二级耐火等级，并与其他建筑保持规定的防火间距或防火分隔，避免其他建筑物失火殃及邮票库房的安全。邮票库房的电气照明、线路敷设、开关的设置，都必须满足仓库电气规定的要求，并应做到人离电断。对邮票总额在 50 万元以上的邮票库房，还应安装火灾自动报警及自动灭火装置。对省级邮政楼的邮袋库，应当设置闭式自动喷水灭火系统。

3.5.6.2　电信企业防火管理

电信是利用电或者电子设施来传送语言、文字、图像等信息的一种过程。最近几十年内，随着空间技术的发展出现了卫星通信方式，电子计算机的发明开发了数据通信，光学与化学的进一步发展发明了光纤通信。这些，都使电信成了现代最有力的通信方式。社会发展至今天，可以说，没有现代化的通信就不可能有现代化的人类社会。

电信，不论是根据其信号传输媒介，还是根据其传送信号形式，总体来讲，也就是电话与电报两种，而电话和电报又由信息的发送、传输以及接收三个部分的设备组成，其中电话是一种利用电信号相互沟通语言的通信方式，分为普通电话和长途电话两类。

电话通信设备使用的是直流电，均有一套独立的配电系统，把 220V 的交流电经整流变为±24V 或±60V 的直流电使用。同时还配有蓄电池组，以确保在停电情况下继续给设备供电。目前，多数通信设备使用的蓄电池组与整流设备并联在一起，一方面供给通信设备用电；另一方面可以供给蓄电池组充电。电话的配电系统，通常还设有柴油或者汽油发电机，当交流电长时间停电时，配电系统靠发电机发电供电。

电报是通信的重要组成部分，经收报、译电、处理、质查、分发、送对方局以及报底管理等，构成整个服务流程。电报通信的主要设备是电报传真机、载波机以及电报交换机等。

电信企业的内部联系是相当密切的，不论是有线电话、无线电话、传真以及电报都是密不可分的。加之电信机房的各种设备价值昂贵，通信事务又不允许中断，如若遭受火灾，不仅会造成生命、财产损失，而且会导致整个通信电路或大片通信网的瘫痪，使政府和整个国民经济遭受损失，因此，搞好电信企业防火非常重要。

(1) 电信企业的火灾危险性

① 电信建筑可燃物较多。电信建筑的火灾危险性主要在两个方面：一是原有老式建筑，耐火等级比较低，在许多方面很难满足防火的要求，导致火险隐患非常突出；二是在一些新建筑中，由于使用性能特殊，机房里敷管设线、开凿孔洞较多，尤其是机房建筑中的间壁、隔声板、地板、吊顶等装饰材料和通风管道的保温材料，以及木制机台、电报纸条、打字蜡纸以及窗帘等，都是可燃物，一旦起火会迅速蔓延成灾。

② 设备带电易带来火种。安装有电话及电报通信设备的机房，不仅设备多、线路复杂，而且带电设备火险因素较多。这些带电设备，若发生短路或者接触不良等，都会造成设备上的电压变化，使导线的绝缘材料起火，并可引燃周围可燃物，扩大灾害；若遭受雷击或者架空的裸导线搭接在通信线路上就会将高电压引到设备上发生火灾；避雷的引下线电缆、信号电缆距离过近也会给通信设备造成不安全的因素；收、发信机的调压器是充油设备，若发生超负荷、短路、漏油、渗油或者遭雷击等，都有可能引起调压器起火或者爆炸；室内的照明、空调设备以及测试仪表等的电气线路，都有可能引起火灾；电信行业中经常用到电炉、电烙铁以及烘箱等电热器具，如果使用、管理不当，也会引燃附近的可燃物。动力输送设备、电气设备安装不合格，接地线不牢固或者超负荷运行等，亦会造成火灾危险。

③ 设备维修、保养时使用易燃液体并有动火作业。电信设备经常需要进行维修及保养，但在维修保养中，经常要使用汽油、煤油以及酒精等易燃液体清洗机件。这类易燃液体在清洗机件、设备时极易挥发，遇火花就会引起着火、爆炸。同时在设备维修中，除常用电烙铁焊接插头和接头外，有时还要使用喷灯和进行焊接、气割作业，此类明火作业随时都有导致火灾的危险。

(2) 电信企业的消防安全管理措施

① 电信建筑。电信建筑的防火，除必须严格执行《建筑设计防火规范》(2018 年版)(GB 50016—2014) 外，还应在总平面布置上适当分组、分区。通常将主机房、柴油机房、变电室等组成生产区；将食堂、宿舍以及住宅等组成生活区。生产区同生活区要用围墙分隔开。尤其贵重的通信设备、仪表等，必须设在一级耐火等级的建筑物内。在设有机房及报房的建筑内，不应设礼堂、歌舞厅、清洗间以及机修室。收发信机的调压设备（油浸式），不宜设在机房内，如由于条件所限必须设在同一层时，应以防火墙分隔成小间作调压器室，每间设的调压器的总容量，不得大于 400kV。调压器室通向机房的各种孔洞、缝隙都应用不燃材料密封填塞，门窗不应开向人员集中的方向，并应设有通风、泄压和防尘、防小动物入内的网罩等设施。清洗间应为一、二级耐火等级的单独建筑，由于室内常用易燃液体清洗机件，其电气设备应符合防爆要求，易燃液体的储量不应大于当天的用量，盛装容器应为金属

制作，室内严禁一切明火。

各种通风管道的隔热材料，应使用硅酸铝、石棉等不燃材料。通风管道内要设置自动阻火闸门。通风管道不宜穿越防火墙，必须穿越时，应用不燃材料把缝隙紧密填塞。建筑内的装饰材料，如吊顶、隔墙以及门窗等，均应采用不燃材料制作，建筑内层与表层之间的电缆及信号电缆穿过的孔洞、缝隙亦应用不燃材料堵塞。竖向风道、电缆（含信号电缆）的竖井，不能采用可燃材料装修，检修门的耐火极限不应低于 0.6h。

② 电信电气设备。

a. 电源线与信号线不应混在一起敷设，若必须在一起敷设时，电源线应穿金属管或采用铠装线。移动式测试仪表线、照明灯具的电线应采用橡胶护套线或者塑料线穿塑料套管。机房采用日光灯照明时，应有防止镇流器发热起火的措施。照明、报警以及电铃线路在穿越吊顶或者其他隐蔽地方时，均应穿金属管敷设，接头处要安装接线盒。

b. 机房、报房内禁止任意安装临时灯具和活动接线板，并不得使用电炉等电加热设备，若生产上必须使用时，则要经本单位保卫、安全部门审批。机房、报房内的输送带等使用的电动机，应安装在不燃材料的基础上，并且加护栏保护。

c. 避雷设备应在每年雷雨季节到来前进行一次测试，对于不合格的要及时改进。避雷的地下线与电源线和信号线的地下线的水平距离，不应小于 3m。应保持地下通信电缆与易燃易爆地下储罐、仓库之间规定的安全距离，通常地下油库与通信电缆的水平距离不应小于 10m，20t 以上的易燃液体储罐和爆炸危险性较大的地下仓库与通信电缆的安全距离还应按照专业规范要求相应增大。

d. 供电用的柴油机发电室应和机房分开，独立设在一、二级耐火等级的建筑内，如不能分开时，须用防火墙隔开。供发电用的燃料油，最多保持一天的用量。汽油或者柴油禁止存放在发电室内，而应存放在专门的危险品仓库内。配电室、变压器室、酸性蓄电池室以及电容器室等电源设施，必须确保安全。

③ 电信消防设施。电信建筑设施应安装室内消防给水系统，并且装置火灾自动报警和自动灭火系统。电信建筑内的机房和其他电信设备较集中的地方，应采用二氧化碳自动灭火系统或者“烟落尽”灭火系统。其余地方可以用自动喷水灭火系统。电信建筑的各种机房内，还应配备应急用的常规灭火器。

④ 电信企业日常的防火管理。

a. 要加强易燃品的使用管理。在日常的工作中，电信机房及报房内不得存放易燃物品，在临近的房间内存放生产中必须使用的小量易燃液体时，应严格限制其储存量。在机房、报房以及计算机房等部位禁止使用易燃液体擦刷地板，也不得进行清洗设备的操作，如用汽油等少量易燃液体擦拭接点时，应在设备不带电的条件下进行，如果情况特殊必须带电操作，则应有可靠的防火措施。所用汽油要用塑料小瓶盛装，以避免其大量挥发；使用的刷子的铁质部分，应用绝缘材料包严，避免碰到设备上短路打火，引燃汽油而失火。

b. 要加强可燃物的管理。机房、报房内要尽量减少可燃物，拖把、扫帚以及地板蜡等应放在固定的安全地点，在报房内存放电报纸的容器应当用不燃材料制成并且加盖，在各种电气开关、插入式熔断器插座附近和下方，以及电动机、电源线附近不得堆放纸条及纸张等可燃物。

c. 要加强设备的维修。各种通信设备的保护装置及报警设备应灵敏可靠，要经常检查维修，如有熔丝熔断，应及时查清原因，整修后再安装，切实确保各项设备及操作的安全。

d. 要加强对人员的管理。电信企业领导应把消防安全工作列入重要日程，切实加强日常的消防管理、配备一定数量的专、兼职消防管理人员，各岗位职工应全员进行消防安全培训，掌握必要的消防安全知识之后才可上岗操作，保证通信设施万无一失。

3.5.7 重要办公场所的消防安全

3.5.7.1 会议室防火管理

办公楼通常都设有各种会议室，小则容纳几十人，大则可容纳数百人。大型会议室人员集中，而且参加会议者往往对大楼的建筑设施、疏散路线并不了解。所以，一旦发生火灾，会出现各处逃生的混乱局面。所以，必须注意下列防火要求。

① 办公楼的会议室，其耐火等级不应低于二级，单独建的中、小会议室，最好用一、二级，不得低于三级。会议室的内部装修，尽量选用不燃材料。

② 容纳50人以上的会议室，必须设置两个安全出口，其净宽度不小于1.4m。门必须向疏散方向开，并不能设置门槛，靠近门口1.4m内不能设踏步。

③ 会议室内疏散走道宽度应按照其通过人数每100人不小于60cm计算，边走道净宽不得小于80cm，其他走道净宽不得小于1m。

④ 会议室疏散门、室外走道的总宽度，分别应按照平坡地面每通过100人不小于65cm、阶梯地面每通过100人不小于80cm计算，室外疏散走道净宽不应小于1.4m。

⑤ 大型会议室座位的布置，横走道之间的排数不宜大于20排，纵走道之间每排座位不宜超过22个。

⑥ 大型会议室应设置事故备用电源和事故照明灯具及疏散标志等。

⑦ 每天会议进行之后，要对会议室内的烟头、纸张等进行清理、扫除，避免遗留烟头等火种引起火灾。

3.5.7.2 图书馆、档案馆及机要室防火管理

图书馆、档案机要室是搜集、整理、收藏以及保存图书资料和重要档案，供读者学习、参考、研究的部门和提供重要档案资料的机要部门，通常都收藏有大量的古今中外的图书、报纸、刊物等资料，保存具有参考价值的收发电文、会议记录、人事材料、会议文件、财会簿册、出版物原稿、印模、影片、照片、录音带、录像带以及各种具有保存价值的文书等档案材料。有的设有目录检索、阅览室以及复印、装订、照相、录放音像、电子计算机等部门。大型的图书馆还设有会议厅，举办各种报告会及其他活动。

图书馆、档案机要室收藏的各类图书报刊及档案材料，绝大多数都是可燃物品，公共图书馆和科研、教育机构的大型图书馆还要经常接待大量的读者，图书馆以及档案机要室一旦发生火灾，不仅会使珍贵的孤本书籍、稀缺报刊和历史档案以及文献资料化为灰烬，价值无法计算，损失难以弥补，而且会危及人员的生命安全。所以，火灾是图书馆、档案机要室的大敌。在我国历史上，曾有大批珍贵图书资料毁于火患的记载；在近代，这方面的火灾也并不少见。纵观图书馆等发生火灾的原因，主要是电气安装使用不当和火源控制不严所导致，也有受外来火种的影响。保障图书馆、档案机要室的安全，是保护祖国历史文化遗产的一个重要方面，对促进文化、科学等事业的发展关系极大。所以必须把它们列为消防工作的重点，采取严密的防范措施，做到万无一失。

(1) 提高耐火等级、限制建筑面积，注意防火分隔

① 图书馆、档案机要室要设于环境清静的安全地带，与周围易燃易爆单位，保持足够的安全距离，并应设在一、二级耐火等级的建筑物内。不超过三层的一般图书馆及档案机要

室应设在不低于三级耐火等级的建筑物内，藏书库、档案库内部的装饰材料，都采用不燃材料制成，闷顶内不得用稻草及锯末等可燃材料保温。

② 为防止一旦发生火灾造成大面积蔓延，减少火灾损失，对于书库建筑的建筑面积应适当加以限制。一、二级耐火等级的单层书库建筑面积不应超过 $4000m^2$，防火墙隔间面积不应超过 $1000m^2$；二级耐火等级的多层书库建筑面积不应超过 $3000m^2$，防火墙隔间面积也不应超过 $1000m^2$；三级耐火等级的书库，最多允许建三层，单层的书库，建筑面积不应超过 $2100m^2$。防火墙隔间面积不应大于 $700m^2$；二、三层的书库，建筑面积不应超过 $1200m^2$，防火墙隔间面积不应超过 $400m^2$。

③ 图书馆、档案机要室内的复印、装订、照相以及录放音像等部门，不要与书库、档案库、阅览室布置在同一层内，若必须在同一层内布置时，应采取防火分隔措施。

④ 过去遗留下来的硝酸纤维底片资料库房的耐火等级不应低于二级，一幢库房面积不应超过 $180m^2$。而内部防火墙隔间面积不应超过 $60m^2$。

⑤ 图书馆、档案机要室的阅览室，其建筑面积应按照容纳人数每人 $1.2m^2$ 计算。阅览室不宜设在很高的楼层，如果建筑耐火等级为一、二级的，应设在四层以下；耐火等级为三级的应设在三层以下。

⑥ 书库、档案库，应作为一个单独的防火分区处理，同其他部分的隔墙，均应为不燃体，耐火极限不得低于 4h。书库与档案库内部的分隔墙，如果是防火单元的墙，应按防火墙的要求执行，如作为内部的一般分隔墙，也应采取不燃体，耐火极限不得低于 1h。书库和档案库与其他建筑直接相通的门，均应是防火门，其耐火极限不应小于 2h，内部分隔墙上开设的门也应采取防火措施，耐火极限要求不小于 1.2h。书库、档案库内楼板上不准随便开设洞孔，比如需要开设垂直联系渠道时，应做成封闭式的吊井，其围墙应采用不燃材料制成，并保持密闭。书库及档案库内设置的电梯，应为封闭式的，不允许做成敞开式的。电梯门不准直接开设在书库、资料库以及档案库内，可做成电梯前室，避免起火时火势向上、下层蔓延。

(2) 注意安全疏散　图书馆、档案机要室的安全疏散出口不应少于两个，但单层面积在 $100m^2$ 左右的，允许只设一个疏散出口，阅览室的面积超过 $60m^2$，人数超过 50 人的，应设置两个安全出口，门必须向外开启，其宽度不小于 1.2m，不应设置门槛；装订及修理图书的房间，面积超过 $150m^2$，且同一时间内工作数超过 15 人的，应设两个安全出口；一般书库的安全出口不少于两个，面积小的库房可设一个，库房的门应向外或者靠墙的外侧推拉。

(3) 书库、档案库的内部布置要求　重要书库、档案库的书架、资料架以及档案架，应采用不燃材料制成。一般书库、资料库以及档案库的书架、资料架也尽量不采用木架等可燃材料。单面书架可贴墙安放，双面书架可单放，两个书架之间的间距不得小于 0.8m，横穿书架的主干线通道不得小于 1～1.2m，贴墙通道可为 0.5～0.6m，通道尽量与窗户相对应。重要的书库及档案库内，不得设置复印、装订以及音像等作业间，也不准设置办公、休息、更衣等生活用房。对硝酸纤维底片资料应储存在独立的危险品仓库，并应有良好的通风及降温措施，加强养护管理，注意防潮防霉，避免发生自燃事故。

(4) 严格电气防火要求

① 重要的图书馆（室）、档案机要室，电气线路应全部选用铜芯线，外加金属套管保护。书库、档案库内严禁设置配电盘，人离库时必须将电源切断。

② 书库、档案库内不准用碘钨灯照明，也不宜用荧光灯。当采用一般白炽灯泡时，尽量不用吊灯，最好采用吸顶灯。灯座位置应在走道的上方，灯泡与图书、资料以及档案等可

燃物应保持 50cm 的距离。

③ 书库、档案库内不准使用电炉、电视机、交流收音机、电熨斗、电烙铁、电钟以及电烘箱等用电设备，不准用可燃物做灯罩，不准随便乱拉电线，禁止超负荷用电。

④ 图书馆（室）、档案机要室的阅览室、办公室采用荧光灯照明时，必须选择优质产品，防止镇流器过热起火。在安装时切忌将灯架直接固定在可燃构件上，人离开时须切断电源。

⑤ 大型图书馆、档案机要室应设计及安装避雷装置。

（5）加强火源管理

① 图书馆（室）、档案机要室应加强日常的防火管理，严格控制一切用火，并不准将火种带入书库和档案库，不准在阅览室、目录检索室等处吸烟及点蚊香。工作人员必须在每天闭馆前，对图书馆、档案室和阅览室等处认真进行检查，避免留下火种或不切断电源而造成火灾。

② 未经有关部门批准，防火措施不落实，禁止在馆（室）内进行电焊等明火作业。为保护图书、档案必须进行熏蒸杀虫时，由于许多杀虫药剂都是易燃易爆的化学危险品，存在较大的火灾危险。所以应经有关领导批准，在技术人员的具体指导之下，采取绝对可靠的安全措施。

（6）应有自动报警、自动灭火、自动控制措施　为了保证知识宝库永无火患，书林常在，做到万无一失，在藏书量超过 100 万册的大型图书馆及档案馆，应采用现代化的消防管理手段，装备现代化的消防设施，建立高技术的消防控制中心。其功能主要有：火灾自动报警系统，二氧化碳自动喷洒灭火系统，闭式自动喷水、自动排烟系统，闭路电视监控，火灾紧急电话通信，事故广播及防火门、卷帘门、空调机通风管等关键部位的遥控关闭等。

3.5.7.3　电子计算机中心防火管理

电子计算机房里，一块块清晰的电视荧屏，一排排闪动的电子数字，将各种信息传达给各种不同需要的人们，给城市管理、生产指挥、交通运输、国防工程以及科学实验等各个系统注入了现代文明的活力，使各项工作越发敏捷、方便以及高效。

随着电子计算机技术的推广应用，从中央到地方，各行各业较为普遍地建立了各自的“管理信息系统”，一个信息系统就是一个电子计算机中心，不同的只是规模大小而已。

电子计算机系统价格昂贵，机房平均每平方米的设备费用高达数万元甚至数十万元。一旦失火成灾，不仅会造成巨大的经济损失，并且因为信息、资料数据的破坏，会给有关的管理、控制系统产生严重影响，后果不堪设想。所以电子计算机中心一向是消防安全管理的重点。

（1）电子计算机中心的火灾危险性　电子计算机中心主要由计算机系统、电源系统、空调系统以及机房建筑四部分组成。其中，计算机系统主要包括“输入设备”“输出设备”“存储器”“运算器”以及“控制器”五大件。在电子计算机房发生的各类事故中，火灾事故占80%左右。据国内外发生的电子计算机房火灾事故的分析，起火部位大多是：计算机内部的风扇、空调机、打印机、配电盘、通风管以及电度表等。其火灾危险性主要源于下列几方面。

① 建筑内装修、通风管道使用大量可燃物。一般，为保持电子计算机房的恒温和洁净，建筑物内部需要用相当数量的木材、胶合板及塑料板等可燃材料建造或者装饰，使建筑物本身的可燃物增多，耐火性能相应降低，极易引燃成灾。同时，空调系统的通风管道采用聚苯乙烯泡沫塑料等可燃材料进行保温，如果保温材料靠近电加热器，长时间受热亦会被引燃

起火。

② 电缆竖井、管道以及通风管道缺乏防火分隔。计算机中心的电缆竖井、电缆管道及通风管道等系统未按照规定独立设置和进行防火分隔时，易造成外部火灾的引入或内部火灾蔓延。

③ 用电设备多、易出现机械故障和电火花。机房内电气设备及电路很多，如果电气设备和电线选型不合理或安装质量差；违反规程乱拉临时电线或任意增设电气设备，电炉以及电烙铁，用完后不拔插销，长时间通电或者与可燃物接触而没有采取隔热措施；日光灯镇流器和闷顶或者活动地板内的电气线路缺乏检查维修；电缆线与主机柜的连接松动，致使接触电阻过大等，均可能起火造成火灾。电子计算机需要长时间连续工作，如若设备质量不好或者元器件发生故障等，均有可能导致绝缘被击穿、稳压电源短路或者高阻抗元件因接触不良、接触点过热而起火。机房内工作人员穿涤纶、腈纶以及氯纶等服装或聚氯乙烯拖鞋，容易产生静电放电。

④ 工作中使用的可燃物品易被火源引燃起火。用过的纸张及清洗剂等可燃物品未能及时清理，或使用易燃清洗剂擦拭机器设备及地板等，遇电气火花及静电放电火花等火源而起火。

(2) 电子计算机中心的防火管理措施

① 选址。独立设置的电子计算机中心，在选址时，应注意远离散发有害气体及生产、储存腐蚀性物品和易燃易爆物品的地方，或建于其上风方向，避免设于落雷区、矿山“采空区”以及杂填土、淤泥、流沙层、地层断裂段以及地震活动频繁的地区和低洼潮湿的地方。应尽量建立在电力、水源充足，自然环境清洁，交通运输方便的区域。并且尽量避开强电磁场的干扰，远离强振动源和强噪声源。

② 建筑构造。新建、改建或者扩建的电子计算机中心，其建筑物的耐火等级不应低于一、二级，主机房与媒体存放间等要害部位应为一级。安装电子计算机的楼层不宜超过五层，且不应安装于地下室内，不应布置在燃油、燃气锅炉房，油浸电力变压器室、充有可燃油的高压电器以及多油开关室等易燃易爆房间的上、下层或者贴近布置，应与建筑物的其他房间用防火墙（门）及楼板分开。房间外墙、间壁和装饰，要用不燃或者阻燃材料建造，并且计算机机房和媒体存放间的防火墙或隔板应从建筑物的地板起直到屋顶，将其完全封闭。信息储存设备要安装于单独的房间，室内应配有不燃材料制成的资料架及资料柜。电子计算机主机房应设有两个以上安全出口，并且门应向外开启。

③ 空调系统。大中型计算机中心的空调系统应与其报警控制系统实行联动控制，其风管及其保温材料、消声材料以及黏结剂等，均应采用不燃或者难燃材料。当风管内设有电加热器时，电加热器的开关与通风机开关亦应联锁控制。通风、空调系统的送、回风管道通过机房的隔墙和楼板处应设防火阀，既要有手动装置，又应设置易熔片或者其他感温、感烟等控制设备。当管内温度超过正常工作的最高温度 25℃时，防火阀即行顺气流方向严密关闭，并且应有附设单独支吊架等避免风管变形而影响关闭的措施。

④ 电气设备。电子计算机中的电气设备应特别注意下列防火要求。

a. 电缆竖井及其电管道竖井在穿过楼板时，必须用耐火极限不低于 1h 的不燃体隔板分开。水平方向的电缆管道及其电管道在通过机房大楼的墙壁处时，也要设置耐火极限不低于 0.75h 的不燃体板分隔。电缆和其电管道穿过隔墙时，应用金属套管引出，缝隙用不燃材料密封填实。机房内要预先开设电缆沟，以便分层铺设信号线、电源线以及电缆地线等，电缆沟要采取防潮及防鼠咬的措施，电缆线和机柜的连接要有锁紧装置或者采用焊接加以固定。

b. 大中型电子计算机中心应当建立不间断供电系统或者自备供电系统。对于24h内要求不间断运行的电子计算机系统，要按照一级负荷采取双路高压电源供电。电源必须有两个不同的变压器，以两条可交替的线路供电。供电系统的控制部分应靠近机房并且设置紧急断电装置，做到供电系统远距离控制，一旦系统出现故障，能够较快地切断电源。为确保安全稳定供电，计算机系统的电源线路上，不得接有负荷变化的空调系统和电动机等电气设备，其供电导线截面不应小于2.5mm^2并采用屏蔽接地。

c. 弱电线路的电缆竖井宜与强电线路的电缆竖井分开设置，如果受条件限制必须合用时，弱电与强电线路应分别布置在竖井两侧。

d. 计算机房和已记录的媒体存放间应设置事故照明，其照度在距地面0.8m处，不应低于5lx。主要通道及有关房间亦应设事故照明，其照度在距地面0.8m处不应低于1lx。事故照明可以采用蓄电池作备用电源，连续供电时间不应少于20min，并且应设置玻璃或者其他不燃材料制作的保护罩。卤钨灯和额定功率为100W及100W以上的白炽灯泡的吸顶灯、槽灯以及嵌入式灯的引入线应穿套瓷管，并用石棉、玻璃丝等不燃材料作隔热保护。

e. 电气设备的安装及检查维修及重大改线和临时用线，要严格执行国家的有关规定和标准，由正式电工操作安装。禁止使用漏电的烙铁在带电的机柜上焊接。信号线要分层、分排整齐排列。蓄电池房应靠外墙设置，并加强通风，其电气设备应满足有关防的火要求。

⑤ 防雷、防静电保护。机房外面应设有良好的防雷设施。计算机交流系统工作接地与安全保护接地电阻均不宜大于4Ω，直流系统工作接地的接地电阻不宜大于1Ω。计算机直流系统工作接地极与防雷接地引下线之间的距离应大于5m，交流线路走线不应与直流地线紧贴或者平行敷设，更不能相互短接或混接。机房内宜选用具有防火性能的抗静电活动地板或水泥地板，以将静电消除。有关防雷和消除静电的具体措施，应达到有关规范和标准。

⑥ 消防设施的设置。大中型电子计算机中心应设置火灾自动报警及自动灭火系统。自动报警和自动灭火系统主要设置在计算机机房和已记录的媒体存放间。火灾自动报警与自动灭火系统的设备，应采用经国家有关产品质量监督检测单位检验合格的产品。大中型电子计算机中心宜配套设置消防控制室，并应具有：接受火灾报警，发出起火的声、光信号及事故广播及安全疏散指令，控制消防水泵、固定灭火装置、通风空调系统、阀门、电动防火门、防火卷帘及防排烟设施和显示电源运行情况等功能。

⑦ 日常的消防安全管理。计算机中心特别应注意抓好日常的消防安全管理工作，禁止存放腐蚀品和易燃危险品。维修中应尽量避免使用汽油、酒精、丙酮以及甲苯等易燃溶剂，若确因工作需要必须使用时，则应采取限量的办法，每次带入量不得超过100g，随用随取，并禁止使用易燃品清洗带电设备。维修设备时，必须先关闭设备电源再进行作业。维修中使用的测试仪表、电烙铁以及吸尘器等用电设备，用完后应立即切断电源，存放至固定地点。机房及媒体存放间等重要场所应严禁吸烟和随意动火。计算机中心应配备轻便的二氧化碳等灭火器，并放置在显要并且便于取用的地点。工作人员必须实行全员安全教育和培训，使之掌握必要的防火常识及灭火技能，并经考试合格才能上岗。值班人员应定时巡回检查，发现异常情况，及时处理和报告，当处理不了时，要停机检查，排除隐患后才可继续开机运行，并把巡视检查情况做好记录。要定期检查设备运行状况及技术和防火安全制度的执行情况，及时分析故障原因并且积极修复。要切实落实可靠的防火安全措施，确保计算机中心的使用安全。

各办公场所对其他火灾危险性大的部位比如物资仓库、易燃易爆危险品的储存、使用，汽车库、电气设备以及礼堂等都应列为重点，加强防火管理。

思考题

1. 消防安全责任人的主要职责是什么？
2. 消防安全管理的任务是什么？
3. 消防管理的基本方法有哪些？
4. 危险区域划分与电气设备保护级别的关系有哪些规定？
5. 消防系统接地有哪些要求？
6. 医院的消防管理措施有哪些规定？

参考文献

[1] 国家质量监督检验检疫总局.GB/T 4968—2008 火灾分类 [S]. 北京：中国标准出版社，2009.

[2] 国家市场监督管理总局.GB 18218—2018 危险化学品重大危险源辨识 [S]. 北京：中国标准出版社，2018.

[3] 国家市场监督管理总局.GB/T 40248—2021 人员密集场所消防安全管理 [S]. 北京：中国标准出版社，2021.

[4] 中华人民共和国住房和城乡建设部.GB 50016—2014 建筑设计防火规范（2018年版）[S]. 北京：中国计划出版社，2018.

[5] 中华人民共和国住房和城乡建设部.GB 50084—2017 自动喷水灭火系统设计规范 [S]. 北京：中国计划出版社，2018.

[6] 中华人民共和国住房和城乡建设部.GB 50116—2013 火灾自动报警系统设计规范 [S]. 北京：中国计划出版社，2014.

[7] 中华人民共和国住房和城乡建设部.GB 50166—2019 火灾自动报警系统施工及验收标准 [S]. 北京：中国计划出版社，2020.

[8] 中华人民共和国住房和城乡建设部.GB 50720—2011 建设工程施工现场消防安全技术规范 [S]. 北京：中国计划出版社，2011.

[9] 中华人民共和国住房和城乡建设部.GB 51251—2017 建筑防排烟系统技术标准 [S]. 北京：中国计划出版社，2017.

[10] 中华人民共和国住房和城乡建设部.GB 55036—2022 消防设施通用规范 [S]. 北京：中国计划出版社，2023.

[11] 中华人民共和国住房和城乡建设部.GB 55037—2022 建筑防火通用规范 [S]. 北京：中国计划出版社，2023.

[12] 中华人民共和国住房和城乡建设部.GB 50222—2017 建筑内部装修设计防火规范 [S]. 北京：中国计划出版社，2018.

[13] 中华人民共和国建设部.JGJ 46—2005 施工现场临时用电安全技术规范 [S]. 北京：中国建筑工业出版社，2005.

[14] 许佳华. 消防工程 [M]. 北京：中国电力出版社，2015.

[15] 石敬炜. 施工现场消防安全300问 [M]. 北京：中国电力出版社，2014.

[16] 李亚峰，马学文，余海静. 建筑消防工程 [M]. 北京：机械工业出版社，2013.

[17] 张寅. 消防安全与自救 [M]. 西安：西安电子科技大学出版社，2014.

[18] 班云霄. 建筑消防科学与技术 [M]. 北京：中国铁道出版社，2015.